ゴーンショック
日産カルロス・ゴーン事件の真相

朝日新聞取材班

幻冬舎文庫

プロローグ

「カルロス・ゴーンがレバノンに入国したという情報が地元で流れている。東京に確認してほしい」

朝日新聞カイロ総局長を務める北川学のもとに、レバノンの現地助手から電話がかかってきたのは、2019年12月30日、午後10時前のことだった。

エジプトの自宅で、赤ワインを片手にユーチューブの動画を楽しんでいた北川は、「そんなこと、あり得ないよな」と思いつつ、スマホを見つめた。

日本はまだ早朝5時。北川は、部下の一人であるエルサレム支局長の高野遼に電話をかけた。高野は特派員として赴任する前、東京本社の社会部で、逮捕当初からゴーン事件の取材に関わっていた。

「ちょっといいか。ゴーンがいま、レバノンにいるという情報があるらしいんだ」

年末を迎え、エルサレムの友人宅で鍋を囲んでいた高野は慌てて玄関口へと向かい、声をひそめた。

「え、日本から逃げたんですか？　そんなこと、あり得ないと思いますけどね」

「だよなあ」

ゴーンは保釈条件として、海外渡航を禁じられている。自宅には監視カメラが設置され、行動も厳しく制限されている。パスポートを複数持っているが、弁護人に預けているはず。何か特別な理由で出国を許されたのだろうか。

頭をフル回転させても、どうやったらゴーンが逃亡できるのか想像ができなかった。「ゴーン　逃亡」「Ghosn Lebanon」――。グーグル検索をしても、この時点では何もニュースは出てこない。何かの間違いだとしか思えなかった。

朝日新聞は中東・アフリカ地域にある6カ所の総支局に記者を置いている。加えて、記者がいない代わりに現地助手を置く国も多い。レバノンもその一つだった。

高野はすぐに、レバノンにいる助手と連絡をとり始めた。助手はすでにゴーンの邸宅前に到着していた。

「自宅前には二人の警備員がいて、いつもより一人多い」

「警備員は『ゴーンはいない』と言っている」

「2階の部屋に電気がついた」

「ほかに記者は見当たらない」

次々と入る情報を前に判断をしかねていると、米紙ウォールストリート・ジャーナルが速報を流した。

「カルロス・ゴーン、日本での裁判からレバノンに逃亡」

半信半疑だった気持ちは、吹き飛んだ。ゴーンは本当に日本から逃げたのか。

東京の司法記者クラブでキャップを務める佐々木隆広に急いでメールを入れた。

佐々木は、ゴーン事件の取材を逮捕から一貫して仕切っている。高野にとっては、かつて司法記者クラブでともに事件取材に励んだ「戦友」だ。

「あり得ない状況に見えるのですが、ゴーンがレバノンに逃げたという情報が流れています」

7分後、すぐに返信がきた。

「とりあえず、動向を追ってください！」

日付はすでに12月31日に変わっていた。これは、とんでもない年越しになるかもしれない。そんな予感を抱え、眠れぬ夜が過ぎていった。

翌朝からレバノンの首都ベイルートには、世界中のメディアが殺到した。

朝日新聞からも、隣国トルコからイスタンブール支局長の其山史晃がすぐに現地入りした。その後、周辺国の特派員や東京からの応援記者が次々と加わった。

ただ、肝心のゴーン本人は姿を見せない。自宅前では、多くの報道陣が朝から晩まで「張り番」を続けた。

時折冷たい雨も降るなか、ピンク色の外壁が特徴の邸宅を見つめ、出入りする人や車に目を光らせる。そんな報道陣をあざ笑うかのように、地元メディアではゴーンが家族らとともに帰国を祝い、ワインを楽しむ動画が出回った。

本人は、自宅にはいないのではないだろうか――。逃亡発覚から1週間あまり、まったく姿を現さないゴーンの所在をめぐり、報道陣の中では疑念も広がった。

しかし関係者の証言によると、ゴーンはマスコミに囲まれた自宅の中にいたのだという。電話で打ち合わせをしながら、窓の外を眺めてこんなことを言っていたと関係者の一人は語った。

「外に報道陣が集まっているね。よく見えるよ」

記者会見は、20年1月8日に開かれることが決まった。

注目していたのは日本の報道陣だけではない。地元レバノンはもちろん、ルノー本社があるフランス、米国や英国の大手メディア、ゴーンの出身地ブラジル……。10カ国以上に及ぶ国々からのメディアに加え、自動車業界の専門記者も集まっていた。

「会見に入れるのは60社。ゴーン本人が選ぶ」

会見の数日前、関係者からそう聞かされた。ゴーンが会見をする目的は、世界に対して日本の司法制度の問題点を訴えることであるのは明らかだった。そうであれば、ゴーンが日本メディアより欧米メディアを選ぶことは容易に想像できた。

加えて、ゴーンは日本メディアに対し、大きな不信感を抱いているようだった。18年11月の逮捕以来、日本ではゴーンに批判的な報道が繰り返されてきたためだ。「日本メディアは検察の情報ばかりを報じている」という不満がゴーンにはあった。

なんとしても、ゴーンの肉声を聞きたい。そして、質問を直接ぶつけたい。

そのためには、ゴーン側に働きかけるルートが必要だった。ゴーン周辺では、弁護士やPR会社など多くの関係者が会見に向けて慌ただしく動いていた。キーマンに接触するのは容易ではない。しかし、スポーツ部の忠鉢信一が別の取材を進める過程で、ゴーンに直接つながるルートをつかんでいた。これが生きた。ゴーン側とのコンタクトに成功し、取材班は会見に向けた交渉に入った。

交渉の際に強調したのは、「あなたの言い分を、しっかりと伝える用意がある」ということだった。日本国内では逃亡したゴーンへの批判が日増しに高まっていた。「だからこそ、日本メディアを通じて、主張を伝えることに意義があるはずだ」。会見への参加を粘り強く求めた。

数日にわたる交渉の末、参加の確約を得られたのは、会見直前のことだった。

1月8日午後、「ゴーン劇場」の幕が開いた。

記者会見の舞台、ベイルートの「プレス・シンジケート」前には、数時間前から多くの報道陣が集まっていた。

リストに載っている記者の名前が、順々に読み上げられる。名前が呼ばれ、人混みをかき分けて会場入り口へと向かう。厳重な荷物検査を通り、2階に上がると、記者会見場にたどりついた。

朝日新聞からはペン記者として忠鉢と高野の二人、写真記者として恵原弘太郎が会場入りした。前から2列目に陣取り、会見開始を待った。海外メディアの記者からは次々とカメラを向けられ、「ゴーンの脱出をどう考えるか」「日本ではどう受け止められているか」と質問を浴びせられた。開始時間が近づくにつれ、緊張感が高まる。100席以上の会場は満席となっていた。

午後2時49分、主役が現れた。

無数のフラッシュがたかれ、待ち構えていたカメラマンが一斉に群がった。数十台のテレビカメラが並ぶ会場後方からは「座れ！」と怒号が飛ぶ。

やがて、壇上にゴーンが立った。黒っぽいスーツに、赤系のネクタイ。おなじみの太い眉をつり上げ、厳しい表情で会場を見渡す。時折、知り合いの姿を見つけたのだろうか、笑顔ものぞかせた。

「そういえば、あの日も1月8日だった」

脚光を浴びるゴーンの姿を前にして、高野は1年前のことを思い出していた。

19年1月8日、ゴーンは東京地方裁判所にいた。衝撃の逮捕から51日目、自らの勾留理由の開示を求める手続きに出席するため、初めて公の場に姿を現したゴーンは、日本中の注目を集めていた。

その姿を一目見ようと、たった14席の傍聴券を求めて、1122人が長蛇の列を作った。

腰縄と手錠をされた姿で法廷に現れたゴーンは、頬がこけているように見えた。

紺色のスーツに白いワイシャツ。だが、ネクタイは自殺防止で着用が許されておらず、足元はサンダル姿だった。

「裁判長殿、私にかけられている容疑は無実です」

ゴーンは法廷で自らの無実を訴えた。あの日、高野が傍聴席から見つめた姿は思ったよりも小柄だった。やや早口で話す姿は、どこか神経質な印象を与えるものだった。

あれから1年。

思いもよらぬ形で再び目の前に現れたゴーンは、別人のような面構えをしていた。自信にあふれ、ざわつく報道陣を見渡す姿には、余裕が感じられた。

会見は休憩を挟み、2時間20分にも及んだ。大きな身ぶりで滔々《とうとう》と主張を展開し、質疑応答になれば記者たちの前に歩み出て、自らその場を仕切る。時に厳しい言葉でまくしたてたと思えば、冗談を飛ばして会場の笑いを誘う。英語だけでなく、記者に合わせてフランス語、アラビア語、ポルトガル語でも流暢に質問に答えてみせた。

長時間にわたる取り調べ、99・4%という有罪率、いっこうに始まらない裁判――。ゴーンは世界のメディアを前に、日本の司法制度への痛烈な批判を繰り広げた。

その姿は、かつて日産自動車の経営危機を立て直し、「カリスマ経営者」と称賛されたころの生き生きとしたゴーンに戻ったかのようだった。

会見は日本でもテレビ中継され、翌日の朝刊でも1面を飾った。

ゴーンの発言に対し、日本では否定的な意見も目立った。日産前社長の西川廣人《さいかわひろと》は「日本の裁判で有罪になるのが怖いから逃げたのだろう」と突き放した。東京地検次席検事の斎藤隆博も「(事件には)豊富な客観的証拠がある」と真っ向から反論した。

ベイルートに集結した取材班の間でも、不完全燃焼の感が強かった。何より、会見で挙手をし続けたのに、質問の機会が得られなかったことに悔いが残っていた。聞くべきことをまとめたメモには、多くの質問が残されたままだった。

取材班は、単独インタビューに向けて再び動き出した。

会見が終わり、すぐに米CNNなど主要メディアはゴーンへの単独取材を成功させ、放送し始めていた。当然、多くの取材依頼が殺到し、交渉は再び難航した。「今日の午後に決まった」「いや、明日以降にまた連絡する」……。先方からの回答は二転三転した。

ベイルートのホテルに設けた作業部屋で、ジリジリと待機する時間が続いた。最終的な連絡が来たのは、会見から2日後の1月10日のことだった。「今日の午後6時からに決まりました」。取材班に、安堵が広がった。

インタビューが許された時間は30分。突っ込み足りないのはどこか。日本メディアにしか聞けない質問は何か。どんな聞き方をしたら、ゴーンはどう答えるか。想定問答を繰り返し、質問案を練り上げた。

日本では、朝日新聞を含む日本メディア3社だけが記者会見に参加できた理由について、色々な臆測も飛び交っていた。間違っても、ゴーンの主張を伝えるだけの「代弁者」に終始してはならない。質問は批判的に、かつ論理的に組み立てるよう戦略を立てた。

単独インタビューの会場は、2日前の記者会見と同じビルだった。あの日の喧噪とは打って変わって、静まりかえったビルに再び足を踏み入れた。

フロアでは、他のメディアが取材を続けている最中だった。三つの部屋が用意され、各メディアが取材の準備を進める。流れ作業のように、ゴーンは取材が終わるたび、隣の部屋へと移動していく。この日は、昼食の時間を除いて、朝からぶっ通しで各社の取材に応じ続けているということだった。

ドアが開く音がして目を向けると、スーツ姿のゴーンが隣の部屋へと入っていくのが見えた。「これからアルジャジーラの取材です。その次が、朝日新聞の番です」とスタッフから告げられた。緊張を抑えつつ、指定された部屋でその時を待った。

午後7時。予定より遅れてゴーンがやってきた。

「さあ始めよう。時間を無駄にしたくない」

握手を交わすと、足早に部屋の中へと進んでいく。この日最後の取材だというのに、疲れた様子は見せない。ニヤリと笑って席に着くと、真剣な表情に切り替わった。

勝負の30分が始まった。

――日本から逃げ、あなたの評判は落ちたのでは

「もちろんだ。しかし、私の評判はすでに落ちていた」

――なぜ裁判を待てなかったのか

「14カ月たっても、裁判が始まる見通しがなかった。普通だと思うか?」

――逃げずに日本批判をした方が、ずっと説得力があったはずだ

「しかし、家族や友人、コミュニティーから隔離され、日本で長期間の裁判を闘わなければならないなんて、あんまりだ」

――逃亡することに葛藤はなかったのか

「裁判で10年ほども耐えろというのか。私は65歳だ。裁判が終わるのを待つことはできな

い」

椅子から体を乗り出し、身ぶり手ぶりが大きくなる。ぎろりと見開いた目が、間近に迫る。丁々発止のやりとりは白熱し、あっという間に時間は過ぎていった。

30分がたち、スタッフから合図が入った。手元のメモには、あと一つ質問が残されていた。

「オーケー。ラスト・クエッション」。そうゴーンが言った瞬間、部屋の明かりが消えた。

レバノンではよく停電が起きる。万事休すかと思われたが、電気は運良くすぐに回復した。最後の質問をぶつけ、取材は35分間で終了した。

握手を交わし、去り際にゴーンはこんなことを言った。

「大事なのは、もう一つのストーリーがあるということだ。日本の検察官や日産が言うことを、盲目的に信じることはしないでほしい」

そして、こう付け加えた。

「またこの対話を続けよう。日本の人たちには、正しい判断をしてほしい」

部屋を去るゴーンの後ろ姿を見つめながら、疲労感に襲われるとともにこれまでのさまざまな出来事が思い出された。東京地検特捜部との攻防、日産社内での確執、最強弁護団を従えた無罪主張、そして前代未聞の逃亡劇――。

1年以上にわたり、日本中を騒がせた「ゴーンショック」。この事件はいったい、日本社会に何を問いかけたのだろうか。

物語の主役が日本を去ったいま、改めて振り返ってみたい。すべてはあの日、突然の逮捕劇が始まりだった。

ゴーンショック／目次

写真 朝日新聞社
DTP・図版 美創

中東をめぐるゴーンの特別背任事件の構図

（為替レートは当時）

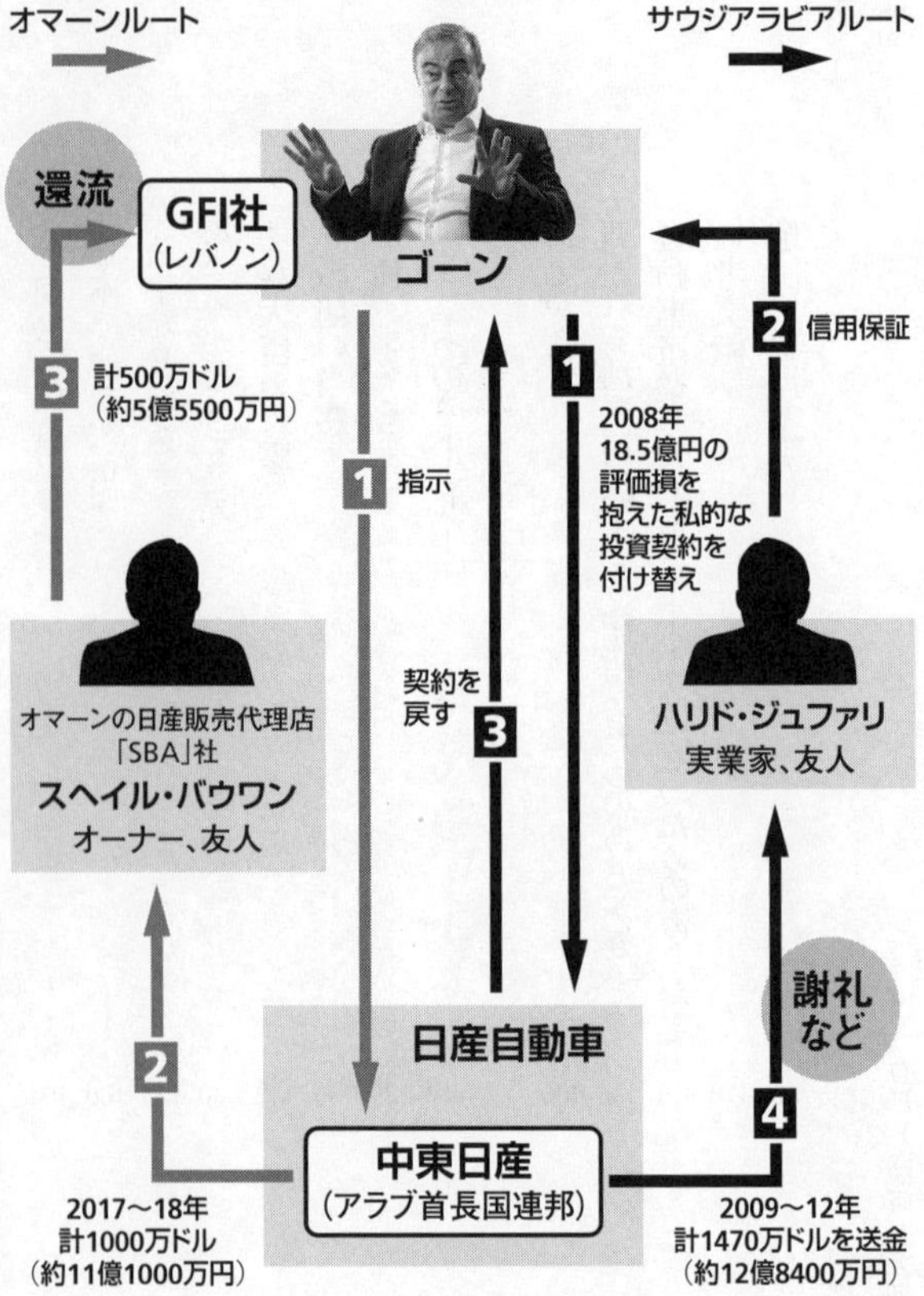

朝日新聞記事（2019年4月5日付）をもとに作成

事件の経過

	2018年	
	春ごろ	日産が不正の社内調査開始
	6月	司法取引制度スタート。 日産が社内調査報告書を検察に提出
	10月13日	ハリ・ナダ専務執行役員と検察が協議開始
	27日	大沼敏明秘書室長と検察が協議開始
	31日	ハリ・ナダ専務執行役員と検察が司法取引に合意
	11月1日	大沼敏明秘書室長と検察が司法取引に合意
勾留	19日	役員報酬の虚偽記載容疑（2010〜14年度分）で**逮捕❶**
	12月10日	❶で**起訴** 役員報酬の虚偽記載容疑（15〜17年度分）で**再逮捕❷**
	20日	勾留延長請求が却下
	21日	特別背任容疑（サウジアラビアルート）で**3度目の逮捕❸**
	2019年	
	1月11日	❷❸で**追起訴**
	2月13日	弁護団が大鶴基成らから弘中惇一郎らに変更
保釈	3月6日	逮捕から108日目で保釈。保釈保証金10億円
勾留	4月4日	特別背任容疑（オマーンルート）で**4度目の逮捕❹**
	15日	8日間にかぎり勾留延長
	22日	❹で**追起訴**
保釈	25日	再び保釈。保釈保証金5億円
	5月23日	裁判の公判前整理手続き開始
	9月5日	東京地裁が検察・弁護側双方に初公判を20年春に開きたいとの意向を示す
	12月29日	関西空港から出国
	31日	レバノンにいるとの声明を発表 東京地裁が保釈取り消し。保釈保証金15億円没収
	2020年	
	1月7日	妻キャロルの逮捕状取得
	8日	ベイルートで記者会見
	10日	朝日新聞による単独インタビュー
	9月15日	ケリー元代表取締役の初公判

朝日新聞記事（2019年4月23日付、20年1月1日付）などをもとに作成

第1部
特捜の戦い

ゴーンが乗っていたと見られる
飛行機（奥）に入るスーツ姿の男性ら
（2018年11月19日午後6時46分、羽田空港）

電撃逮捕

２０１８年11月19日、東京・羽田空港。

夕暮れの滑走路に、１機のビジネスジェットが降り立った。

スーツ姿の男たちが、機内へのタラップを駆け上がる。

ジェットはまもなくブラインドが下ろされ、闇の中で窓明かりだけが鈍く光を放っていた。

その日。朝日新聞の記者たちは朝から、「その時」に向けてひそかに動き出していた。

東京・霞が関の東京高裁・地裁合同庁舎２階にある司法記者クラブ。裁判所や検察庁を取材する「司法記者」の拠点だ。

新聞・通信・テレビ計15社のブースがひしめくように並ぶ。詰めているのは、各社でそれぞれ10人から数人の記者たち。常駐記者は総勢１００人近くにものぼる。各社のブースの面積は25平方メートルほど。隣のブースとの間に間仕切りはあるが、完全に壁では仕切られていない。聞かれてはならない記者同士のやりとりもあるため、各社のブースではテレビの音量を大きくして、声が漏れるのを防いでいるのが常だ。

朝日新聞のブースには9人が常駐している。キャップ、サブキャップ以下、最高裁担当、東京高裁・地裁担当2人、そして検察担当の4人だ。検察官は英語で「prosecutor」であることから、検察担当は「P担」と呼ばれている。

東京電力旧経営陣の強制起訴裁判など社会的に耳目を集める裁判のニュースはもちろん、司法記者クラブにとって重要なのが、東京地検特捜部が手がける事件だ。ロッキード、リクルートなどの事件を手がけ、「日本最強の捜査機関」と呼ばれてきた特捜部の事件は、政治や経済、社会に大きな影響を与えることもしばしばだ。

捜査の保秘は徹底され、内偵の動きを記者が察知するのは容易ではない。大きな事件であればなおさらだ。P担は、社会部の中でも警視庁担当と並んで厳しい持ち場とされ、一方で事件記者の花形とされている。

11月19日。朝日新聞のブースは表面上は平静を装いながらも、張りつめた空気に包まれていた。NHKと民放5社を映し出す6台のテレビの音量も、いつもより少し大きくなっていた。絶対に記者の声がブースの外に漏れてはならなかった。

特捜部が今日、日産のカルロス・ゴーンを逮捕する――。キャップの佐々木隆広とサブキャップの久木《きゆうき》良太は、互いに声には出さないが、「その時」が近づくにつれ、次第に緊張を高めていった。

Ｐ担の小林孝也、根津弥《わたる》、酒本友紀子、三浦淳の４人はブース内で、佐々木、久木と、立ったまま円陣を組み、互いの顔が触れるほどに頭を突き合わせた。

「特捜部が司法取引を使って、何か大きな事件をやろうとしている」

彼らがそんな情報をキャッチしたのは数カ月前のことだ。

それから粘り強く関係者への取材を重ねる中、たどり着いたのは、想像もつかない大物の名前だった。記者からの電話で初めてゴーンの名前を聞いたとき、久木は電話を切るやいなや、左横に座る佐々木の腕をひっつかんで、耳元でささやいた。

「ゴーンをやる！」

「ゴーンって、あのゴーンか⁉」

タマ（＝容疑者）がでかすぎる。これはとんでもないことになる。佐々木は身震いした。

取材で判明した事実はこうだ。

ゴーンはビジネスジェットで羽田空港に降り立つ。特捜部は羽田で待ち構え、ゴーンの身柄を確保する。逮捕容疑は金融商品取引法違反。自らの役員報酬を過少に申告したとする有価証券報告書の虚偽記載罪だ。特捜部がゴーンの部下と司法取引をしていたこともつかめた。捜査に協力する見返りに刑事処分を軽減するこの制度は18年6月に始まったばかりで、企業トップへの適用は初めてとなる。

世界有数の自動車メーカーのトップの逮捕は、これまでの特捜事件の枠を超え、日本のみならず世界に衝撃を与える超A級の事件だ。一刻も早く事実を伝えることは報道機関の重要な使命だ。

マスコミ業界では、特ダネなどの原稿を発信することを「打つ」と言う。「ゴーン逮捕へ」の一報を打てば、文句なしの大スクープだ。

では、どのタイミングで打つのか。

この日、P担は特捜部の動きを警戒して早朝から動き出していた。

だがゴーンがビジネスジェットに乗っている以上、本当に羽田に降り立つかはわからない。もしもゴーンが進路を変更してしまえば、取り返しのつかないことになる。

「打つのは羽田に降り立ってからにしよう」

佐々木とP担は取材の段取りを確認した。

東京・築地の朝日新聞東京本社。政治部や経済部、社会部など出稿部が集まる5階の編集局でも、ゴーン逮捕については徹底的な保秘が敷かれていた。

社会部のデスク席で正午前、「【取り扱い厳重注意】特捜案件」という件名のメールを受信した検察担当デスクの石田博士も、Xデーの到来に身震いしていた。

かつて司法記者クラブに身を置いた石田にとっても、これほどのタマは初めてだ。しかも政治家ではなく、外国人のカリスマ経営者だ。この先、どんな展開になるのか。

いや、その前に、情報が漏れるようなことだけはあってはならない。

社会部は通常、朝刊の紙面づくりに向けて毎日昼過ぎに各デスクが集まり、紙面メニューを話し合う。「円陣」と呼ばれる打ち合わせだ。

だが、この日の円陣では、慎重を期して「ゴーン逮捕」は伏せられたままだった。

石田は円陣に参加せず、少し離れた場所で部長の田中光、部長代理の野村周らと声を潜めて協議を重ねた。

映像報道部と社会部だけで情報をやりとりし、特捜部の家宅捜索や任意同行に備えることにした。羽田空港や東京拘置所、横浜市西区の日産自動車グローバル本社、そして都内のゴーンの自宅などに記者とカメラマンを向かわせ、じりじりしながら「その時」を待った。

特捜部は周到な準備を重ね、この日を迎えていた。

ゴーンが日本に滞在するのは年に100日ほどだ。この日、ともに逮捕する予定だった代表取締役のグレッグ・ケリーとゴーンの二人が同時に日本に滞在するのはまれだった。どちらかだけを先に逮捕すれば、もう一人が来日しなくなる可能性がある。このため特捜部は、ゴーンとケリーの来日のタイミングを日産と事前に調整し、日産は会合目的で同時に二人を日本に呼び寄せていたのだった。

特捜部は当日もフライト情報に変更がないことを確認。空港で接触し、そのまま任意同行を求められるよう捜査態勢を組んで待ち構えていた。

午後3時30分ごろ。ゴーンの乗ったビジネスジェットが羽田に降り立った。機体の尾翼には「N155AN」の文字。遠くからだとNISSANに見える。

「東京地検特捜部です」

羽田に降り立ったゴーンに特捜部の検事らが声をかけ、任意同行を求めた。ゴーンを乗せた特捜部の車は、東京・霞が関の東京地検に向かった。

午後4時30分ごろ。ゴーンが乗っていたビジネスジェットはゆっくりとした速度で専用の駐機場に向かった。駐機してまもなくタラップが下りた。すぐ脇に白いワゴン車が止まると、車から出てきた特捜部の係官らがタラップを上がり、捜索のため機内に入った。

司法記者クラブの朝日新聞ブースでは、詰めの取材と並行しながら、速報の予定稿も完成させた。あとはこのスクープを打つだけだ。佐々木は本社の石田に電話し、予定稿を送った。

「日産自動車のゴーン会長を金融商品取引法違反容疑で東京地検特捜部が逮捕へ」

わずか35文字。朝日新聞デジタル向けの、「超速報」と呼ばれる見出しだけの原稿。だが、すべての苦労が詰め込まれた渾身のスクープだ。

関係者からゴーンが任意同行されたことを確認し、佐々木は久木とともに改めて取材結果を検討した。

ゴーンを逮捕する——。あまりの衝撃の大きさゆえ、どうしても実感がわかなかった。これを打ったら、どうなるのだろうか。

だが、同僚の取材結果には十分かつ絶対の自信があった。絶対に間違いない。

「よし、打とう。打つしかない」

佐々木が石田に電話した。

「任意同行しました。打ちます」

築地の本社5階編集局で、石田は部長の田中らに「打ちます」と告げた。

石田と田中、野村らは、そのまま編集局長室になだれ込んだ。

その日の朝刊紙面に関する議論を主宰していたゼネラルエディターの佐古浩敏は、入室してきた社会部のデスク陣の血相に「どうしたんだ」と声をかけた。

野村に促され、石田が説明した。

「東京地検特捜部が日産のカルロス・ゴーン会長を逮捕します。容疑は金融商品取引法違反。すでに任意同行も確認が取れています。デジタルで速報の後、朝刊は1面アタマ、2面、経済面、社会面の全面展開になります」

少し声がうわずったのが、自分でもわかった。

佐古の判断は速かった。「裏は取れてるんだね。それじゃあ、もう紙面はガラガラポンだ」

石田はデスク席に戻り、「超速報」の予定稿に向き合った。佐々木に電話をかけ、改めて念を押した。

「本当に『逮捕へ』でいいの?」

捜査の着手前に報道する「前打ち」報道において、新聞社の責任で「逮捕へ」と報じるのは勇気がいる。逮捕状の有無も、容疑も、万が一にも、間違いは許されない。

捜査している事実を端的に伝える「強制捜査」や、現時点で確認が取れている「任意同行」といった表現であっても、ゴーンが東京地検特捜部の捜査対象になっていることを報じられるだけで大変な衝撃をもって受け止められるだろう。あえて容疑名まで明示して「逮捕」と踏み込まなくてもよいのではないか……。そういう念押しだった。

石田の問いかけは、もっともだと佐々木は思った。記事の出稿責任を負うのは担当デスクである石田だ。それでも、自分たちの取材に間違いはなかった。

「逮捕でいいです」

落ち着いた、簡潔な言葉に、石田は佐々木の自信と覚悟を感じ、腹をくくった。

午後5時11分。朝日新聞デジタルのトップページに「逮捕へ」の超速報がアップされた。同じ内容をデジタル編集部が社内にアナウンスすると、編集局中にどよめきが起こった。

さらに、午後5時15分にはより詳しい速報を配信した。

「東京地検特捜部が19日夕、ゴーン氏を任意同行したことがわかった。容疑が固まり次第、逮捕する方針。過少申告した金額は億単位にのぼるとみられる」

霞が関の司法記者クラブは騒然となっていた。

他社は一斉に確認に走り始めた。それでも、一番早く流れた速報でさえ、朝日新聞の超速報から約40分がたっていた。

やがてテレビ画面には、次々に速報のスーパーが流れた。

逮捕のスクープは瞬時に世界を駆けめぐり、ルノーが本社を置くフランスのＡＦＰ通信や仏紙ルモンド、フィガロはもちろん、ＡＰやロイター通信、米紙ニューヨーク・タイムズなど世界中の主要メディア20社近くが「日本の朝日新聞によると」と記事を引用して一斉に報じた。


特捜部は、ゴーンへの接触とともに、関係先の家宅捜索に一斉に着手した。

午後5時前、スーツ姿の係官10人以上が日産自動車グローバル本社の受付に現れた。係官とやりとりした受付の女性が慌ただしくどこかに電話で連絡を取ったあと、係官らはフロアの奥に消えた。

「御社の報道で我々も初めて知った次第で、何も情報がない。事実関係を確認している」

日産広報部の担当者は、記者の電話取材にこう答えた。

「ゴーンが日本にいることすら私どもは把握していない」

同じころ、ゴーンの自宅にも係官が捜索に入った。自宅マンションは東京都港区元麻布1丁目の閑静な住宅街にあった。ロビーに入った係官４人は携帯電話で連絡を取る様子を見せたあと、ゴーンの自宅がある上の階へと向かっていった。

ゴーンが乗っていたビジネスジェットの捜索は午後4時30分ごろから始まっていたが、午後7時50分ごろ、タラップ下に止まっていた3台の車が動きだし、走り去った。機内の捜索は3時間ほどに及んでいた。

朝日新聞の記者は、ビジネスジェットに特捜部の係官が乗り込む様子の一部始終を、報道機関の中で唯一、現場で取材。撮影にも成功し、朝日新聞デジタルで配信した写真や動画は、文句なしのスクープとなった。

一方、ゴーンとともに特捜部のターゲットになっていたケリーは、ゴーンより一足先にビジネスジェットで成田空港に到着していた。空港から日産が用意した車に乗り、高速道路を走行中、特捜部からパーキングエリアで止まるよう指示され、そのまま身柄を確保された。

ゴーンとケリーはそれぞれ特捜部の車に乗せられ、東京地検に移動。地検に到着後、検事から逮捕状を読み上げられ、逮捕された。そのまま東京・小菅にある東京拘置所に移送された。

広報担当者の反応とは異なって、その後の日産の動きは速かった。

朝日新聞の速報から約1時間40分後の午後6時50分ごろ、「当社代表取締役会長らによる重大な不正行為について」と題するニュースリリースをホームページに掲載した。

内部調査の結果、ゴーンとケリーが長年にわたって、ゴーンの報酬額を過少に有価証券報告書に記載したほか、日産の資金を私的流用するなど「複数の重大な不正行為」が判明したという内容だった。さらに、ゴーンの会長及び代表取締役の職、ケリーの代表取締役の職を解くことを取締役会に提案すると説明。検察に情報提供し捜査に全面協力してきたとも述べ、「Xデー」に至るまでの周到な準備をうかがわせた。

報道各社の速報が乱れ飛ぶ中、沈黙を守っていた特捜部が二人の逮捕を発表したのは午後8時前だった。

司法記者クラブにファクスで送信された発表文はA4判たった1枚。「日産自動車㈱代表取締役会長らに係る金融商品取引法違反事件の着手について」と題するもので、二人の逮捕容疑を淡々と記載したものだった。

逮捕容疑は、ゴーンらが10年度から14年度までの5年間で、ゴーンの役員報酬が計99億9800万円だったのに、計49億8700万円と記載した虚偽の有価証券報告書を提出した――というものだ。開示を免れて隠した報酬は、実に50億1100万円にものぼるという。

東京地検特捜部は、東京地検が入る中央合同庁舎第6号館（千代田区霞が関1丁目）の9

階と10階にある。特捜部による発表文のレクチャーは、10階にある副部長室で午後8時30分から始まった。

「被疑者2名を通常逮捕しました」

特捜部の市川宏副部長が発表文を読み上げたあと、詰めかけた記者からは矢継ぎ早に質問が飛んだ。ゴーンが容疑を認めているのかどうかや、報酬隠しの具体的な方法、司法取引の有無などだ。

しかし、市川は「コメントは差し控えます」などと繰り返すばかりだった。発表文の内容以上の具体的な説明は一切なく、記者団からはため息が漏れた。

同じころ、司法記者クラブの朝日新聞ブースでは、翌日の朝刊紙面への出稿作業に追われていた。1面トップはもちろん、2面、経済面、社会面の大展開だ。

1面トップの見出しは「日産ゴーン会長逮捕」。さらに、特捜部がゴーンの部下と司法取引に合意したことも大きなニュースだと判断し、「司法取引適用」との見出しも立てた。そして2面でも「司法取引　カリスマ摘発」「企業トップ初の適用」とし、大きく報じた。社会面ではビジネスジェットに特捜部の係官が乗り込む一部始終を克明に描写。この写真に加え、特捜部が日産本社に捜索に入る様子を撮影した写真は、朝日新聞だけが特報した。

ニュースリリースを公表していた日産が横浜市の本社8階で緊急会見を開いたのは午後10時。姿を現したのは西川廣人社長一人だった。

西川は約300人の報道陣を前に、ゴーンらによる「重大な不正行為」を告発した。時折、会長であったゴーンを呼び捨てにし、「残念という言葉をはるかに超えて、強い憤り、落胆を覚える」と息巻いた。

会見の中盤、一人の記者が「どういう形で権力が集中し、今回のクーデターに至ったのか」と質問すると、西川は色をなして反論した。

「権力が一人に集中し、そうではない勢力からクーデターがあったという理解はしていないし、そのような説明をしたつもりはない。そう受け止めてもらわない方がいいんじゃないかと思う」

西川はこの日午前、都内で開かれた在日フランス商工会議所創立100周年記念の「日仏ビジネスサミット」に出席していた。ルノーのルイ・シュバイツァー名誉会長のスピーチの後に登壇した西川を見た出席者の一人は「日産といえばゴーンさんなのに」と違和感を覚えた。

西川は、日産・ルノー・三菱自動車の3社連合について「アライアンス（提携）の成功は、リーダーだけのものではなく、何百人もの貢献があり、何回ものチャレンジがあって可能になった」とスピーチ。出番が終わると、部下を引き連れて、そそくさと会場を後にしていた。

その晩、フランス大使館で開かれた記念レセプションでは、ゴーン逮捕の報を聞いて呆然と立ち尽くすシュバイツァーの姿が目撃されている。

長い一日が終わろうとしていた。出稿作業や翌日の取材の段取りを終えて一段落したとき、すでに日付は変わっていた。世界中の耳目を引く衝撃的な逮捕だけに、報道が長期化するのは必至だ。壮絶な報道合戦になるだろう。「戦い」は始まったばかりだった。

まずは明日の夕刊に掲載する続報だ。午前2時、佐々木は夕刊用の原稿を整えて、本社の石田にメールで送った。自宅に帰っても、あと数時間後には夕刊の出稿作業のために、クラブに赴《おもむ》かねばならない。検察幹部や関係者の夜回りに出て、やっと帰宅したばかりのP担も、数時間後には再び朝回りを始める。

そしてまた終わりなき日々が続いてゆくのだ。

少しでも早く帰宅して体を休ませたい。そう思ったが、今日ほど特別な夜はない。

「しんどいけど1時間だけ」

佐々木と久木は近場の居酒屋に連れ立って、ささやかな杯を交わした。

一夜明けた20日の東京株式市場では、日産株に売り注文が殺到した。終値は前日比5・45％も下げて年初来安値となり、約2年3カ月ぶりの安値水準に。下げ幅は日経平均株価のそれ（1・09％）を大きく上回った。日産傘下の三菱自動車の株価も6・84％下落した。また東京市場に続いて取引が始まった欧州市場では仏ルノー株が前日に続いて下落。一時は前日終値に比べて4・8％安となった。

20日の仏各紙はゴーン会長逮捕を1面で報じ、「日本のツナミがパリまで押し寄せた」などと衝撃を伝えた。

米系の格付け大手スタンダード・アンド・プアーズ（S＆P）は日産の格付けを引き下げ方向で見直すと発表。販売が大幅に減るなどすれば収益性が大きく下がる可能性があるとした。

日産の川口均《ひとし》専務執行役員は20日、首相官邸を訪れ、菅義偉《すがよしひで》官房長官と面会した。会談後、記者団に囲まれた川口は「日本とフランス両国の関係が保たれるよう、政府としても見ていただければと思う」と述べた。

菅はこの日の会見で、「このような事態に至ったことは誠に遺憾」とし、「現段階でコメントは差し控えたい」と述べた。

世耕弘成《せこうひろしげ》経済産業相は会見で「日産が今後立ち上げる第三者委員会でガバナンス（企業統治）のあり方を徹底的に議論してほしい」と述べた。日産・ルノー・三菱自動車の3社連合については「議論が建設的に進むことを期待している」と話した。

ルノーの最大株主はフランス政府である。世耕はこの日の夜、フランスのルメール経済相と電話会談した。会談の内容は「日産とルノーの提携関係を日仏政府として強く支援することを再確認した」と伝えられた。

互いの国の自動車産業の屋台骨である巨大企業をめぐる、両国政府の綱引きの始まりだった。

極秘捜査

ゴーンの電撃逮捕のきっかけは、その約8カ月前、2018年3月にさかのぼる。

検察に、ひそかに日産内部のある情報がもたらされた。

ゴーンが日産の金を食い物にしている——。

当時、ある関係者は朝日新聞の記者にこうつぶやいた。

「ヘビーなヤマがある。大企業のトップが辞めることになるかもしれない」

関係者はそれだけ言うと、中身についてははぐらかしたまま、口をつぐんだ。

このころ、東京地検特捜部は久々に着手した大型事件の捜査の大詰めを迎えていた。大成建設、鹿島、大林組、清水建設のスーパーゼネコン4社によるリニア中央新幹線の建設工事をめぐる談合事件。いわゆる「リニア談合事件」だ。

事件に着手したのは、17年12月。4社を相次いで家宅捜索し、18年3月2日、独占禁止法違反容疑で大成建設と鹿島の元幹部二人を逮捕した。

報道各社のP担は、ゼネコン関係者や建設業界の取材に全力を注いでいた。

その最中に、ゴーンの情報が検察に持ち込まれていたのだ。

特捜部は3月23日、逮捕した二人と法人としてのゼネコン4社を起訴し、リニア談合事件の捜査は終結。世界的経営者の捜査が幕を開けようとしていた。

検察への情報提供から3カ月後の6月。特捜部に、厚さ5センチほどの報告書が届けられた。そこには、日産が社内の一部だけで調査を続けてきたゴーンの不正が詳細に明かされていた。

オランダ・アムステルダムにある日産の非連結子会社ジーア・キャピタルを隠れ蓑に、レバノン・ベイルートやブラジル・リオデジャネイロのゴーンの住宅の購入費や改修費を日産の資金から支出させていたという内容だった。

特捜部も動き始めた。6月下旬、ゴーンとケリーの出入国の記録を照会した。判例では、一時的に海外に渡航している間は、公訴時効が停止するとされている。特捜部は、日本と海外を頻繁に行き来するゴーンとケリーについて、手始めに時効の計算をしたのだった。

しかし、この夏、特捜部は新たな大型事件を手がけ、身動きが取れなくなった。

文部科学省のキャリア官僚をめぐる汚職事件だ。

私立大学の支援事業の選定で便宜を図る見返りに、東京医科大学の医学部入試で息子を不正に合格させてもらったなどとして、文科省の局長級幹部二人を逮捕。事件が終結したのは8月15日で、約1カ月半、ゴーンをめぐる捜査はストップを余儀なくされた。

もう一つ注目を集めた事件が、三菱日立パワーシステムズ（MHPS）の幹部による外国公務員への贈賄事件だ。司法取引が適用された第一号事件となり、元取締役以下3人が不正競争防止法違反で起訴される一方で、法人としてのMHPSは司法取引に応じて不起訴処分となった。

司法取引は本来、組織の下にいる人間が上位の立場の人間の不正を申告することで、犯罪の全体像を解明することを想定した制度だ。社員の不正を申告して会社が罪を免れたＭＨＰＳの取引には「とかげのしっぽ切りだ」と批判の声があがった。

また、最高検は「司法取引の活用は、これまでの捜査手法では成果を得るのが困難で、国民の理解を得られる場合でなければならない」という指針を示していた。ＭＨＰＳは事件化の約3年前から社内調査で不正を把握し、捜査に協力しており、司法取引をしなければ得られない証拠があったのかという疑問も残った。法務・検察内部にも、「ＭＨＰＳを選んだのは、安全な事件で第1号事件をやりたがった上層部の意向だ。内部でも評価されていない」と平然と口にする者もいた。

検察にとって、次の事件では、部下が上司の不正を訴えるという「正真正銘の司法取引」が求められた。

特捜部が文科省汚職の捜査を進めていた8月、日産内部で、あるやりとりが進行していた。ゴーンの不正を刑事事件として立件するには、手足となって不正に「加担」した部下の協力が欠かせない。しかし、不正への関与を正直に特捜部に打ち明ければ、部下も罪に問われる恐れがある。そこで、検討されたのが、6月に始まったばかりの司法取引の活用だった。

ターゲットは二人いた。法務担当の専務執行役員ハリ・ナダと、秘書室長の大沼敏明だ。二人はゴーンの側近だった。

最初に司法取引をめぐる水面下の動きがあったのは、ハリ・ナダだった。

ハリ・ナダはアジア系イギリス人の弁護士だ。1990年に日産に入社し、英国日産や本社の法務部門で勤務してきた。中央大学に留学経験があり、日本語も多少は話せた。2014年に常務執行役員に昇進すると、法務室のほか、ゴーンを支えるCEO（最高経営責任者）オフィスや秘書室を担当してきた。17年4月からは会長室も兼務し、ゴーンの最側近の一人として間近で業務に当たり、不正の内容をよく知る立場だった。

8月上旬、日産内部で、海外出張に出発する直前のハリ・ナダの説得が試みられた。司法取引に応じることは、自身の「犯罪への関与」も打ち明けることになる。ハリ・ナダは当初、司法取引に応じることに抵抗を示した。イギリスで弁護士資格を失うことに気をもんでいたという。「司法取引に応じても弁護士資格を失うことはない」。日産側による数日間にわたる説得の末、ハリ・ナダは司法取引に応じることを決めた。

一方、ゴーンの最側近である大沼の説得は、この時点では時期尚早だと考えられた。タイミングを誤れば、ゴーンにそのまま情報が抜ける恐れがあったからだ。

特捜部は10月に入ると、捜査を加速させた。

特捜部が事件化を想定していた不正は二つあった。一つが、子会社ジーアをめぐる海外住宅の購入。もう一つが、役員報酬の虚偽記載だった。

10月上旬、すでに司法取引に応じる腹づもりを固めていたハリ・ナダから、改めて不正に関する情報を得た。

ハリ・ナダの弁護人には、検察出身の「ヤメ検」弁護士の熊田彰英が就いた。熊田は京都大学法学部を卒業後、１９９８年に検事に任官。東京地検特捜部や法務省刑事局などを経て、２０１０年に所属した最高検では大阪地検特捜部の証拠改ざん事件の公判も担った。14年に弁護士に転身すると、政治案件の弁護を積極的に担当。小渕優子・元経済産業相の政治団体をめぐる政治資金規正法違反事件では小渕の元秘書を弁護し、甘利明・元経済再生担当相の現金授受疑惑も弁護を担った。森友学園の国有地売却問題で財務省が文書を改ざんした疑惑では、国会に証人喚問された佐川宣寿《のぶひさ》・元財務省理財局長の補佐人を務めた。木村拓哉主演の大ヒットドラマ「ＨＥＲＯ」の法律監修を手がけたこともある。

熊田は10月10日、特捜部に対し、司法取引に関する協議を申し入れた。特捜部内で協議を託されたのは、それまで水面下でのゴーン捜査の中核を担い、検察内部での評価も高い特捜検事だった。

検察とハリ・ナダ、熊田は10月13日、机を挟んで向かい合った。

司法取引の適用検討に向けて検事が用意した「協議開始書」に、ハリ・ナダが「被疑者」として署名。弁護人として熊田も署名した。

検事と熊田が向かい合い、ハリ・ナダがどのような証拠を示すことができるか、どのような条件であれば合意に応じることができるのか、2週間以上にわたって話し合いが重ねられた。

協議は上級庁の東京高検検事長の指揮の下で進められた。特捜部は5通の「協議経過報告書」を作成。上層部にも、状況は逐一報告された。

合意に至ったのは10月31日。取材で判明した合意の内容は、次のようなものだ。

①事件に関連する一切の証拠を提出すること
②検察官の求めに応じて出頭すること
③供述調書の作成に協力すること
④求められたときには、裁判で証言をすること

特捜部に提出する証拠として53点の証拠物も一覧で明記された。

一方、ハリ・ナダに対する検察側の約束は、次のようになっていた。

「検察官は別紙の事件について、公訴を提起しない」

ハリ・ナダが罪に問われないとされた「別紙の事件」とは、次の通りだ。

ゴーン、ケリー、ハリ・ナダ、大沼の4人は共謀し、

①ブラジル・リオデジャネイロの不動産を日産子会社ジーアの子会社ハムサ1リミテッド名義で購入する代金及びその改修費用に充てるため、11年12月〜18年3月、ハムサ1リミテッド名義の銀行口座を介して約1050万ブラジルレアルと約80万ドルを売り主に支払った

②レバノン・ベイルートの不動産をジーアの実質的ひ孫会社フォイノス・インベストメント・SAL名義で購入する代金及びその改修費用に充てるため、12年5月〜18年3月、フォイノス社名義の銀行口座を介して約1662万5千ドルを売り主に支払った

①②によって、日産に財産上の損害を与えた

③09年度〜18年度、関東財務局に対し、役員報酬について虚偽の記載のある有価証券報告書を提出し、よって重要な事項について虚偽の記載がある有価証券報告書を提出した

容疑、①②は、ゴーンが私的に使っていた海外住宅を日産の資金で購入していたという特別背任容疑、③が有価証券報告書の虚偽記載の容疑だった。

ハリ・ナダとの司法取引が進む一方で、もう一人のキーマン・大沼との協議も始まろうと

していた。大沼は秘書室長としてゴーンに最も近い幹部であることから、司法取引の打診についても慎重に検討が重ねられていた。

大沼が弁護人を通じて司法取引の協議を特捜部に申し入れたのは10月26日だった。弁護人には、熊田同様に「ヤメ検」弁護士の名取俊也が就いた。名取は早稲田大学法学部出身で、1988年に検事に任官した。法務省で大臣官房参事官や刑事課長、秘書課長など要職を歴任したあと、2016年に弁護士登録。転身後は、特捜事件の刑事弁護にあたったほか、企業法務の分野でも活躍。司法取引についての著作もある。

大沼が司法取引を申し入れたときには、すでにハリ・ナダと特捜部の協議がある程度進んでいたため、話し合いはよりスピーディーに進んだ。担当検事は、かつて最高検で司法取引の検討に携わった特捜検事。申し入れの翌27日には「協議開始書」が交わされ、11月1日には合意に至った。協議開始からわずか5日後だった。この間に作成された協議経過報告書は4通。合意内容はハリ・ナダと同様で、別紙には提出物として、ハリ・ナダを上回る87点の証拠が記されていた。

ハリ・ナダや大沼は、ゴーンの不正について詳細に説明した。

ゴーンの年間報酬は来日した1999年度が約3億円だったが、2002年度から10億円を超え、08年度は約26億円に増えていた。

10年3月に改正内閣府令が施行され、1億円以上の報酬を得た役員の名前と金額を個別に開示するよう義務づけられるようになった。改正が実現すれば、ゴーンは報酬額を公にしなければいけなくなる。ゴーンは日本国内以上に、フランス国内で批判が高まることを恐れていた。

ゴーンが頼ったのが、最側近の大沼とケリーだった。1956年に米国で生まれたケリーは、バーンズ&サンバーグ法律事務所を経て、88年に日産の米国法人に入社した。弁護士資格を持ち、法務・人事担当として頭角を現し、次第にゴーンに気に入られるようになった。常務執行役員を経て2012年からは代表取締役も兼ねた。

日産のような大会社で、専務や副社長を飛び越して常務の立場で代表取締役に就くことは珍しい。さらに15年には、ほかの役職も外れて、代表取締役だけの立場になるという異色の人事も発表された。人事の理由を尋ねた元役員はゴーンの返答を覚えている。「彼はサイナー（署名役）だ。私が留守の間に、代表権を持ってサインする必要がある」

ケリーは、ゴーンの「側近中の側近」として人事に強い影響力を持ち、経営の中枢機能だった「CEOオフィス」のトップも長く務めていた。「代表取締役になったころからは、日産の本社にはほとんど姿を見せなかった。取締役会もテレビ会議がもっぱら。米国で牧場経営をしていたみたいです。ゴーンのアドバイス役に徹していたのでしょう」と広報担当幹部。

ゴーンの黒子にいそしみ、ほかにめだった活動をしていなかったためか、ゴーンとともに逮捕された直後には、米国の専門誌に「Who is Greg Kelly?（ケリーって誰？）」という記事が載ったほど、その人物像が知られていなかった。

ゴーンは10年2月に改正案が示されると、ケリーや渉外担当の常務執行役員だった川口均に金融庁への働きかけを指示し、改正阻止を画策していた。だが、改正を止めることはできず、日産は10年6月に提出した09年度の有価証券報告書から、個別開示の対象となった。

ゴーンは09年度分から過少記載を検討した。10年3月には、09年度分の開示額を8億9000万円にするよう大沼に指示し、すでに得た報酬から7億円を返した。7億円は、日産の連結対象ではない、オランダにある仏ルノーと日産の統括会社ルノー日産BV（RNBV）から翌年度に受け取る計画だった。

だが、大沼とともに計画を検討していたケリーは10年10月、ルノー日産BVから支出すればフランスで開示の対象になる恐れがあると考え、計画を断念した。

大沼は11年2月、代案としてジーアの子会社から支払う計画をゴーンに報告。だがゴーンはこの案を採用せず、日産取締役を退任後に相談役や顧問の報酬名目で受け取る方法の検討を指示したという。

11年4月、ゴーンは09、10年度の2年分の報酬について、「総報酬」「既払い報酬」「未払い報酬」を1円単位で列挙し、未払い分は退任後に顧問料などで支払うと記した文書を大沼に作成させ、自ら署名した。同様の文書は13年4月にも作られ、11、12年度の2年分の数字を記載した。

ゴーンの指示を受けた大沼とケリーは、未払い報酬を開示せずに支払う方法について、ほかにもさまざまな案を検討した。

日産を退任後に、顧問料や競合他社に再就職しない契約名目で支払う方法についても、11、13、15年の3回、文書を作成。役員の退職慰労金制度を利用する方法や、優秀な役員を引き留めるために将来の報酬を約束する「長期インセンティブプラン」と呼ばれる制度の活用も考えた。

ゴーンの不正は、司法取引をした容疑以外にも多岐にわたっていた。

業務実態のない姉との計75万ドル超のコンサル契約や会社の資金を使った家族旅行、ビジネスジェットの私的利用……。特捜部は、特別背任や業務上横領罪も念頭に検討したが、姉への支払いや家族旅行は金額が少ないと映った。また司法取引をした海外住宅に関する容疑についても、立件は困難という見方が次第に高まった。海外での居住実態を証明するのは難しい上、「住宅は日産の所有物」という言い分が成り立つのが理由だった。

それよりも目を見張ったのが、90億円を超える「報酬隠し」だった。大沼は、秘書室で極秘に管理していたゴーンの署名入り文書を提供し、仕組みを解説した。特捜部は11月に入ると、頻繁にハリ・ナダや大沼の取り調べを重ね、東京高検、最高検の上層部にも報告を上げていった。

特捜部はそれまで、役員報酬について虚偽記載容疑を適用したことがなかった。

有価証券報告書は、企業の各年度の財務状況や役員情報が集約されたもので、「1年間の成績表」にあたる。特捜部は05年にはカネボウ、06年にはライブドアのトップらを、有価証券報告書の決算の虚偽記載で逮捕した。こうした粉飾事件を受けて06年、証券取引法を大幅改正した金融商品取引法が成立した。報告書の虚偽記載罪の罰則は、それまでの倍となる「10年以下の懲役か1000万円以下の罰金」に引き上げられた。

金融商品取引法は、投資家の投資判断に影響を及ぼすような「重要な事項」に虚偽の記載があった場合を刑事罰の対象としている。だからこそ、株を売り買いする上で重視される企業の売り上げや利益・損失など、業績を示す情報について誤った内容を公開する行為は、厳しく取り締まられてきた。日産のように10兆円を超える売り上げがある企業で、90億円超の役員報酬の虚偽記載が果たして「重要な事項」にあたるのか。検察庁内でも疑問の声はあった。

そこで、特捜部は金融犯罪のプロである証券取引等監視委員会にひそかに助言を請い、「重要な事項にあたる」との確信を得た。

ゴーンの側近二人から、捜査への全面協力を得た特捜部。とりわけ、秘書室に極秘に残されていた役員報酬に関する文書を提出した大沼の協力によって捜査が大きく進展した。

「絶対にわからない場所に隠してある紙が、司法取引で入手できるようになった」

特捜経験が長い関係者はうなった。

「完黙（完全黙秘）でも起訴できる」と、中枢幹部は確かな手応えを得ていた。

逮捕容疑は、10〜14年度の5年間で計約50億円のゴーンの報酬を有価証券報告書に記載せずに隠したという金融商品取引法違反だ。15〜17年度の分を合わせると、10〜17年度の8年間で計約91億円の報酬を隠したとされた。

さらに逮捕日は11月19日と決定された。日産がこの日、会議という名目で二人を日本に呼び出すことになった。

羽田空港での「大捕物」に備え、特捜部は羽田に降り立って入国してからの動きを入念にシミュレーションしていった。

特捜検察の光と影

東京・霞が関。日比谷公園を見下ろす21階建ての建物が、東京地検特捜部がある中央合同庁舎第6号館だ。最高検、東京高検、東京地検が入り、検察合同庁舎とも呼ばれる。

東京地検特捜部はこの建物の9、10階と、2キロほど離れた皇居の北側にある九段合同庁舎に居を構える。よりすぐりのエース級検事が約30人、検察事務官約90人が籍を置き、告訴・告発や独自捜査の事件を手がける「特殊直告班」、証券取引等監視委員会や公正取引委員会からの告発事件を中心に捜査する「経済班」、国税局とともに脱税事件を摘発する「財政班」の3班に分かれている。特捜部があるのは、全国の地方検察庁で東京、大阪、名古屋の3地検だけだ。

東京地検特捜部は、戦後まもない1947年、物資隠匿を取り締まる「隠退蔵事件捜査部」として誕生した。政財界を巻き込む大きな汚職や不正、脱税などの事件を専門に捜査し、田中角栄元首相が逮捕されたロッキード事件や、未公開株を受け取った政治家や官僚らが次々と起訴されたリクルート事件、金丸信・元自民党副総裁の脱税事件など、政界を揺るがす大型事件を摘発してきた。

平成の時代には、バブル崩壊で破綻した金融機関を次々と立件。2000年代に東京・六本木ヒルズを拠点とする「ヒルズ族」が世間の脚光を浴びると、ライブドアや村上ファンドを摘発した。

時代を象徴する事件を手がける特捜部は、時に批判にさらされながらも、巨悪を暴く捜査機関として国民の喝采を浴び、期待を集めてきた。

だが、こうした特捜部に対する信頼は、10年以降の相次ぐ不祥事で地に落ちることになる。

同年9月、大阪地検特捜部検事の前田恒彦が、厚生労働省局長の村木厚子を立件した郵便不正事件の捜査で、証拠物のフロッピーディスクの記録を改ざんしていたことが朝日新聞のスクープで判明した。村木が無罪となる一方で、最高検は、主任検事だった前田を証拠隠滅容疑で逮捕し、さらに大坪弘道・大阪地検特捜部長と佐賀元明・特捜部副部長を犯人隠避容疑で逮捕した。検察史上例を見ない前代未聞の大スキャンダルに、検察トップにあたる当時の大林宏検事総長は引責辞任に追い込まれた。

逆風に追い打ちをかけたのが、小沢一郎衆院議員が強制起訴されて無罪となった「陸山会」事件をめぐる東京地検特捜部の不祥事だ。

小沢の元秘書・石川知裕衆院議員の取り調べを担当した特捜部検事の田代政弘が、実際にはないやりとりを捜査報告書に記載。石川の「隠し録音」が小沢の公判で明らかにされて、別件での再逮捕を示唆するなどの強引な取り調べの事実が白日の下にさらされた。田代が作成した報告書は、石川が政治資金収支報告書の虚偽記載を小沢に報告していたという印象を与える内容で、検察審査会に提出され、結果として小沢の強制起訴に道を開くことになった。田代はこの件で、虚偽有印公文書作成・同行使と偽証容疑で市民団体から刑事告発され、不起訴になったものの、懲戒処分を受け、12年に辞職した。

証拠改ざん事件のときには、「関西検察特有の不祥事」とする声も検察内部にはあったが、陸山会事件は本家の東京地検特捜部での不祥事だった。見立てに合わせて強引に自白を迫る姿勢は特捜部の構造的な問題とされ、強い批判にさらされた。

大物OBで元特捜部長の石川達紘は大阪の証拠改ざん事件後、朝日新聞のインタビューに「特捜検察は、今後10年は立ち直れない」と看破した。検察改革が叫ばれ、「特捜部解体論」までもが取り沙汰された。

一連の不祥事を受けて、検察は新たな捜査手法の確立が最重要課題となった。求められたのは、取り調べで得た供述で事件を組み立てる「供述中心主義」からの脱却だ。

特捜部が手がける贈収賄事件などでは「金の趣旨」や「目的」といった内心に関わる事柄が立証に不可欠となることが多いため、従来の捜査では「供述調書」の出来が重要視されてきた。容疑者を自白させるのがうまい検事は「割り屋」と呼ばれ、検察内部では高く評価されていた。

11年6月、法務省が立ち上げた法制審議会の特別部会が始まり、3年にわたって改革の方向性が話し合われた。メンバーには、法務・検察と警察庁の幹部に加え、郵便不正事件で無罪となった村木や、冤罪《えんざい》の問題に取り組んできた映画監督の周防《すお》正行、弁護士らが加わった。焦点となった取り調べの録音・録画（可視化）について、村木や周防、弁護士らは逮捕前の参考人も含めた全面的な可視化の導入を強く主張した。警察、検察はかたくなに反発。裁判員裁判の対象事件のみを可視化の対象とする案を事務方が示したが、村木は「私の事件も対象にならない。検察が取り調べるすべての事件に拡大できないか」と指摘した。紆余曲折の末、19年6月から事件を限定して可視化を義務づけることが決まった。対象は、裁判員裁判の事件に加え、検察の独自捜査事件――すなわち特捜部の捜査する事件だった。

特捜部は議論に先行して、13年度からすべての独自事件で取り調べの可視化を開始した。さらにデジタルフォレンジック（電子鑑識）の部署を設け、パソコンや携帯電話の解析技術を向上させた。密室での取り調べでストーリーを紡ぐ捜査は難しくなり、客観証拠に基づく新たな捜査スタイルを追求していくことが求められていた。

一方、可視化とバーターの形で、検察側は捜査の「新たな武器」を手に入れていた。それが、「司法取引」だ。欧米などではさまざまな形で広く導入されている制度だが、日本では初めての試みだった。

米国の司法取引は「自己負罪型」と呼ばれ、自分の罪を認める代わりに刑が軽くなる制度だ。これに対し、日本の司法取引は「捜査・公判協力型」と呼ばれる。容疑者や被告に他人の犯罪を明かしてもらう見返りに、検察官が起訴を見送ったり、求刑を軽くしたりする。

司法取引も法制審の主要論点の一つだったが、当初から多くの反対の声があった。弁護士らは「捜査当局の焼け太り以外の何物でもない」などと一斉に反発。警察庁の幹部も「『第三者の引き込み』の危険を排除できる仕組みが示されていない。警察としては賛成しかねる」と懸念を示した。

「第三者の引き込み」とは自分の刑を軽くするために無関係の人を陥れる虚偽の供述をする行為だ。取り調べの可視化をめぐって、検察と一枚岩となって反対の論陣を張っていた警察からの、よもやの反対だった。司法取引の当事者は検察官とされているため、捜査で検察の力がより強まることへの警察側の懸念が背景にあった。

法務・検察は「供述の真実性を担保する客観的な裏付け捜査」の徹底を強調した。無実の人を冤罪に巻き込む恐れがあるとして最後まで弁護士を中心に反対の声が根強かったが、14年に導入が決定。制度は18年6月にスタートすることになった。贈収賄や脱税などの財政経済事件などが対象とされ、「第一号事件」はモデルケースとして、東京地検特捜部が手がけるという見方が法務・検察内部では大勢だった。

検察は取り調べの可視化という重しを課せられる一方で、「焼け太り」で新しい捜査手法を手にしたのだった。

検察改革の議論が進む中、東京地検特捜部では10年代、長い「冬の時代」が続いた。不祥事を受けて、特捜部内の独自捜査を担う部門が縮小。さらに、検察が取り調べで作る「供述調書」を裁判所が厳しく見るようになり、自白に基づいて賄賂などを立証していた旧来の手法は通用しづらくなっていった。

みんなの党元代表の渡辺喜美の借入金問題、小渕優子・元経済産業相の政治団体をめぐる資金処理問題、甘利明・元経済再生担当相をめぐる現金授受問題……。いずれの国会議員の疑惑も、強制捜査を行いながら、政治家本人を罪に問うことはできなかった。国会議員を起訴したのは、陸山会事件の石川が最後となっていた。

猪瀬直樹・元東京都知事が医療法人から5000万円を受け取った問題も、罰金刑にとどまる略式起訴で処理されたことで、公判が開かれないままの幕引きに終わった。

不祥事のあと、疑惑が向けられた政治家を追及しきれない特捜部に対し、存在意義を問う声は高まっていた。

「いまの特捜部は事件をやらない」。検察OBやマスコミ関係者の間では、いつしか当たり前のように、こうした言葉が飛び交うようになっていた。

そうした中、特捜部の復権を託されたのが、17年9月に東京地検特捜部長に就任した森本宏だった。

岐阜県の生まれで、検事としては比較的珍しい名古屋大学法学部出身。浪人を重ねることが珍しくない司法試験に在学中に合格し、1992年に検事に任官した。特捜部検事としては、佐藤栄佐久・元福島県知事の収賄事件(2006年)で、元知事の弟の取り調べを担当した。防衛事務次官らを逮捕した防衛省汚職事件(07年)やオリンパスの粉飾決算事件(12年)でも捜査の中核を担い、特捜部副部長としても医療法人徳洲会グループの公職選挙法違反事件(13年)などを手がけた。

部長就任までに7年半特捜部に在籍した一方で、内閣官房副長官秘書官や法務省の刑事課長、刑事局総務課長など行政畑の役職も歴任。事件畑の「現場派」と行政畑の「赤れんが派」に分かれることが多い検察の出世コースにおいて、両方の主要ポストを経験した稀有な経歴の持ち主でもある。誰しもが認める法務・検察のエース中のエースだった。ある大物検察OBの弁護士は当時、「森本で特捜部を立て直せなければ、これから特捜部が復活することはない」と断言した。

一方で、佐藤元福島県知事の収賄事件の取り調べでは、元知事の弟に「知事は日本にとってよろしくない。抹殺する」などの言葉を浴びせたとされ、「知事抹殺」は後に佐藤の著書のタイトルにもなった。

17年9月11日、就任に伴うマスコミ各社の囲み取材が、検察合同庁舎10階の会議室で開かれた。

「国民が不公正、不公平であると思う事件を手がけていく。水面下に隠れていて見えないものをきちんと見つけ出していく」

森本はそう宣言した。記者から大阪の証拠改ざん事件の影響を問われると、こう言葉を返した。

「改革は続いているが、立ち向かうべきものに立ち向かえない、という意味での影響はない。新しい時代に合った捜査手法で、取り組むべきものに取り組むことはできる。あとはどこまで見つけ出すことができるのかどうかだ」

就任の3カ月後、森本体制の船出を宣言するかのように、スパコン開発会社の社長をめぐる詐欺・脱税事件、リニア談合事件に着手。さらには文科省の汚職事件にも着手するなど、相次いで大型事件を手がけた。

そして、「新しい時代に合った捜査手法」である司法取引を駆使してゴーンを逮捕し、日本のみならず世界を驚かせた。

それは特捜部の復権をかけた「負けられない戦い」だった。

誤算と逆風

ゴーン逮捕直後の緊急会見で、記者から「クーデターか」と問われた日産社長の西川は、「クーデターという理解はしていない」とかわした。

だが翌20日、西川の意に反して、仏経済紙レゼコーは、西川を古代ローマの将軍・カエサルを殺害したブルータスになぞらえた。国内では、本能寺の変で主君・織田信長を討った明智光秀にたとえるメディアもあった。

西川は東京大学経済学部を卒業後の1977年に日産に入社した。主に購買部門を歩み、仏ルノーとの共同調達に関わる中でゴーンの目にとまり、常務、副社長ととんとん拍子に出世。社内で「ゴーンチルドレン」とも呼ばれ、ゴーンの「絶対的な権力」を支えてきた張本人だった。さらに、この時期、日産株を4割超保有するルノーの大株主である仏政府が日産への影響力を強めようとしていた。

こうしたことから、西川による告発は、逮捕直後から「陰謀」とささやかれた。

海外メディアによる「陰謀論」が展開され始めると、批判の矛先は捜査をしている検察にも向かった。ゴーンの逮捕容疑となった役員報酬の過少記載は、世界的な経営者を逮捕するほどの悪質性がない「形式犯」ではないか、との批判だった。

検察は即座に反応した。

ゴーンの逮捕から3日後の11月22日午後4時、東京・霞が関の検察合同庁舎の地下1階で、東京地検次席検事の久木元《くきもと》仲《しん》は、異例の記者会見を開いた。

次席検事による会見は2週間に一度が通例で、この週は開催されないはずだった。だが海外メディアの要請を受け、急遽、開催が決まった。

久木元は、捜査の詳細について「答えを差し控える」とにべもない回答を繰り返した。その一方で、事件の意義を強調した。

「一部では形式犯のように言う人がいるが、金融商品取引法の中でも重い犯罪類型だ」

「陰謀論」についても、「私どもは捜査機関であり、裁判を遂行する機関でもある。何かを変えるためになどやっていない。結果として、国内外で多くの耳目を引いているのは事実だが、粛々ときちんとした捜査を遂げていきたい」と否定した。

検察が立件対象とした役員報酬は、前述したように、２００９年度から1億円以上について、役員ごとに有価証券報告書での開示が義務づけられたものだ。08年秋のリーマン・ショック後、役員の高額報酬に対して国内外で批判が相次ぎ、投資家や株主への情報開示が強化される一環で導入された。

こうした経緯もあり、役員報酬が業績に見合っているかなどは、ガバナンスの健全さをはかる指標とされた。特捜部はこのガバナンスを重視する「潮流」に目をつけ、証券取引等監視委員会の助言も請いつつ、ゴーンの巨額の報酬隠しを「投資家を欺く重大な犯罪」と位置づけ、役員報酬の虚偽記載を初めて事件化したのだった。

久木元以外の捜査関係者も「形式犯」批判について、「10年以上前で知識が止まっている」「陰謀や国策捜査という言葉は死語だ」と口々に反論。役員報酬隠しこそ、事件の「本丸」と強調した。

ゴーンは逮捕後、東京・小菅の東京拘置所11階の一室に収容された。特捜部のほかの事件の容疑者と同様、特捜部が使う取調室がある階だった。

報道各社は、ゴーンの弁護人に誰が就くのかを気にしていた。記者たちは、弁護人が容疑者との接見に訪れる午前9時前から、拘置所南側の面会用門前に陣取り、訪れた弁護士に「日産の関係か？」と次々に声をかけて回った。

ここを訪れる弁護士たちは、検察出身の「ヤメ検」弁護士の姿も多い。刑事事件に強い上、検察の手の内を知るため、特捜部の事件ではヤメ検が弁護人に就くことが多い。記者の扱いにもたけている。だが、このときばかりは、「ちょっと説明できない」などと、歯切れが悪かった。

水面下では、ゴーンの弁護人について、三つほどのルートで話が進んでいた。

ゴーンの家族は、米大手弁護士事務所を通じて、弁護人を探していた。一方、ゴーンが会長兼ＣＥＯを務めていたルノーや仏政府の意向による別ルートも同時並行で動いていた。

意外にも、日産側の紹介を受けた弁護人の選任の話もあった。ゴーンは逮捕された当初、日産の社内調査の結果が検察に持ち込まれて事件に至ったと知らなかった。そのため、ゴーンが日産幹部に弁護人の紹介を頼んでいたという。

「会長の弁護人に元東京地検特捜部長」

た。11月22日夕、元東京地検特捜部長の大鶴基成が弁護人に就いたことをＮＨＫが速報で報じた。大鶴は、ルノー側が見つけた弁護士だった。

あるヤメ検弁護士は「いい人選。大鶴さんってことは争うんでしょう」とつぶやいた。多くの検察幹部も「大鶴は間違いなく争う」と語った。

背景には、大鶴の経歴があった。

大鶴は大分県佐伯市出身。鹿児島県にある全国屈指の名門進学校のラサール中・高校を卒業後、東京大学に進み、25歳の１９８０年に検事になった。特捜検事を志したが、福岡や釧路などの地方回りが続き、92年にようやく念願の特捜検事になった。

２０００年に税金事件や企業犯罪を担当する東京地検特捜部の副部長になると、02年には汚職事件などを担う特捜部の別の班の副部長に順当に就任した。05年にはついに東京地検特捜部長に上りつめた。

「融通が利かないが、まじめで熱心」。これが当時の検察内部での大鶴評だった。

大鶴は特捜部長の就任会見で「額に汗して働く人、リストラされ働けない人、違反をすればもうかるとわかっていても法律を順守している企業の人たちが憤慨するような事案を摘発したい」と宣言した。

在任中には、ライブドアの粉飾決算事件や村上ファンドによるインサイダー取引事件を立件。バブル崩壊後、閉塞感が漂う中で登場した「IT時代の寵児」の摘発は、「国策捜査」との批判を受けたが、有罪に持ち込んだ。

函館地検検事正を経て、08年に最高検検事になると、衆院議員・小沢一郎の資金管理団体「陸山会」による土地取引事件の捜査を主導した。小沢本人の立件を目指したが、起訴したのは元秘書3人のみ。自民党から民主党への政権交代前後の捜査は、またしても「国策捜査」と批判を浴びた。

その後、東京地検次席検事などに異動したが、11年に突如、退職した。63歳の定年まで7年近くを残しての異例の辞職だった。

大鶴の辞職について、検察内部では「小沢立件に積極的だった大鶴と消極的だった検察上層部が対立し、大鶴が不満を募らせた」との見方がもっぱらだった。

それゆえに、大鶴は、依頼人に容疑を認めさせる代わりに処分軽減を検察と交渉する「握るヤメ検」ではないとされ、検察幹部は「ゴーンは最後まで戦うつもりだ」と受け止めた。

一方、ゴーンとともに逮捕されたケリーの弁護人の選任にも、大鶴と因縁が深い弁護士が関わった。

その一人が、前述した、陸山会事件をめぐる虚偽捜査報告書作成で懲戒処分を受けて辞職した、元東京地検特捜部検事の田代政弘だ。田代は大鶴の部下だった。

虚偽捜査報告書作成の問題をめぐっては、小沢起訴に積極的だった大鶴ら検察上層部の指示を疑う見方もあり、田代が「スケープゴートにされた」との声が検察内部にも少なからずあった。そんなかつての師弟が、同じ事件で利益が相反することもある別々の容疑者の弁護人に就くことに注目が集まった。

田代は東京拘置所で、ケリーと数回、面会を重ねた。関係者によると、田代とケリーとの間では一時、罪を認める代わりに、検察に司法取引を持ちかけるかが議論された。

検察は捜査当初からケリーと司法取引することを念頭に置いていた節もあり、ゴーンの最側近だったケリーがゴーンの「会社の私物化」を暴露することは悪い話ではなかった。司法取引が定着しているアメリカで弁護士資格を持つケリーは、処分軽減を選ぶべきか迷ったらしいが、最終的にこう言って、検察と対決する道を選んだという。「僕にもｈｏｎｏｒ（名誉）がある」

結局、ケリーの弁護人に就いたのは、刑事弁護に強く、英語も堪能な喜田村洋一だった。

喜田村は故・三浦和義氏の「ロス疑惑事件」などで無罪を勝ち取ってきた。陸山会事件では、小沢弁護団の一員として、検察庁にいた大鶴と対峙した人物でもあった。

検察に対して「怨嗟《えんさ》」を持つともいわれ、「国策捜査」批判を度々浴びせられてきた大鶴がゴーンの弁護人に、その大鶴を含む検察と幾度となく闘ってきた喜田村がケリーの弁護人になるという異色の組み合わせの下、両容疑者と検察との対決構図が強まってきたのだった。

逮捕から5日後の11月24日、朝日新聞は朝刊で、ゴーンらによる報酬隠し疑惑のスキームの一端を報じた。ゴーンは自身の報酬が「高額だ」との批判を恐れ、毎年約20億円だった報酬のうち、約10億円を有価証券報告書に記載する一方、未払いの約10億円は顧問料などとして、退任後に受け取る文書を日産側と交わしていた、という特ダネだ。報道が過熱する中、報酬隠しの仕組みが報じられたのは初めてだった。

この仕組みは、検察側にとっては「報酬の開示制度を免れるために考えられた巧妙なもの」だったが、一方でゴーンが「投資家や株主を欺いて受け取っていた」と世間から思われていた報酬が、実は手元には渡っていないことを意味した。

実際に「果実」を得ていない中での逮捕だったとわかったことから、当初、検察を擁護していた検察OBからさえも「ますます形式的な理屈だ」との声があがるようになった。

さらに、ゴーン、ケリーがそれぞれ容疑を否認していることも同時期に明らかになった。「陰謀論」と共鳴するように、「形式犯」批判は日増しに高まっていった。

そんな中、特捜部は、勾留満期の12月10日、10年度から14年度までの5年分の役員報酬の過少記載の罪で二人を起訴するとともに、さらに15年度から17年度の3年分の過少記載容疑で二人を再逮捕した。

特捜部からすると、事件の着手前から決まっていた「既定路線」だった。検察幹部は「年度によって個性がある。証拠も複雑だ」などと強気の姿勢を崩さなかった。

だが、大鶴と喜田村は「同じ話を2回に分けて逮捕するなんておかしい」とそれぞれ猛反発した。テレビのワイドショーではコメンテーターらが連日、特捜部の捜査手法への批判を展開した。

海外メディアも特捜部の再逮捕を疑問視し、さらにゴーンが置かれている環境や、日本の刑事司法制度に注目していった。

日本の刑事事件、特に特捜部が扱う事件では、否認するほど勾留期間が長引く傾向があり、「人質司法」と揶揄《やゆ》される。

仏紙フィガロは、ゴーンがいる東京拘置所に死刑を執行する施設があることを紹介し、「地獄だ」と伝えた。検察の取り調べに弁護士が付き添えない点も指摘し、「ゴーンの悲嘆ぶりが想像できるというものだ」と報じた。ロイター通信も東京拘置所内部の写真を付け、勾留状況を報道。「快適に世界を飛び回る彼（ゴーン）のライフスタイルからはかけ離れた、多くの制限下に置かれている」と伝えた。

風当たりが強まる中、特捜部は再逮捕容疑の勾留期限となる12月20日午前、ゴーンとケリーをさらに10日間、勾留するよう東京地裁に求めた。証拠が複雑とされる特捜部の事件で、2回の逮捕で容疑者を計約40日間勾留するのは、これまでの捜査であれば「当然の流れ」だった。

しかし、地裁はわずか数時間後の同日午後1時ごろ、勾留延長を却下した。特捜部の事件で、しかも、容疑者が否認のまま勾留の延長が認められないのは、「異例中の異例」だった。

地検は午後1時半すぎ、次席検事の久木元のコメントとして、「適切に対処する」との7文字だけのコメントを司法記者クラブに発表した。同時に、地裁の却下決定を不服として準抗告する手続きに入った。

久木元は同日午後4時からの定例会見で、今後の捜査への影響を問われ、率直にこう答えた。「(勾留延長は)必要だと思っていて認められなかったので、影響はあると思う。最善は尽くしたい」。地検は同日午後6時ごろ、準抗告した。

だが、地裁は同日9時半ごろには、準抗告を棄却した。理由として、事件を「事業年度の連続する一連の事案」などと判断したとする文書をマスコミに配布した。

地裁がこうした文書を配布するのは極めて異例だった。検察が準抗告の理由の中で地裁の勾留延長却下決定を「根拠に乏しい臆測に基づいた判断」などと批判したことに対しての「再反論」の内容で、検察の捜査手法を暗に批判するメッセージのようだった。

検察幹部は地裁の判断に対し、口々に怒りをぶちまけた。

「裁判所は、検察と心中するつもりはないということだ。はしごを外された」「海外メディアの批判にひよっただけだ」「捜査の実務をまったくわかっていない」

一方の弁護側は勢いづいた。

「裁判所は事件自体がおかしいという心証を得ている」

ゴーン、ケリーの弁護人はそれぞれ、翌21日にも保釈を請求する方針を明言した。報道各社は二人が東京拘置所から保釈される可能性があることを伝えた。

ゴーンは大使館関係者から勾留延長の却下決定の知らせを受け、歓迎したという。その後、面会した大鶴には、少し安堵した表情を見せ、強気の発言を残した。「逮捕、起訴で傷つけられた名誉を裁判で回復したい。保釈されても、裁判に出廷しないことはあり得ない」

だが、ある検察関係者はどこか冷静だった。

「(特捜部長の)森本なら今日の裁判所の判断は予測できたはず。手は打っていると思う」

21日未明。地下鉄・霞ケ関駅の最終電車は終了していたが、特捜部が入る検察合同庁舎の9階と10階の明かりは煌々《こうこう》としたままだった。

戦線拡大

２０１８年12月21日早朝、東京・小菅の東京拘置所には、海外メディアを含め２００人以上の報道陣が詰めかけていた。前日に東京地検特捜部によるゴーンとケリーの勾留延長の請求を東京地裁が却下し、二人が保釈されるとの観測を強めていたためだ。

あまりの報道陣の多さに警察官も多数駆けつけ、周辺は緊張感に包まれた。

午前9時ごろには、ゴーンの弁護人の大鶴、ケリーの弁護人の喜田村がそれぞれ面会に訪れた。ゴーン一族の祖国であるレバノン大使館の関係車両も拘置所に入り、現場の報道陣らには保釈に向けた緊張感が高まっていた。

だが大鶴は、ゴーンから直近の取り調べ内容を聞き、嫌な予感を抱いた。

そして、ゴーンにこう伝えたという。

「検察はとんでもないことを考えているかもしれないですよ」

大鶴は午前10時すぎ、タクシーで拘置所を出た。

約30分後の午前10時半すぎ。大鶴の予感は的中した。

特捜部が「会社法違反事件の着手」とする発表文を拘置所から約10キロ離れた東京・霞が

関の司法記者クラブに配布した。特別背任容疑でゴーンの3度目の逮捕に特捜部が踏み切ったことを知らせる内容だった。

拘置所前では報道陣の携帯電話が一斉に鳴った。「中継、中継」「スタンバイ始めないと」。虚を突かれたように、テレビの中継クルーが慌ただしく準備を始めた。

同じころ、電車に乗っていた大鶴が、あわてて再びタクシーに乗って拘置所に戻ってきた。

特捜部が3度目の逮捕で描いた事件の構図、すなわち「サウジアラビアルート」事件は次のような内容だった。

ゴーンは自分の資産管理会社と新生銀行との間で06年4月以降、あらかじめ定められた日に、定められたレートで円をドルに交換する為替スワップ契約を結んでいた。1ドル＝100円以上の相場では、ゴーンが1ドル＝95円で200万ドルを買い、1ドル＝100円未満の相場の場合はゴーンが1ドル＝100円で600万ドルを買うなどの内容で、円安でゴーンに巨額の利益が、逆に円高では大きな損失が生じる契約だった。

08年秋、リーマン・ショックで1ドル＝100円を下回る急激な円高になると、契約には最高10億円の担保不足が発生した。新生銀は10月、ゴーンに追加の担保を要求。ゴーンは個人で担保を追加しない代わりに約18億5千万円の評価損が生じていた契約を日産に付け替え、損害を与えた、とされた。

さらに、たまたま11月から新生銀の検査をしていた証券取引等監視委員会が、ゴーンの負債を事実上日産に肩代わりさせるこの取引を「利益相反取引に当たる可能性が高い」と問題視した。すると、ゴーンは契約を自身に再び戻すことを検討した。再移転には「50億円相当の担保が必要」と新生銀から伝えられたゴーンは、サウジやオマーンの友人に協力を依頼した。その結果、サウジの実業家ハリド・ジュファリが別の銀行が発行する30億円相当の信用状を新生銀に差し入れることに尽力。ゴーンはこの謝礼などとして、09年6月から12年3月、日産の完全子会社・中東日産からジュファリが経営する会社へ約12億８４００万円（１４７０万ドル）を不正送金した、とされた。

この容疑は、事実であれば、これまで役員報酬隠しを「形式犯」と批判してきた専門家や検察ＯＢが「実質犯」と指摘する、「会社の私物化」そのものとも言える内容であった。裁判所の勾留延長の却下決定を受け、検察は「形式犯」批判にあらがうために３度目の逮捕をしたのではないか――。多くの記者が思った疑問だった。

３度目の再逮捕の発表から約１時間後の午前11時半、特捜部副部長の市川宏による記者レクが検察合同庁舎10階で開かれた。司法記者クラブに加盟する各社の記者は「今日着手したのはなぜか」「勾留延長の却下によって今日になったのか」と詰め寄ったが、市川は「お答えは差し控える」といつものように素っ気なかった。

午後4時には、地検次席検事の久木元が海外メディアも参加する2日連続となる会見を開いた。海外メディアの記者が報酬隠しの金融商品取引法違反罪と特別背任罪の重要性の違いを質問したが、久木元は、両罪とも法定刑が10年以下の懲役であることに触れ、こう答えるにとどめた。「それぞれに法の趣旨があって定められた罰則がある。比較はできない」

それまで、多くの検察幹部は、報酬隠しこそが「本丸」と強調していた。ある幹部は「特別背任はやらなくてもいい」とすら発言していた。

ところが、地裁の勾留延長の却下を受け、複数の検察幹部は発言のトーンを若干変えていた。「テレビのコメンテーターだけでなく、裁判所までがこの事件を邪険に扱うならやってやる。それじゃなきゃ、事件が軽く見られてしまう」「特背はやるつもりはなかったが、もうとことんやるしかない」「世の中が形式犯批判をするなら、ゴーンの悪性を赤裸々に明かしましょう」

「時代を切り取るような事件」を手がけてきたと自負する東京地検特捜部。過去には「検察と一体」と揶揄されることもあった裁判所から「はしご」を外されたいま、意地を示すかのように「戦線拡大」に打って出たのだった。

海外メディアも、驚きをもってゴーンの3度目の逮捕を報じた。

仏紙フィガロは「昨日は独居室から出る希望を持てたが、今日その夢は消える」。仏経済紙レゼコーは「逮捕によって拘置所を（すぐに）出られる可能性が消滅した」「日本の検察は、できるだけ長く拘束するために、容疑を小分けにしているようだ」と伝えた。

ＡＦＰ通信は「再びどんでん返しが起きた」との見出しで「日本の司法制度に対する批判をさらに招く恐れがある」と指摘。米ＣＮＮは「クリスマス後まで、檻《おり》の中にとどまらせるよう検察が働いた」と報じた。

日産内部でも驚きはあった。

ある幹部はゴーンが保釈される可能性のあった21日朝、記者にこう語っていた。「保釈になって、背任とか業務上横領の立件がないとすると、単なる形式犯で終わり、極めて残念だし、困る」

背景には、検察と「二人三脚」の共同歩調で進んできた割に、ゴーンの「会社の私物化」にあまり光が当てられていない現状への焦りや不満があった。

日産は当初、レバノンやブラジルの海外住宅をゴーンが私的に使っていたことについての事件化を望んでいた。日産が「被害者」になり、ゴーンによる「会社の私物化」があらわになると考えていたためだ。

だが、検察が手がけたのは役員報酬隠し事件だった。この事件では、法人としての日産も起訴された。会社自体が株主や投資家を欺いた「加害者」となり、巨額の損害賠償請求を起こされる可能性があった。さらに、ゴーンが保釈されれば、会見を開くなどして、経営陣の批判を展開されることも懸念された。

それだけに、特別背任容疑での3度目の逮捕でようやく「被害者」となることができた日産内部からは歓迎の声があがった。幹部には高揚感すら漂っていた。

社長の西川は、社員向けに「(ゴーンによる)企業倫理を逸脱した行為を許してしまったガバナンスを猛省する」とのメッセージを発する一方、夜に自宅前に集まった記者たちに「次の段階に入ったのかと思う」と話した。

ある幹部は「特別背任での逮捕となると、世の中の目線が、会社ぐるみというよりは、ゴーン個人で悪いことをしていたということになる。これは大きい」と安堵の表情を浮かべた。

別の幹部は、ゴーンの会長兼CEO職の解任を見送っていた仏ルノーが解任を決断することを期待し、こう言って切り捨てた。

「常に金におぼれていたという感じだ。会社の私物化、ここに極まれり。早く退場していただきたい」

急転直下に見えたゴーンの3度目の逮捕。だが、伏線は約1カ月前の11月19日にあった。

羽田空港にビジネスジェットで降り立ったゴーンの身柄を確保したあの日の夕方、特捜部は横浜市の日産本社や東京都港区のゴーン宅を家宅捜索。ここで「サウジルート」と、後述する「オマーンルート」につながる2種類の重要書類を見つけていた。

一つは、09年1月に交わされた「LOAN AGREEMENT」（賃借契約書）。オマーンの日産販売代理店のオーナー、スヘイル・バウワンからゴーンが2500万ドル（約22億5000万円）を借り入れることで合意したという文書だった。

もう一つは同30日付の「COMMITMENT AGREEMENT」（委託契約）。サウジの実業家で友人のジュファリが、30億円相当の信用状をゴーンの銀行に提供することなどを約束してくれたと記されていた。

この二つの文書は、リーマン・ショックで巨額の損失を抱えたゴーンが中東の友人二人から窮地を救ってもらったことを示していた。

日産の中東部門の勤務経験者の間では、ゴーンの中東の友人への支出について疑問を持つ社員が以前からいたが、しっぽをつかめていなかった。特捜部も事件着手まで日産の「中東マネー」について「怪しい」という程度の情報しか持ち合わせていなかったが、家宅捜索によって、疑念は確信に近づいた。

ゴーン逮捕の翌11月20日、特捜部は前日に続き、日産本社を家宅捜索し、社員にこう迫ったという。

「中東インセンティブ（報奨金）関係の書類を出せ」

特捜部が注目したのが、ゴーンの権限で使えるとされた「CEOリザーブ（予備費）」だった。年度当初の予算とは別に、突発的な支出や自然災害の見舞金などに対応するためのもので、ゴーンが友人二人から借金などをした直後の09年3月に創設されていた。

押収資料を分析した結果、CEOリザーブからジュファリに「特別ビジネスプロジェクト」や「特別マーケティングサポート」という理由で中東日産を経由し約13億円が支出されていたことが判明した。あらゆることを想定し、事前準備を怠らないと評される特捜部長の森本は、地裁が勾留延長を却下する可能性を考慮。部下に裏付け捜査を急がせた。

日産の中東部門の社員も、アラブ首長国連邦のドバイまで飛び、当時の財務担当者と面談するとともに、複数の社員から「ジュファリへの支出が日産の事業とは無関係だった」との証言を得るなどして、捜査を後押しした。

だが特捜部の捜査には、不安材料もあった。特別背任罪は、自身や第三者に利益を図る目的があったかを立証する必要がある。しかし、特捜部は日産資金の不正支出先とするジュファリへの聴取をしないまま逮捕に踏み切っていた。また、現場が海外に及ぶため、主権の関係で直接捜査ができず、捜査共助で有力な証拠が得られるかは未知数だった。

ゴーンの弁護人の大鶴はこの点を早速突いた。再逮捕翌日の12月22日、大鶴は自宅近くの公園で、集まった記者たちに「録音してください」と宣言した上でゴーンの反論を開陳した。

「なぜ、こんな事件になるのかまったくわからない。しっかり捜査をしていたら事件にはならないことがわかっていたはずだ」

大鶴の説明によると、ゴーンとジュファリは長年の友人だった。日産にとって当時、サウジは重要な市場の一つだったが、現地の販売代理店とトラブルを抱えていたという。

そこで、ゴーンはジュファリにトラブル処理を依頼。リーマン・ショックで世界的な金融危機が起こる中、投資を呼び込むため、王族へのロビー活動にも尽力してもらったという。

CEOリザーブからの約13億円は、ジュファリが日産のためにこれらの仕事をしたことへの「報酬」だったと主張した。検察がジュファリによる信用状への謝礼などとみていることに対しては、「大きな間違いだ。ジュファリが日産のためにさまざまな尽力をしたということは、日産の中東関係の人であれば、多くが知っている」との批判を展開した。

確かに、朝日新聞の特派員が現地を取材すると、ジュファリはサウジ王族との関係が深く、ゴーンの主張には一定の説得力はあった。

ジュファリは、サウジ西部の商都ジッダに拠点を置く有数の財閥企業ジュファリグループの創業家出身。アラブメディアによると、ジュファリの祖父はサウジ建国の父アブドルアジズ初代国王にも近く、葬儀には後の国王が参列している。ジュファリ自身も王子とともに欧州を訪問するなど、サウジで絶大な力を持つ王族にも太いパイプがあるとされていた。

ジュファリはサウジの中央銀行にあたるサウジアラビア通貨庁の理事も務めていた。中東のビジネス誌「アラビアン・ビジネス」は、16年のアラブ諸国の富豪番付でジュファリ家を18位とし、財産を48億ドル（約5190億円）と報じていた。

現地では、メルセデス・ベンツの販売代理店として名が通り、地元住民から「ジッダでジュファリ家を知らない人はいない」と言われるほどだった。

ジュファリの自宅は、国王らがジッダを訪れる際に滞在する宮殿のすぐ近く、高級住宅街の一角にあった。敷地面積は少し小さめの野球場ほどの約1万平方メートル。周辺の同じ程度の広さの土地は30億円超で売り出されていた。またジュファリはゴーン一族の祖国であるレバノンの高校を卒業しており、一族はレバノンとも関係が深かった。

ゴーンと大鶴はこれら、特捜部の捜査が及びにくい中東の人脈やビジネスの関係性を強調し、検察との対決姿勢を強めていった。

大鶴は連日、記者たちに問うた。

「金の流出先にどういう経緯か聞かずに逮捕するなんてめちゃくちゃだ。日産に必要がない資金だという立証をどうやってやったんだよ。ひどい話だよ。みんなおかしいってなぜ書かないんだ」

これに対して、検察幹部は自信を見せ続けた。

「今後、ジュファリを聴取できる見込みがなければ事件が成立しないなんて、地獄に足を突っ込むようなことはしませんから」「ジュファリは共犯だし、どうせ聞いても本当のことを話すとは思えない」「他の証拠で立証できると判断したから立件しただけだ」

ただ、想定と異なる展開であることは否めず、ある検察関係者はこうつぶやいた。「やはり相当、危険な賭けに打って出た印象は拭えない」

ゴーンとともに金融商品取引法違反容疑で立件されたケリーは特別背任容疑では逮捕されず、クリスマスの12月25日、東京拘置所から保釈された。保釈保証金は7000万円。条件として、事前に決めた東京都内のマンションに住むこととされ、海外への渡航を禁じられた。ゴーンや西川、司法取引をした日産幹部らとの接触も禁止された。

ケリーは容疑を否認しており、特捜部の事件で、否認のまま早期の保釈が認められるのは異例だった。ケリーは25日、弁護人の喜田村を通じてコメントを発表した。「思いもかけない容疑で逮捕されて5週間が経過した。私は、虚偽記載は一切やっていない。無実であることは法廷の場で明らかにされていくでしょう。無罪の判決を受け、私の名誉が回復されて、一刻も早く家族のもとへ帰りたい」

真っ向対立

2018年12月23日早朝。皇居の前には、徹夜組を含め、多くの人が長蛇の列を作っていた。天皇陛下が翌19年4月30日に退位することが決まっていたため、平成最後の天皇誕生日の祝日となり、一般参賀には、8万人以上が詰めかけた。

同じ日、東京地裁は、特別背任容疑で三たび逮捕されたゴーンを元日まで勾留することを決めた。さらに12月31日には、19年1月11日まで勾留を10日間延長することを決定。ゴーンは18年11月に逮捕されてから少なくとも54日間、身柄の拘束が続く見通しとなった。

特捜部は年末年始の取り調べを避け、捜査のスケジュールを組むのが通例だ。捜査員が休むとともに、関係者の協力も得られにくいためだ。だが、地裁が2度目の逮捕容疑の勾留延長を却下した結果、当初のスケジュールが狂い、異例ともいえる「越年捜査」を余儀なくされた。特捜部は大みそかや三が日を含む年末年始も連日、日産の中東部門の社員らを聴取した。

社員も協力を惜しまなかった。

日産社員を駆り立てていたのは、ゴーンへの怒りだった。日産内では「金融商品取引法チーム」「中東チーム」に分かれて、ゴーンの不正についての社内調査を続けていた。

中東チームの社員らは、ゴーンの最初の逮捕後、特捜部からゴーンが中東の友人二人から借金などをしていた二つの書面を見せられ、怒りをあらわにした。

ある社員は「仕事がやりにくいと違和感を持っていたが、そういうことだったのかと腑に落ちた。そして、愕然とした」と言う。

別の社員はこう覚悟したという。

「刺し違えてもゴーンを刑務所に送る」

特捜部は年末年始の間も、ゴーンを聴取する必要性が生じた。それに伴い、弁護人の接見が問題になった。

拘置所を所管する法務省と日本弁護士連合会は07年3月、弁護人の接見を原則、平日と土曜日の午前中とする申し合わせをしていた。ゴーンが勾留中の年末年始に当てはめると、12月30日から翌年1月3日が休日扱いで、接見は原則できない決まりだった。

ゴーンの弁護人を務める大鶴は「弁護人の接見なしで5日連続の取り調べは異常だ」として、年末年始も接見を認めるよう法務・検察に要請。要望がかなわないなら「完全黙秘していい」とゴーンに伝えた。

主任検事と調整した結果、30日から1月3日のうち、日曜日の30日、祝日の元日以外の午前中の接見が「例外措置」として認められた。特捜部はゴーンを連日聴取し、大鶴も拘置所へ足を運んだ。

このころ、ゴーンは東京拘置所の5階の一室に収容されていた。当初、11階の3畳ほどの単独室に入れられていたが、ゴーンが「寒い」と訴えたため、空調がよく効き、ベッドのある部屋に移されたのだった。

起床は午前7時で、就寝は午後9時。起きている間は、横になることが禁止された。急病で倒れるなどの異変に拘置所職員が気づきやすくするためで、横になる場合は「横臥《おうが》許可」を得る必要があった。

ゴーンは取り調べの時間以外は、弁護人や大使館関係者、友人から差し入れられた本や英字新聞、翻訳された日本国内の記事を読んで過ごした。運動も1日1回30分許され、よく体を動かしていたという。

普段の主食は、米7割と麦3割を混ぜたもので、パンは月に1、2回出される程度だった。風呂は、火曜日と金曜日の週2回だけ入ることができた。

年末年始の食事は少しだけ特別だった。大みそかには、「年越しそば」としてカップ麺が配られた。三が日だけは白米が出され、元日には、弁当箱のような折り詰めにエビやかまぼこ、黒豆が入ったおせちも三食とは別に支給された。

こうした勾留環境を、法務省関係者は「世界基準」と説明していたが、ゴーンの家族は納得しなかった。

娘二人は米紙ニューヨーク・タイムズのインタビューに応じ、ゴーンが家族と連絡できないことなどについて、「ギリシャ悲劇のような仕打ちだ」と非難。ゴーンの体重が20ポンド（約9キロ）減ったことを明かし、「彼はテロリストではない。心が張り裂けそうだ」との心情を吐露した。

ゴーンは家族のことを気にかけつつも、冷静に、そして気丈に振る舞っていた。検事の取り調べにも雄弁に持論を展開し、否認を貫徹。検察官調書のことを「PS」と呼ぶなど、「業界用語」も覚えるようになっていたという。身柄の拘束が長期化しても、その態度は変わらず、ひるむどころか、攻勢をさらに強めていった。

「cherry picking」

ゴーンが検察の捜査手法や、マスコミの報道を批判する際によく使った言葉だ。熟れているサクランボだけを摘み取ることにちなみ、「都合のいい事実だけを選び出す」ことへの当てつけとして使われる。

ゴーンはこの表現を繰り返し、自身にかけられた疑惑について「切り取り方がおかしい」と否定していたという。

当初はゴーンから、報道陣への説明を「ミニマム（最小限）に」と言われていた大鶴も、検察の事件の見立てばかりが報道されることにいらだち、ゴーンの否認の内容を記者たちへ詳しく伝えるようになった。

大鶴は18年末、自宅近くの公園で、記者たちに熱く語った。

巨額の損失が生じていた私的な投資の日産への付け替えについて「100％無罪だ」と何度も強調。「私の名前を書いてもらってもいい。司法修習生でもわかること」とさえ話した。

ゴーンが契約を日産に付け替える際に決議した取締役会の議事録に「no cost to the

company」、つまり「会社に損害を与えない」という趣旨が書かれていたことを知り、確信したのだという。

だが、その主張を取り上げた報道機関は少なく、大鶴はさらにいらだちを募らせていった。

そして、年が明けた19年1月4日、大鶴は「奇策」に打って出た。

裁判所に対して、ゴーンの勾留理由を明らかにするよう求めたのだ。

勾留理由の開示請求は、不当な拘束を禁止した憲法34条に基づき、刑事訴訟法で定められた手続きだ。通常の裁判と同様に公開の法廷で開かれ、本人が出廷して意見を述べることもできる。しかし、裁判所は「証拠隠滅を疑う理由がある」などと表面的な説明に終始し、具体的な根拠を明かさないのが通例だ。

勾留当初に請求するのが一般的で、過激派などによる思想犯の事件での請求が多いとされる。裁判所に「不当勾留だ」と訴えたり、手続きの間は取り調べができないため、取り調べ時間を削ったりするための戦略として、利用される傾向があるともいわれる。

大鶴は当初、勾留理由の開示請求については「何の意味もない。パフォーマンスだからしない」と否定的だった。だが、取締役会議事録に「no cost」と書かれていることを知り、方針転換した。

狙いについては「裁判所にもう一度、きちっと証拠を見てもらい、主張に耳を傾けてもらいたい。勾留を続けていることが納得できないと本人、弁護人から伝えたい」と説明した。

地裁は4日、請求を認め、その日を8日に決めた。ゴーンが逮捕から50日ぶりに公の場に姿を見せることが決まった。

ゴーンの長男は、6日付の仏日曜紙ジュルナル・デュ・ディマンシュに掲載されたインタビューで、さっそく宣戦布告した。

「父は力強く反論する準備ができている。彼の説明を聞けば、誰もが驚くことになるだろう」

ゴーンが出廷する1月8日、東京・霞が関の東京地裁周辺は、朝早くから国内外の記者や傍聴希望者でごった返した。

傍聴整理券は午前8時前から配られ、地裁のまわりを取り囲むように人々が列を作った。

この日使われる地裁425号法廷の傍聴席は42席。記者席や大使館関係者に用意された席を除いた14席の一般傍聴席に対し、1122人が並び、倍率は約80倍となった。ライブドア事件の初公判の約33倍や、強制起訴された衆院議員の小沢一郎の初公判の約43倍をはるかにしのぐ倍率で、注目の高さをうかがわせた。

朝日新聞は検察や司法担当の記者だけでなく、社会部のデスクや記者を始めとした編集局全体に呼びかけ、整理券を集めたが、傍聴券は一枚も当たらなかった。検察や司法担当の記者が交代で1席の記者席に座り、ゴーンの一挙手一投足を取材することになった。

ゴーンは午前8時ごろ、勾留されていた東京拘置所をバスで出発し、地裁に入った。弁護人の大鶴も午前9時15分すぎに地裁に入り、地下1階の面会室で軽い打ち合わせ後、法廷に臨んだ。

午前10時半、ゴーンが法廷に姿を見せた。

紺色のスーツに白いワイシャツ姿。腰縄と手錠をされ、逃走を防ぐため青いビニール製のサンダルを履いていた。自殺を防ぐため、ネクタイやベルトを着けることは認められていない。口をきつく一文字に結んで、ゆっくりと、堂々とした様子で入廷すると、傍聴席を見渡し、大使館関係者に軽く会釈して、弁護人の前の席に腰を下ろした。長期勾留の影響で頬はこけていたが、鋭い目つきは健在だった。

裁判官から名前を聞かれると、「カルロス・ゴーン・ビシャラ」と答えた。職業が会社役員で間違いないか聞かれると、はっきりした口調で「そうです」と応じた。

裁判官は、逮捕容疑となっている特別背任容疑を読み上げ、「証拠を見て、容疑について疑うに足る相当な理由が認められた」と説明した。勾留理由については「関係者に接触し、罪証隠滅するに足る相当な理由があると認められた」「日本国外にも居住拠点があり、逃亡の恐れがあると判断した」と2点を挙げた。

この間、ゴーンは表情を崩すことなく、裁判官や通訳人をまっすぐ見据え、聞いていた。

開廷から22分後、ゴーンの意見陳述が始まった。

ゴーンは「ウンッ」と一つ咳払いをして証言台へ。時折、用意したA4の紙を見ながら、はっきりした口調で、やや早口でまくし立てた。

裁判長に謝意を述べたあと、「捜査機関からかけられている容疑がいわれのないものであることを明らかにしたい」と無罪であることを宣言した。

まず切り出したのが、日産への「親愛と感謝の気持ち」だった。

「私は日産のために全力を尽くし、公明正大かつ合法的に、社内の所管部署から必要な承認を得た上で業務を進めてきた。私は日産を強化し続け、日本で最も優れており、最も尊敬される企業の地位を回復させることをひたすらに目指してきた」

続いて、逮捕容疑について語った。

新生銀行との間で、円とドルの為替スワップ契約を結んでいたことについて、「私は米ドル建ての生活を基本としている。家族を養うためにドル建てでの収入が変動しないようにしたいと考えていた」と、投資目的であったことを否定。リーマン・ショックで新生銀から担保の追加を求められ、「二つの厳しい選択を迫られた」と述懐した。一つが、日産を辞め、退職慰労金を担保に差し入れることで、もう一つが知人から担保を提供してもらうまでの間、日産に損失を負わせない限りで、日産に契約を移し、一時的に日産から担保を提供してもらうことだったという。そして、後者を選択。その理由については、「日産への道義的な責任があり、重大な局面で退任することはできなかった。船長は、嵐の最中に船から逃げ出すようなことはできない」と振り返った。

日産資金を不正送金したとされるサウジの友人のハリド・ジュファリについては、「長年にわたって日産の支援者であり、パートナーでもある」とビジネス上の関係性を強調した。ジュファリが資金調達や工場建設の支援、サウジ当局との面談設定をしてくれたとした上で、送金はこれらの重要な業務への「対価」で、関係部署の承認も得ていたとした。

勾留理由開示の対象ではない役員報酬についても言及した。日産のCEOを務めている間、米フォードや米ゼネラル・モーターズ（GM）など大手自動車メーカー4社から好待遇での引き抜きの誘いがあったが、「日産の会社再建のまっただ中で、道義上、日産を見放すわけにはいかなかった」。その代わりに「メーカーが提示してきた自分の市場価値」として、これらの報酬金額を記録していたという。検察が報酬隠しのために残していたと主張する文書は、この記録で、参考にすぎないという主張だった。

そして、検察の起訴について「まったく誤っている」とし、開示されていない報酬を日産から受け取っていないことを説明。「私が今日死んだとしたら、相続人が日産に金員の支払いを求めることができるか。答えは明白に『No』だ」と力説し、検察が指摘する「未払い報酬」が存在しないと訴えた。

最後に強調したのも「日産への貢献」だった。「人生の20年間を日産の復活と（仏ルノーや三菱自動車との）アライアンスの構築に捧げてきた」とし、訪日した1999年に2兆円の負債を抱えていた日産の業績をV字回復させた実績をアピール。フェアレディZやGT-Rを復活させたことも挙げ、「これらの成果は私にとっては、家族の次に最も大きな人生の喜びだ」と表現した。

結びに、「I am innocent」と潔白を改めて主張。「確証も根拠もなく容疑をかけられ、不当に勾留されている」と不満を漏らした。

通訳を交えた27分間の意見陳述。熱弁ぶりは、容疑者や被告人の弁明というよりも、さながら経営者によるプレゼンのようだった。

その後、大鶴ら弁護人が法的な主張を付け加えた。

日産への契約の付け替えの際に得た取締役会の決議の議事録に「no cost」と記載されていたことなどを挙げ、「日産に損失を負わせたという事実がなく、その故意もないことは明して、ジュファリへの送金も、ジュファリが「まったくの事実誤認である」などと話しているという間接的な情報を明かし、「勾留するに足る嫌疑がないことが明白」とした。

その間、ゴーンは、腕組みをしたり、顔を触ったり、傍聴席を気にしたりしていた。落ち着きがなく、どこか時間をもてあましているかのようだった。

一連の手続きは想定を上回る1時間45分におよび、午後0時15分に閉廷した。ゴーンは再び、バスで勾留されている東京拘置所へ戻った。

大鶴らは午後3時から、東京都千代田区の日本外国特派員協会で会見を開いた。海外メディアも含め約200人以上の報道陣が詰めかけ、「昨今まれに見る多さ」だった。

大鶴は勾留理由開示について、日本の刑事手続きになじみのない海外メディアの記者にもわかりやすいようにかみ砕いて説明した。

海外メディアの記者からは「事件の背景にあるのは、日産のクーデターなのか」という質問があり、大鶴は検察官時代の経験から「日産の争いがあって、検察がそれに肩入れをしようとして捜査しているのではない」と答える一方、「もう少しよく証拠を見て、慎重な捜査をしてほしかった」と古巣に注文を付けた。

その夜、大鶴は機嫌がよかった。自宅近くの公園に集まった記者らに手応えを聞かれ、「会見の場にいた記者は、『これは検察庁も大変だな』という受け止めだった」と漏らした。

一方、検察幹部の反応は冷淡だった。

「場外乱闘に付き合うつもりはない。声の大きい人が勝つなら大満足だろうが、裁判所はそういうものではない」「びっくりするようことはなかった。頬がこけて、かわいそうなゴーンを保釈してくださいってことでしょ」

日産幹部も「日産を救ったと自慢するあたりが彼らしい。心から悪いことをしたと本当に思っていないのではないか。一般的な常識と価値観がかけ離れている」と突き放した。

勾留理由の開示手続きが終わり、勾留期限の1月11日が近づく中、焦点はゴーンが保釈されるかどうかに向けられていた。

特捜部の通常の事件では、否認の被告人が早期保釈されることはほとんどないが、今回の事件では、東京地裁が勾留延長を却下し、否認していたゴーンの側近を保釈していたため、予断は許されない状況だった。

50日ぶりに公の場に姿を見せたゴーンは翌日の1月9日夜から、38度8分の高熱を出した。ゴーンは大鶴には弱気な姿こそ見せないものの、保釈がいつになるのかを気にし、「早く出たい」と漏らしていたという。勾留理由の開示を求めた背景には、いち早く公の場で「無罪」を訴え、保釈の判断に少しでも影響を与えたい狙いもあった。

一方、東京地検特捜部は、追起訴に向けた詰めの捜査を続けるとともに、サウジとは別の中東疑惑の余罪捜査を進めていた。マスコミもゴーンの保釈に合わせて4度目の再逮捕があるのかを警戒し、盛んに報道。大鶴は「検事は自分たちに不利な情報を一切流していない」などと検察やマスコミに不信感を募らせていった。

特捜部は11日、これまでの逮捕容疑のすべてとなる金融商品取引法違反と会社法違反の罪でゴーンを追起訴した。地検次席検事の久木元はこの日に合わせた定例会見で、ゴーンが法廷で無罪を主張したことなどを聞かれ、「裁判が始まっていない段階で、被告人の主張に関してのこちらの主張は控える。有罪を得られるという判断の下に起訴している」と応じた。余罪については「再逮捕の予定については、今後の捜査の見通しに関わることなのでお答えは差し控える」と明かさなかった。だが、ある幹部は「to be continued だよ。セカンドシーズンはまだある」と含みを持たせていた。

大鶴はその日のうちに、保釈を地裁に請求した。保釈後の住居をフランスにすることなどが条件だった。地裁は15日に請求を却下。17日には準抗告も退けた。理由は明らかにしなかったが、関係者との口裏合わせによる証拠隠滅や逃亡の恐れがあると判断したとみられた。

大鶴は18日、住居を都内のマンションにすることなどの条件に変更して、再び保釈を請求した。ゴーンは21日、米の報道担当者を通じて「日本に留まり、裁判所が定めたあらゆる保釈条件を尊重する」との声明を発表。パスポートの提出や所在地が追跡できる電子機器付きの足輪の装着までも提案した。しかし、請求は22日に再び却下された。

2度にわたる保釈請求が却下され、ゴーンや大鶴は手詰まり状態に陥った。

検察による追起訴直後の4度目の逮捕もなく、小康状態が続いていた1月下旬、各社のP担の間では「大鶴が弁護人を解任される」との噂が流れ始めていた。

異例の保釈

2月13日の夕方、司法記者クラブに大鶴から突如、メールで辞任の知らせが届いた。

この日、大鶴が弁護人の辞任届を地裁に提出したのだ。公判に向けて裁判所、検察側、弁護側による初の三者協議が開かれる前日だった。

これまで能弁だった大鶴は、自宅に駆けつけた記者団に対し、インターホン越しに「守秘義務があるので何もお話しできません」と語るだけだった。

予兆はあった。

もともと大鶴は、ゴーンの「味方」であったルノーの依頼を受けて弁護人になったとされる。ルノーは逮捕後もゴーンを会長兼CEOの座にとどめ、ルノーの筆頭株主であるフランス政府もその判断を支持してきた。だが、勾留が長引いてトップとしての業務が果たせないことや、フランスメディアもゴーンの新たな疑惑を報じるようになるなど国内世論が変化したことから、フランス政府はゴーンの辞任を促す姿勢に転換。ルノーは1月24日、ゴーンの会長兼CEOからの退任を決定し、ゴーンに見切りをつけたのだった。大鶴の弁護士費用もルノーが負担していたとされ、「後ろ盾を失ったゴーンが大鶴を事実上、解任した」という見方がもっぱらだった。

大鶴の方針に従っても保釈が実現しない状況に、ゴーンと家族がいらだちを募らせていたことも大きかった。

P担の関心は、新しい弁護人に移った。

大鶴の辞任の知らせ受けた1時間ほどあとには、新弁護人の噂を聞きつけた記者たちが千代田区麹町の法律事務所前に集まり始めた。

その事務所の代表弁護士は、弘中惇一郎。言わずと知れた刑事弁護の第一人者で、数々の難事件で無罪判決を勝ち取り、「無罪請負人」の異名を持つ。待ち受けた記者やカメラの前に現れた弘中は、ゴーンの弁護人を引き受けたことを認め、「争うことについては変わらない」と言い切った。主任弁護人には河津博史が就き、高野隆も合流すると説明した。

弘中の名を一躍世に知らしめたのがロス疑惑事件だ。ロサンゼルス市内で妻を銃撃させて殺した疑惑が持たれていた故・三浦和義氏の弁護人に就き、1998年、高裁で、無期懲役だった一審判決を取り消す逆転無罪判決を導いた。その後の薬害エイズ事件のほか、陸山会事件で強制起訴された小沢一郎・衆院議員の無罪を勝ち取ったのも弘中だった。

村木厚子・元厚生労働省局長（無罪確定）が大阪地検特捜部に逮捕された郵便不正事件では、「部下に不正を指示した」とされた日付と証拠のわずかな食い違いに着目し、検察のストーリーを崩壊させた。この証拠は前述したように、主任検事によって改ざんされたものだと判明し、検察を揺るがす不祥事に発展した。

弘中と対峙したことがある元検察官らは「検察官並みに事件の筋読みのセンスがある」「裁判では、矛盾点を顕微鏡で拡大したように見せるのがうまい」と評する。

無罪は得られなかったものの、鈴木宗男・参院議員や堀江貴文・元ライブドア社長といった特捜部のターゲットとなった人物の弁護も受けた経験があり、弘中はまさに特捜部の「宿敵」と言えた。

検察側の矛盾を鋭くつく姿勢から「カミソリ弘中」とも呼ばれる弘中は後日、日本外国特派員協会で開いた記者会見でこう言って笑いを誘った。

「私も73歳になった。まだカミソリの切れ味があるのか試してみたい」

一方、新たな弁護団の布陣で、事件関係者を驚かせたのが高野の加入だった。

特捜事件など著名事件を手がけてきた弘中に対し、高野はどちらかといえば地味な事件を多く受けてきた。だが無名の刑事事件でも愚直にやり続け、約40件の無罪判決を勝ち取った実績から「刑事弁護界のレジェンド」とも呼ばれていた。

かつては「異端の存在」とみられた。取り調べに弁護人が立ち会う権利を認めたアメリカ連邦最高裁判決の被告名にちなむ「ミランダの会」を95年に発足。捜査段階で積極的な黙秘権の行使を唱え、「裁判所や検察側に嫌われ、世論からも非難を受けた」（ベテラン刑事弁護士）。その後、２００９年に裁判員裁判が始まったことを機に、取調室よりも法廷のやりとりが重視される「口頭主義」の流れになったことで「ようやく周囲が追いついた」と、高野に師事した若手弁護士は語る。

高野の真骨頂は、憲法や判例に裏打ちされた理詰めの主張だ。書面を使わない弁論や尋問で裁判官を引き込む。アメリカで刑事手続きなどを学んだ過去があり、英語も堪能だ。

弘中と高野という、異なるタイプの二人を結びつけたのが、河津だった。日本弁護士連合会の刑事調査室室長を務め、弁護士界では「次世代の理論的支柱」と目される。弘中の右腕として郵便不正事件を担当したほか、高野とも刑事弁護に関する共著がある。

ゴーンの共犯として逮捕されたケリーにつく喜田村は、ロス疑惑事件のころから弘中とタッグを組んできた。陸山会事件では弘中、河津とともに小沢一郎の弁護人を務めた間柄だ。

喜田村は弘中がゴーンの弁護人に就いたあと、「一番から僕と弘中が組んで、無罪が取れなかった事件はないよ」と周囲に豪語した。


「最強の布陣」「裁判所も意識するし、やっかいだ」

新弁護団の顔ぶれを知った複数の検察関係者は警戒心をあらわにした。

ヤメ検である大鶴から弘中らへの交代をどう見るのか。ある検察幹部によると、ヤメ検が得意とするのは起訴までの検察側との駆け引きであり、公判は苦手なヤメ検が多いという。あるヤメ検は「検察の手の内がわかる分、妥協的な発想をしてしまう」と指摘。今回の交代は「ベターな選択だろう」と評した。

弘中や高野ら「最強」の弁護人を新たに迎えた2月13日、ゴーンは声明を出し、高らかに宣戦布告した。

「無罪の立証だけではなく、不当な拘束をもたらした状況を解明するプロセスの始まりだ」

新弁護団結成から1週間後の2月20日、弘中は都内で記者会見を開いた。当初は慎重な言い回しだった弘中はこの日、「無罪であると確信している」と明言。検察との対決姿勢を鮮明にした。

28日には3度目の保釈を請求。新弁護団としては初の請求だった。弘中は3月4日、日本外国特派員協会で開いた会見で、保釈請求について「ゴーンさんには不自由かもしれないが、外部と情報交換できなくなるようないろいろな工夫をした」と説明。勾留が4カ月ほど続いていたゴーンも「何としても保釈を得たいという強い気持ち」を持っていると述べた。そして、会見の終盤でこう「予言」したのだった。

「そう遠くない時期に保釈になると考えている」

翌3月5日。予言は現実のものとなった。

東京地裁が保釈を認める決定を出したのだ。保釈保証金は10億円とした。

大鶴のときに2度とも保釈請求が退けられたばかりで、「早期の保釈は難しい」との観測もあっただけに、記者たちの間には驚きが広がった。東京地検は決定を不服としてその日のうちに準抗告を申し立てたが、地裁は棄却した。被告が否認を続ける特捜事件で、裁判の争点や証拠を絞り込む公判前整理手続きの前に保釈が認められるのは、極めて異例のことだった。

主な保釈条件は次の通りだった。

・住居は東京都内のマンションに制限
・住居の玄関に監視カメラを設置して24時間録画し、その映像を定期的に裁判所へ提出する
・携帯電話の通話履歴の明細を定期的に裁判所へ提出する
・パソコン作業は弁護人の事務所で平日午前9時から午後5時までの間に行い、インターネットのログ（記録）は定期的に裁判所へ提出する
・海外渡航は禁止。パスポートは弁護人が管理
・事件関係者の接触は禁止

住居への監視カメラの設置は、弁護団が保釈の条件として地裁に提案したものだった。刑事訴訟法は、証拠隠滅を疑う相当な理由があっても、長期勾留で裁判準備ができないなどの不利益が大きければ保釈できると定める。東京地裁は、監視カメラなどで証拠隠滅の可能性が低くなり、長期勾留の不利益の方が上回ると判断したとみられる。

ゴーンの弁護人を引き受けて3週間。周到な戦略を練って保釈を勝ち取った弘中は「監視カメラを含め、証拠隠滅はあり得ないというシステムを、知恵を絞って裁判所に提示し、評価された」と満足そうに語った。ゴーンも保釈決定の知らせを喜んだ。保釈条件には嫌そう

な顔をしたが、弁護団が説得したという。

保釈に強く反対した検察内では、裁判所へのさまざまな批判の声がうずまいた。

「前回の保釈請求却下から状況は変わっていないのに、保釈を認めるとは信じられない」

「裁判所は国際世論という『外圧』に屈した」

監視カメラの設置についても、「部屋の中での行動を把握することはできないし、外出した先で関係者といくらでも会えるではないか」と実効性に疑問を呈する声が多くあがった。

「日本人の事件だったら保釈を認めたかは疑わしい」とまで話す幹部もいた。つまり、世界的経営者であるゴーンを裁判所が特別扱いしたのではないかという指摘だった。

これに対し、裁判所内の見方は異なった。

「海外の反応を意識したなんてあり得ないし、ましてや『人質司法の転換』だなんて大それたことではない」とベテラン刑事裁判官は話した。そもそも裁判所は裁判員裁判の導入をきっかけに、保釈を認める傾向を強め、否認したままでは保釈を認めない「人質司法」は一定程度改善されていた。

最高裁によると、保釈を請求して一審判決までに認められた割合は、00年は48％だったが18年は69％と大きく上昇した。大阪地裁で令状実務を統括していた松本芳希判事が06年に

「否認＝証拠隠滅と短絡的に考えてはいけない」とクギを刺す論文を発表。これは「松本論文」として注目を集め、その後14年には最高裁が証拠隠滅を疑う相当な理由について「具体的な検討」を促す決定を出したことで、さらに流れが加速した。

ただ、供述証拠が重視される特捜部の事件では必ずしも当てはまらず、勾留が長期化するケースはままあった。それだけに今回の保釈決定は、「特捜部との二人三脚からも決別した」というメッセージを内外に発信する効果を持った。

地裁の保釈決定から一夜明けた6日。ゴーンが勾留されていた東京拘置所の前には200人を超える国内外の報道陣が集まった。ゴーンはこの日、保釈保証金10億円を納付。あとは拘置所から保釈されるだけとなっていた。

午後4時17分、高野らが拘置所の玄関前に黒塗りのワゴン車を止め、建物内に入った。12分後、高野らが布団やキャリーケースを持って出てきて、黒塗りのワゴン車に積み込み始めた。誰もがこの車にゴーンが乗ると思った。その2分後、玄関から10人ほどの屈強な拘置所職員が出てきた。職員らに挟まれるように、青い帽子を目深にかぶってオレンジ色の反射ベストを身につけ、眼鏡とマスクをした男がいた。背筋を伸ばし、ゆっくりとした歩み。黒塗りワゴン車の前を素通りし、前方に止めてあったスズキ製の軽ワゴン車に乗り込んだ。

埼玉県内の塗装会社の社名が書かれ、屋根に脚立《きゃたつ》が載せられた軽ワゴン車は、静かに走り出した。黒塗りワゴン車は停車したまま。軽ワゴン車の後部座席に座った作業員風の男の帽子とマスクの間には、特徴的な太い眉毛と鋭い目つきが見えた。

「えっ。もしかしてゴーン……？」

中継していたテレビ局の記者は声を裏返し、あわてて実況を始めた。

「ゴーン被告とみられます！」

他の報道陣も「変装か」とざわついた。軽ワゴン車が拘置所の敷地内をぐるりと回って、車道に出ようとすると、カメラマンたちは一斉にシャッターを切った。あわてて軽ワゴン車をヘリやバイクで追いかける社もあった。

軽ワゴン車が行き着いたのは、東京都千代田区の高野が代表の法律事務所。車は駐車場に入り、シャッターが閉められた。事務所入り口のガラスのドア越しに姿を見せたのは、車から出てきたゴーンだった。どこで着替えたのか、濃いグレーのコート姿だった。

特捜部に逮捕されてから108日目。予想もしない手の込んだ変装による、とっぴな「ゴーン劇場」だった。

拘置所を所管する法務省幹部は「変装しての保釈なんて聞いたことがない」。青い帽子には埼玉県内の鉄道車両整備会社の社名が書いてあった。この会社と塗装会社には取材が殺到したものの、会社関係者は「ゴーンとの接点は聞いたことがない」「日産とは取引がない」と戸惑うばかりだった。

ＡＦＰ通信は「世界中をプライベートジェットで飛び回り、フランスのベルサイユ宮殿で豪華なパーティーを開いた男と、これ以上異なる格好はなかった」と報道。日産の女性社員は「後ろめたいことがないのであれば、変装せずに堂々と出てきてほしかった」と話した。テレビのワイドショーでも変装劇が話題となるなか、高野は8日午前に更新したブログで「すべて私が計画して実行したものです」と明かした。

メディアに追跡されて、保釈後の住居が知られることを懸念したという。

「弁護人の最初の課題は、釈放後速やかにかつ安全に依頼人を制限住居に届けること。彼にそこで家族とともに社会生活を再建してもらわなければなりません」

ゴーンの住居が全世界に知れ渡れば「生活を取り戻すどころか、健康すら損なわれてしまう。彼の家族や近隣住民の生活すら脅かされる」と説明した。その上で「私の未熟な計画のために彼が生涯をかけて築き上げてきた名声に泥を塗る結果になってしまった」とつづった。

作業着や車を提供した会社に依頼したのも高野だった。

「協力してくれた友人たちに大きな迷惑をかけてしまった。とても申し訳なく思っています」とし、メディアに対しては「どんな著名人にも身近な人と心安らぐ場所が必要です」と理解を呼びかけた。

一方のゴーンは、変装をおもしろがってさえいたという。

ゴーンは渋谷区神泉町にある築45年の10階建てマンションで妻キャロルと暮らすことになった。不動産サイトによると、1LDKで月16万〜18万円ほど。もともと住んでいた港区元麻布の「億ション」に比べれば、かなり手狭だ。玄関に監視カメラ付きとなればストレスは大きかったようで、ゴーンは弁護団に「非常に窮屈だ。もう少し保釈条件を弾力的にしてほしい」と度々不満を漏らした。

メディアは、このマンションや弘中の法律事務所でゴーンを待って声をかけたが、ゴーンが言葉を発することはほとんどなかった。ゴーンの様子は、弘中を通じて記者団に伝えられた。ゴーンは法律事務所で公判への準備を進め、時に「日産はこのままで大丈夫なのか。心配だ」と古巣の行く末を案じていたという。

ゴーンが保釈され、国内の報道が一息つく一方で、これまで捜査を批判的に報じるなどゴーンに同情的だった海外メディアや海外の捜査当局に、変化が現れ始めていた。

ルノーは2月上旬、5万ユーロ（約620万円）相当のルノー資金をゴーンが私的に流用し、パリ郊外のベルサイユ宮殿で開いたキャロルとの結婚披露宴の費用に充てていたと発表。フランスは、失業者の増加などを背景に「金持ち優遇」と政権への抗議運動が盛り上がっているさなかだった。世間の風当たりを気にしてか、ルノーは1週間後、ゴーンが会長兼CEOの退任で受け取るはずだった報酬を支払わないことも決めた。まもなくしてフランス検察がこの挙式費用について予備捜査を始めた。

ゴーンがブラジル・リオデジャネイロのカーニバルに知人を招待して滞在費23万ユーロ（約2900万円）を仏ルノーと日産の統括会社ルノー日産BV（RNBV）に支払わせていたことも仏誌「レクスプレス」が報道。米ブルームバーグ通信も、ゴーンの4人の子どもが通った米スタンフォード大学の授業料60万ドル（約6600万円）を日産が支払っていたと報じた。

4月初旬には、ゴーンがルノーの資金でオマーンの販売代理店に数百万ユーロ（数億円）の不透明な支払いをしたとして、ルノーが仏検察に通報したことも報じられた。

特捜部を後押しするかのような動きに、法務省幹部はこう語った。

「完全に風向きが変わった」

4度目の逮捕

保釈から1カ月が過ぎようとしていた4月3日。ゴーンは突如、ツイッターのアカウントを開設し、日本語と英語で「真実をお話しする準備をしています。4月11日木曜日に記者会見をします」と発信した。保釈後初めて公の場で、「身の潔白」を主張すると宣言したのだ。一部のメディアは、ゴーンの4度目の逮捕が近い、と報じていた。

翌4日。日の出とともに事態は動いた。

特捜部の検事らが、ゴーンが暮らすマンションを急襲。4度目の逮捕容疑となる「オマーンルート」の特別背任事件に着手した。

午前5時50分ごろ、ゴーンと妻のキャロルはインターホンの音で目を覚ました。パジャマ姿のゴーンが玄関の扉を開けると、そこには特捜部の係官ら約20人が立っていた。そのうちの一人がこう告げた。

「You are under arrest（あなたを逮捕する）」

早朝から集まっていた報道陣は50～60人。現場での混乱を避けるため、特捜部の係官は規制線を敷いた。現場が騒然とする中、約1時間後、ゴーンを乗せたワゴン車は無数のフラッシュを浴びながらマンションを出た。3月9日の65歳の誕生日を拘置所の外で迎えることができたゴーンは再び逮捕され、東京拘置所の独房に戻ることになった。

弘中は、逮捕を受けて急遽開いた4日午後の記者会見で、「一種の口封じ」「文明国としてあってはならない暴挙」と強く反発した。「身柄拘束を利用して被告に圧力をかける人質司法だ」と痛烈に批判した。

一方、東京地検次席検事の久木元は4日の定例会見で「1月に起訴した特別背任事件とはまったく別の事件だ」「逃亡や証拠隠滅の恐れがあった」と説明。逮捕の正当性を強調した。水面下では、保釈中の被告を再び拘束することに検察内でも慎重な意見があり、身柄を拘束するか在宅のまま追起訴とするかの検討がぎりぎりまで続いていた。それまでに東京地裁が検察側の勾留延長請求を却下したり、保釈を認めたりするなど異例の判断が続いていたことも影響していた。

だが、検察としては証拠隠滅の恐れがある以上、保釈中であっても逮捕して身柄を拘束するのが筋であるという主張が通った。

「そもそも保釈されることがおかしい。検察としてのやり方を通す」

ある検察幹部は逮捕に踏み切った理由をこう説明した。

いったん保釈されたゴーンを逮捕すれば、全世界にインパクトをもって報じられ、再び「人質司法」との批判が集まることは容易に想像できた。実際に米ＣＮＮは、ゴーンがスポークスマンを通じて寄せた「逮捕は常軌を逸しており、恣意的なもの。検察をミスリードして私を黙らせるという日産の試みの一部だ」との声明を報じた。

だが、そんな批判をはね返すほどの自信が検察にはあった。４度目の逮捕容疑とその後の補充捜査で描いたオマーンルート事件の構図はこうだ。

ゴーンは２０１７年７月と18年７月に、日産の子会社中東日産からオマーンの販売代理店スヘイル・バウワン・オートモービルズ（ＳＢＡ）に計１０００万ドル（約11億１０００万円）を送金させ、そのうち計５００万ドル（約５億５５００万円）を、自身が実質的に保有するレバノンの投資会社グッド・フェイス・インベストメンツ（ＧＦＩ）名義の口座に送金して自身の利益を図った、というものだった。

つまり、日産の資金を自らに還流させていたというのだ。

早朝の逮捕劇を確認した検察幹部はこう語って立証に自信を見せた。

「ゴーンが自分のポケットに入れているというのは大きい。言い逃れできない」

特捜部はサウジルートの特別背任事件を1月に追起訴したあとも、中東の別の疑惑をめぐる余罪捜査を続けていた。サウジのジュファリへの不正支出と同じように、ゴーンの権限で使えるとされた「CEOリザーブ」から、ほかの中東の友人にも不正な支出があったのではないかという疑惑だ。

かぎとなったのはサウジルートと同様、最初の逮捕後の捜索で見つかった重要書類だ。「LOAN AGREEMENT」(貸借契約書)と題した紙には、09年1月にゴーンの前妻リタがSBAオーナーのスヘイル・バウワンから2500万ドル(約22億5000万円)を借り入れることで合意したことが示されていた。ゴーンが保証しており、実質はゴーンがリタ名義で借金した、と読めた。

前述したように08年秋のリーマン・ショックで巨額の損失を抱えたゴーンは銀行から50億円の担保を求められ、窮地に陥っていた。ゴーンはジュファリとバウワンに金策を依頼。ジュファリが保証した30億円の信用状とともに、バウワンからの借金で作った2000万ドル(約19億円)の定期預金を銀行に差し入れて、急場をしのいでいたのだ。

バウワンとはどういった人物なのだろうか。

ゴーン弁護団の調査や海外報道によると、バウワンは15歳のとき、ナツメヤシの実を積んだ帆船で40日間かけてインドまで渡り、米や衣類を仕入れてオマーンの都市で売りさばいた。そうして得た金を元手に小さな商社を始め、オマーン最大とも言われる企業グループ、スヘイル・バウワン・グループを一代で築き上げた。グループは40以上の企業を傘下に擁し、電子機器や建設、海運など幅広い事業を展開。米誌「フォーブス」がまとめた「世界長者番付」は、バウワンの19年3月時点の純資産を32億ドル（約3500億円）としている。ジュファリと同様、中東を代表する実業家の一人だ。

このグループの傘下に、オマーンルートで不正資金の送金先とされたSBAがある。SBAが日産の販売代理店になったのは04年。1970年代からオマーンの日産代理店だった会社の関係者は「突然、2004年ごろに日産から契約を打ち切られた。SBAはノウハウがないのでこちらの会社から多くの人材を引き抜いた。SBAは日産代理店になって大きく成長した」と悔しそうに振り返った。

SBAは翌2005年には、敷地面積約3400平方メートルという世界最大級のショールームをオマーンの首都・マスカットに建設した。オープニングセレモニーに出席したゴーンはこのときに、バウワンと、SBAを継いだ息子のアハマッド・バウワンの二人と仲を深めたと言われている。バウワン親子はショールームを見下ろす高台にある自宅にゴーンを招き、ともにディナーを楽しんだという。

ゴーンがバウワンから2500万ドルを借りるとの契約を交わした09年初め、ゴーンは日産の外国人幹部らにバウワンやジュファリ側に30億円ずつ融資することを検討させた。これは社内で疑問の声があがって実現しなかったが、幹部らが考えた代替案がSBAに対する優遇措置だった。代理店であるSBAが日産に支払う車の仕入れ代金について、支払い猶予期間を延ばしたり、その間の金利を低く抑えたりした。

その後も一定の支払い猶予期間を無金利にするなど優遇措置は続いた。日産が計算したところ、SBAが得た実質の利得は10年で約80億円にものぼった。

中東の「GF」(ゴーン・フレンズ)――。日産関係者によると、バウワンはジュファリらとともに、日産社内でこう呼ばれていた。

朝日新聞はサウジルートの起訴から1週間後の1月18日、「特捜部がオマーンの資金の流れに焦点をあてて捜査」と1面トップで報道。2月上旬には、中東に駐在する朝日新聞の特派員がマスカットでバウワンに接触した。

「日産からはどういうお金を受け取ったのですか?」「ゴーン氏とはいつから懇意に?」「ゴーン氏個人とのお金のやりとりは?」

バウワンは歩きながら記者を一瞥《いちべつ》しただけで一切答えなかった。そして、スーツ姿の男性運転手に促されると、青いBMWに乗り込んで、その場を去った。

特捜部はサウジルートに続いてオマーンルートに照準を定めた。またしても「中東の壁」が立ちはだかっていた。

CEOリザーブの送金に関わった日産社員らは特捜部の調べに対し、「現場は要請していなかった」と必要性を否定。ゴーンからSBAへの支出が正当ではない疑いが強まった。

だが、SBAから先の金の流れを追うのは困難を極めた。

銀行口座を調べるのは難しく、海外当局から証拠を提供してもらう「捜査共助」の回答もなかった。中東はアメリカなどと違って二国間条約や協定を結んでいないため、相手国の捜査当局と直接のやりとりができない。外務省など外交ルートを通じてのやりとりでは時間がかかる上、明確な協力が得られるかも見当がつかなかった。

特捜部にとって限りなく「足場」は悪かった。

「オマーンは皆目わからない」。ある検察幹部はこう漏らし、検察首脳は「無理をしなくていい」と捜査現場に指示した。

だが、現場は「このままでは収まりが悪い」と考え、諦めなかった。役員報酬の過少記載は「形式犯」批判がつきまとい、特別背任のサウジルートも「古い話だ」との指摘があったためだ。

オマーンルートの事件化に向けて、威力を発揮したのが、特捜部長の森本宏の「突破力」だった。特捜事件は東京高検、最高検という上部組織の厳格な決裁が必要なほか、法務省刑事局でも法的なチェックを受ける。上部組織の幹部への事件内容の説明は主任検事や副部長が担うことが多いが、森本は、部下が押し返されると、自らが幹部の説得に乗りだし、話をつけた。森本は、法務省内の行政畑の「赤れんが派」でも刑事課長など、主要ポストを経験しており、法務省に顔が利くのも大きかった。

特捜検事らは捜査を地道に続けた。その結果、ゴーンのレバノンの高級住宅を管理していた日産関連会社フォイノスと同じ所在地（レバノン首都・ベイルート）に、不可解な投資会社があることを突き止めた。それがGFIだった。日産社内でもほとんど存在が知られていなかった。

この住宅をめぐっては、日産資金が不当に購入に充てられたとして特捜部が特別背任容疑で捜査したが、立件を諦めた経緯があった。歴史的な地区の遺跡の上に建っており、購入費は約10億6000万円。さらに、妻キャロルらの指示で約8億円かけて改築された物件だ。

フォイノスとGFIの構成メンバーは重なっており、特捜部はそのうち一人のパソコンのデータを分析。GFIの実態に迫りつつあった。

報道各社の中東をめぐる取材合戦も熾烈を極めていた。NHKは1月下旬、報道情報番組「クローズアップ現代+」で、GFIがペーパーカンパニーであり、代表を務めるインド人がSBAの幹部でもあると紹介。その人物が不正な資金の流れに関与している疑惑を詳しく報じた。

朝日新聞の特派員も2月上旬、GFIの所在する7階建てビルを訪ねた。GFIは15年4月、レバノン人弁護士ファディ・ジブランの事務所に設立されていた。

ジブランは日産の顧問を務めると同時に、GFIの口座の管理も担っており、ゴーンの片腕として資金を管理していたとみられた。フォイノスの創設者でもあった。ジブランは17年8月に亡くなっており、同じビルで働く女性は「弁護士が亡くなった3カ月ほど後に事務所は閉じて、その後1年ほどは空室だった」と話した。

調べてみると、同じ所在地にはおよそ40社が登記されていた。GFI以外は実体のないペーパーカンパニーとみられた。フォイノスとGFIのどちらの登記にも名を連ねるレバノン人に、両社の実態を電話で尋ねると「記者？　日産（の関係者）じゃないのか」と警戒し、

「とにかく何も話せない」と言葉を濁した。

GFIの登記には、設立者としてディビエンドゥ・クマールの名があった。NHKが報じた、SBAの「マネージングディレクター」の肩書を持つインド人だ。クマールを知る人物は特派員の取材に「インドにいる」と証言したが、それ以上、行方を確かめることはできなかった。

特捜部はこのクマールに注目していた。手がかりとなったのは、ジブランのパソコンに残されていたメールなどのデータだった。

ジブランの死後、このパソコンは、ベイルートのゴーンの自宅を管理していたアマル・アブジャウデというレバノン人女性が保管していた。アマルはジブランの助手を務めていたことがあったためだ。ゴーンの最初の逮捕時、日産からゴーンの不正調査の依頼を受けていた米大手のレイサム&ワトキンス法律事務所の弁護士らがゴーンの自宅やアマルの事務所などを訪問し、パソコンを持ち帰っていたのだ。

パソコンのデータを解析した検事は目を見張った。パソコンには、SBA側とGFI側でやりとりされたメールが大量に残されていたのだ。さらに検事はSBAのクマールのメールの中から、GFIの銀行口座取引の明細書などを見つけた。その明細書やメールのやりとりを丹念に分析し、日産資金がゴーンに還流した構図を明らかにしていった。

ゴーンがSBAにCEOリザーブからの支出を始めたのは11年。12年以降、17年7月までに計2200万ドルが支払われた。日産内部では、ゴーンの意向をくんで、やむなく支払いを正当化するための理由を考え、ゴーンが決めた金額を支払っていた。

この一方で、SBA側からゴーン側には、13年7月ごろから16年10月ごろにかけて、計3684万5500ユーロと450万ドル（計約49億8000万円）が送金されていた。送金先は、ゴーンが実質保有する会社ブラジレンシスに450万ユーロと450万ドル。GFIにも3234万5500ユーロが送金されていた。いずれも送金にはジブランやクマールが関与していた。

ブラジレンシスに送金された資金のうち、750万ドルはゴーンの口座へ。123万ユーロは、妻キャロルが運営に関与する会社ビューティーヨットに流れ、「Shachou（社長）号」と名付けられたイタリア製クルーザーの購入費の一部に充てられた。GFIに送金された資金も社長号の購入費に充てられたほか、息子アンソニーがCEOを務める米国の投資会社ショーグン・インベストメンツに流れ、投資資金に充てられた。

こうした経緯を踏まえ、特捜部は17年7月と18年7月のＳＢＡへの支出に焦点を絞った。日産から支出された金が確実にゴーンに帰属すると特定する必要があったからだ。

ゴーンとＳＢＡ関係者の接触状況などから、17年４月までに中東日産からＳＢＡへＣＥＯリザーブとして支出される額の半分をゴーン側に還流させる合意があったと特定。ＳＢＡへ支出された計１０００万ドル（約11億１０００万円）のうち、計５００万ドル（約５億５０００万円）はクマールが自身の名義の口座などを経由してＧＦＩに送っていた。ＳＢＡの会計帳簿上は「株主口座への送金」として処理されていた。

クマールはこうした送金状況をジブランと頻繁にメールでやりとりしていた。17年分の送金について、ジブランがＧＦＩへの着金を報告すると、ゴーンは「Merci!（ありがとう！）」と応じていた。ＧＦＩに送金された資金は、ゴーンの指示によってショーグン名義の口座に送金されていた。

特捜部はまた、同じ時期に仏ルノーの資金もゴーンに還流していたことを突き止めた。ルノーでは「ＣＥＯボーナス」という形で、ＳＢＡに５７０万ユーロ（約７億３０００万円）が送られ、半分の２８５万ユーロ（約３億５０００万円）がゴーンに送られていた。ここでも、ジブランとクマールが関与していたのだった。

捜査幹部はこう得意げに語ってみせた。

「もともと捜査共助はそれほど期待できない。国内でできることをしっかりやり、ゴーンの偽装工作のしっぽをつかんだ」

早朝の逮捕劇から5日後の4月9日。弁護団は逮捕前日の3日に撮影したゴーンの映像を公開した。11日に予定していた記者会見が逮捕によって「妨害」されることを懸念し、準備したものだった。

映像は7分30秒。黒っぽいスーツ姿のゴーンは机の上に両手を重ねて座っていた。落ち着いた口調の英語で「もし、みなさんがこの動画を通じて私の話をお聞きいただいているとすれば、それは、私が予定していた記者会見を開くことができなかったということになります」と語り始めた。冒頭で「私は無実だ」と話し、いま起きていることが「陰謀」であり、「謀略」「中傷」だと強調するゴーン。ルノーとの経営統合を恐れた日産幹部が「汚い企みを実現させるべく仕掛けた」と訴えた。

弁護団は、東京拘置所で取り調べを受けるゴーンに対し、黙秘するようアドバイスした。ゴーンは3度目の逮捕までは容疑について弁明していたが、今回は黙秘を貫いた。

高野のブログによると、ゴーンは「供述は一切せず、いかなる文書にも署名しない」との考えを検事に表明。だが取り調べは連日行われた。ゴーンは「これは時間の無駄ではないか」と述べ、取り調べの中止を求めたが、聞き入れられなかった。高野は地検に申入書を提出し、「憲法が保障する黙秘権の侵害で、拷問だ」と批判した。

さらに弁護団は、早朝の逮捕時にキャロルの携帯電話や玄関の監視カメラなどを特捜部が押収したことを問題視。「逮捕容疑と無関係だ」として、押収の取り消しを求める準抗告を東京地裁に申し立てた。後日、カメラは返ってきたが、地裁は「携帯電話は事件の関係者とやりとりしたものという蓋然性があり、関連性、必要性がある」として棄却した。最高裁への特別抗告も退けられたが、高野はブログで申立書や最高裁の決定内容を公開。裁判所の判断を暗に批判してみせた。

妻のキャロルもゴーンの逮捕に抵抗した。

米紙ニューヨーク・タイムズなどのインタビューで、ゴーン逮捕時の状況を説明。浴室や洗面所まで特捜部の女性係官が同行して監視されたとして「まるで爆弾を抱えたテロリストのような扱いを受けた」と捜査を批判した。米紙ワシントン・ポストにも寄稿し、安倍晋三首相と会談予定のトランプ米大統領に「この不当な行為を解決するよう安倍首相に要請してほしい」とも訴えた。

逮捕翌日の5日には、押収を免れた米国のパスポートで出国してフランスに向かった。公正な裁判が日本で受けられるよう、仏政府に支援を求めるためだった。

だが、仏政府は冷徹だった。大統領府は仏ラジオ局の取材に「ゴーンは他の人と同様に裁判を受ける」と語り、特別扱いしない方針を示した。キャロルは仏日曜紙ジュルナル・デュ・ディマンシュのインタビューで、以前、マクロン大統領に手紙を書いた際は「ゴーン氏のためにできることはすべてする」と返事が来たが、その後連絡が取れなくなり不安を感じていたと説明。「夫がみんなに見限られている」と語った。

こうしたキャロルの行動は捜査幹部の目に「悪あがき」と映っていた。ある幹部は「場外乱闘もいいところだ」とあざ笑った。

特捜部は、ゴーンに還流した日産資金の一部がキャロル側に流れた疑いがあるとみて、ゴーンの逮捕後、事情を聴くために出頭を要請していた。だがキャロルが出国したため、「出頭を拒んだ」と判断。東京地裁に証人尋問を行うよう請求し、認められた。公判前の証人尋問は刑事訴訟法に定められており、「犯罪の捜査に欠くことができない知識を有する者」が出頭や供述を拒んだ場合に検察側が請求でき、認められると強制的に開かれる。

キャロルは10日に日本に戻り、翌11日に地裁の法廷で尋問が実現した。非公開で行われ、約3時間にわたって検察官がキャロルに質問を重ねた。キャロルはクルーザーの購入費を支出したビューティーヨットの株主であることは認めたが、不正への関与は否定。クマールについては「会ったかどうか覚えていない」「メールなどのやりとりをしたことがあったかどうかは記憶にない」と繰り返した。

この証言は、ゴーン逃亡後に問題化することになる。検察側が、ゴーンの最初の逮捕後にキャロルはクマールと会い、メッセージのやりとりもしていたのにうその証言をしたとして、偽証罪でキャロルの逮捕状を取得したのだ。キャロルは証言後に日本を去り、ゴーンの逃亡先のレバノンに滞在しているとみられ、逮捕状が執行される見通しは立っていない。

東京地裁はゴーンの4度目の逮捕後、特捜部の請求通り10日間の勾留を決定。14日に勾留期限が切れるため、特捜部は24日までさらに10日間の勾留延長を請求した。だが地裁が認めたのは8日間だけだった。役員報酬の過少記載事件のさなかの12月には、勾留延長そのものを却下しており、勾留延長をめぐる異例の判断は2度目となった。

2日間だけの短縮という今回の決定に対し、検察幹部は「意味がわからない」。仮に10日間すべて認めれば、ゴーンを保釈するかどうかの判断が、ゴールデンウイークに重なる可能性があった。検察幹部は「保釈の判断が連休にかからないようにしたのだろう。裁判官はちゃんと休みたいんでしょ」と皮肉った。

短縮された勾留期限の22日。特捜部はゴーンをオマーンルートの特別背任罪で追起訴した。最初の逮捕から約5カ月。一連の事件の捜査は区切りを迎えた。弁護団は同日、再び保釈を請求した。

東京地裁は25日、保釈を認めた。ゴーンは新たに保釈保証金5億円を納めて同日午後10時20分すぎ、東京拘置所から再び出た。今度は変装せず、ダークスーツにワイシャツ姿という堂々とした出で立ちだった。

今回の保釈をめぐっては、特捜部が「前回の勾留中から、キャロルが事件関係者と接触していた」との反対意見を提出。だが地裁は、事件関係者への働きかけなどによる証拠隠滅の疑いを指摘しつつ、裁判に向けて十分な準備をする必要性を念頭に保釈を認めた。

これには検察側も大きく反発。東京地検次席検事の久木元は「事件関係者に対する働きかけを企図していたことなどを認めた上、罪証隠滅の疑いがあるとしながら、保釈を許可したことは誠に遺憾」とのコメントを発表した。地検がここまで保釈決定の内容に言及するのは異例のことだった。

「裁判所は『人質司法』という批判に完全にひよっている」「これだけ証拠隠滅の恐れを立

証できたのに保釈された。刑事司法の崩壊だ」

検察幹部らは口々に不満を示したが、「もはや想定内」という受け止めも広がっていた。12月の勾留延長却下のときこそ「はしごを外された」と憤慨したが、その後も3月の保釈決定、今回の勾留延長の短縮と異例の判断が相次ぎ、次第に裁判所の保釈容認の姿勢が鮮明になっていたためだ。「証拠隠滅の可能性を厳密に検討し、裁判準備の必要性も考慮する」――。こういった裁判所の姿勢は通常の事件では当然の流れになっていたが、ゴーンの事件を通じて「特捜事件も例外ではない」ことが改めて示されたのだった。

保釈を喜んだゴーンだったが、今回の保釈条件では、新たにキャロルとの接触が禁じられた。会うときは地裁に時間や場所を事前に知らせる「許可制」になっており、ゴーンは「残虐で不必要だ」とする声明を発表した。弁護団は地裁にゴーンとキャロルの面会許可を求めたが、地裁は認めなかった。一方、ゴーンは住居の変更を求め、地裁は5月8日付でこれを許可。ゴーンは手狭な渋谷区のマンションから港区の一戸建てに転居した。キャロルには会えないままだったが、娘らとともに過ごしながら、公判に向けた準備を本格化させていった。

進む裁判準備

ゴーンが保釈された翌日の4月26日、東京地裁は公判に向けて、検察側、弁護側との三者協議を開いた。審理の担当は刑事17部。裁判長は下津健司だ。公判での審理対象は、金融商品取引法違反（役員報酬の虚偽記載事件）と、会社法違反（サウジ・オマーンルートなどの特別背任事件）だが、この日は金融商品取引法違反事件について話し合いが行われた。

ゴーンの起訴内容は、２０１０〜17年度の「総報酬」が計約１７０億円だったのに、「既払い」の約79億円だけを有価証券報告書に記載し、「未払い」の約91億円を隠したというものだ。金融商品取引法違反事件ではゴーンだけでなく、共犯とされたケリー、法人としての日産も起訴されていた。日産は起訴内容を認めて早期に判決を出してもらうことを求めていたが、ゴーンの弁護団は、捜査に全面協力した日産と一緒に審理されると「公正な裁判が受けられない」として別の裁判官が審理するよう求めた。

これに対し、地裁は別の裁判官による審理は認めなかったが、ゴーン、ケリー、日産のうち一者でも証拠採用に同意しない供述調書は証拠として採用しないこととした。

ゴーンとケリーの弁護側は多くの供述調書の採用に同意しないとみられた。このため、地裁の方針は、重要な関係者についてすべて証人尋問が行われることを意味した。

ゴーンの弁護団は「捜査に協力した日産と検察の合作によって作り上げられた供述調書が証拠採用されてしまえば、裁判官は検察の筋書き通りの有罪心証を形成してしまう」と懸念していただけに、「日産が証拠採用に同意しても認めない」と言っているに等しい地裁の方針は評価できるものだった。

裁判長の下津は「司法取引が初めて本格的に争点になる事件。証人の証言の信用性は慎重に判断したい」と発言。「日産の法的責任は二人の被告について判断しないうちは決められない」とも述べた。


公判に向けて、証拠や争点を絞り込む公判前整理手続きは5月23日、東京地裁で始まった。この手続きは、裁判所、検察側、弁護側の三者が集まって話し合うもので、ゴーンの事件ではほぼ月に1回のペースで開かれることになっていた。この手続きに被告は必ずしも出席する必要はないが、ゴーンは毎回の参加を望んだ。

この日、ゴーンは弁護団とともに車で地裁玄関前に到着。グレーのスーツ姿で堂々と歩き、地裁に入った。手続きは30分ほどで終わった。弘中によると、ゴーンは「こんなものか」と語っていたという。

それから約5カ月。検察側と弁護側双方の大まかな主張は10月17日までに出そろった。ゴーンの弁護団は10月24日、公判で主張する予定の内容をまとめた「予定主張記載書面」を公表。都内で記者会見した弘中は「公訴（起訴）自体が違法であり、ただちに棄却されるべきだ」と捜査の違法性を強調。すべての事件について無罪を主張することを明らかにした。世界が注目する公判は、検察側と弁護側が全面的に対決する構図が決定的となった。

弁護団の予定主張で目を引いたのは、個別の事件について無罪を主張するだけでなく、捜査の手続きそのものを違法だとして争点化し、公訴棄却の申し立てを前面に押し出した点だ。約60ページにのぼる書面の多くを、その点に割いた。

予定主張ではまず、「本件公訴は、著しく違法かつ偏頗《へんぱ》な捜査に基づくものであり、かつ、ゴーン氏の人種・国籍・社会的身分に対する差別を背景に、不公正な目的で刑事訴追に関する職権を濫用したものだ」と捜査を厳しく批判。日産の日本人役員が日産とルノーの統合を阻止するため、ゴーンの「不正」を見つけて追放しようとしたことが捜査のきっかけだとし、「特捜部が日産と同社の弁護士と共謀し、違法な捜査をした」と位置づけた。

過去の事件では弁護側の申し立てによって公訴棄却が認められて確定した例はない。それでも、主任弁護人の河津は「過去に例のないほど違法な捜査が行われた。単なる戦術ではない」と強調した。

ほかに焦点となったのが、裁判長の下津が「初めて本格的な争点になる事件」と捉えた司法取引の違法性だった。特捜部がゴーン側近のハリ・ナダや大沼と交わした司法取引について、弁護団はゴーンを失脚させることが目的だったとして「実質的な取引の当事者は日産だ」と指摘。二人は会社の「業務命令」に従って取引したにすぎず、「法の趣旨に反する」と主張した。

弘中は会見で「ゴーン追放のため、検察と協力して事件を作り上げた」と日産を批判。違法捜査の具体的な内容として、海外での日産側の「捜査協力」を挙げた。

前述したようにゴーンが最初に逮捕された2018年11月19日、レバノン・ベイルートのゴーン宅やアマルの事務所を、日産からゴーンの不正調査を任されていた米法律事務所レイサム&ワトキンスの弁護士らが突然、訪問。アマルが保管していたジブランのパソコンを持ち去った。このパソコンには、オマーンルートの不正な資金の流れを証明する関係者の重要なメールデータなどが入っていた。弁護団は「検察の手足として、他人のパソコンを盗んだ。私人を利用した違法捜査だ」と激しく非難した。

ブラジル・リオデジャネイロにあるゴーンの自宅兼事務所を管理する日産関連会社にも同じ日、日産ブラジルの社員が突然押しかけた。この社員は関連会社の事務担当者の携帯電話やパソコンを取り上げ、ゴーン宅の玄関の鍵を付け替えた。ゴーンの家族らが入室して事件に関わる証拠を隠滅するのを防ぐためだった。弁護団はリオデジャネイロでの一件についても「日本の検察当局と日産が話し合って行った違法な捜索差し押さえだ」と強調した。

こうした主張に対し、検察幹部は「ゴーンの海外住宅の管理は日産が委託していた。そこで使われていたパソコンは日産側の所有なので違法収集にならない」と一蹴した。

弁護団はさらに、事件化にあたっては経産省高官らが関与するなど、日本政府の意向が働いていたとも主張。弘中は「国策捜査としては一番大きい事件ではないか。日産をフランスに渡すまいという方針の下でやられた」と話した。

これに対し、検察幹部は「弁護団の筋書きは根拠がなく妄想。本筋ではない論点を持ち出すのは自信のなさの現れだ」「裁判所が相手にするとは思えない」と自信を見せた。あるベテラン裁判官も「手続きの違法をあれこれ主張する部分はあまり筋がいいとは思わない」と指摘し、弁護団の主張に首をかしげた。「あれだけの弁護団。まさか公訴棄却が認められるとは本気では思っていないだろう」

ただ、捜査関係者の一部には弁護団の主張を警戒する声もあった。

関係者の一人は「司法取引を交わした二人の供述の証拠能力を争点にすれば、裁判官は供述の信用性をより慎重に検討するだろう」と指摘。司法取引が導入されるきっかけともなった大阪地検特捜部の証拠改ざん事件を引き合いにし、「いまの裁判所は以前のように検察を信用していない。予断を許さない」と気を引き締めた。

ゴーンが起訴された4事件は、①役員報酬の虚偽記載（金融商品取引法違反）②日産に損失を付け替えた特別背任（会社法違反）③サウジアラビアルートの特別背任（同）④オマーンルートの特別背任（同）だ。

弁護団は予定主張で捜査の違法性を強調した上で、4事件についても個別に無罪主張を展開した。①②③については、ゴーンが法廷に立った1月の勾留理由開示手続きで明らかにした主張を、ほぼ踏襲。④のオマーンルートについては改めて、開示された証拠や独自の調査に基づき、日産からオマーンの販売代理店であるSBAへの送金は「販売奨励金」であり、不正な送金ではないとの主張を組み立てた。

弁護団はまず、日産車販売におけるSBAの貢献度に着目。中東湾岸地域は収益性が良く、新興マーケットとしてポテンシャルが高い「非常に魅力的な地域」だと指摘した。SBAが日産の代理店になった04年度は、ＳＢＡの売り上げは３３００万ドルに過ぎなかったが、08年度に４億ドルを突破。18年度には10億ドルに達した。ＳＢＡは日産から販売成績をたたえられ、表彰を毎年のように受けていた。

また、日産からＳＢＡへの送金の原資となった「ＣＥＯリザーブ」は、日産内で正規の手続きを経て支出されたと強調。中東日産とＳＢＡとの間では、年度始めに前年度の販売実績を確認した上で、その年度に達成すべき数値目標と奨励金の支払い条件を決めていた。その後は、日産本社の中東担当部長がＣＥＯリザーブ支出の提案書を作って最高財務責任者（ＣＦＯ）らの承認を得る→経理担当部長の審査を経て支出が決定→中東日産の社長とＳＢＡ会長らが覚書にサインする――という流れがあったとした。しかも、ゴーンは17年４月１日付で西川廣人にＣＥＯ職を譲っており、起訴内容の17年７月と18年７月に支出された計１０００万ドルのうち、７５０万ドル分は西川が最終的な決裁権者だった。

弁護団の主張に対し、検察側は、ＣＥＯリザーブからの支出は「販売実績と関連づけた奨励金とは別だった」とする。支出の半額をゴーン自身に還流させる意図を、西川らには隠していたとみている。特捜部の調べに対し、日産の複数の関係者は「販売促進の実態はなく、明らかにおかしな支出だった」と説明していたという。

公判に向けた準備が進む一方で、海外の捜査当局や国内の税務当局もゴーンの不正を相次いで指摘した。

米証券取引委員会（SEC）は19年9月23日、報酬開示をめぐってゴーンが100万ドル（約1億100万円）の制裁金を払うことで和解したと発表した。SECは、ゴーンが09年から18年までの間、ケリーらの助けで報酬を9000万ドル分以上開示しなかったほか、退職金を5000万ドル以上膨らませる仕組みを使ったと認定。SEC幹部は「詐欺行為によって米国を含む投資家をミスリードした」と指摘した。不正に対するゴーンの認否は示しておらず、和解では「日本の刑事裁判で否認して争い続けることができる」旨が記載された。法人としての日産とは1500万ドル（約16億5000万円）、ケリーは10万ドル（約1100万円）の支払いでそれぞれ和解した。

SECの発表が報道されると、弁護団は即座に記者会見を開いた。和解についてはゴーンが「日本の刑事裁判にエネルギーを集中させたい意向だった」と明かした。SECと争えば時間と費用がかかるとして「問題をこれ以上長引かせたくないので一定の金を払って終わらせた」と説明した。

さらにゴーンの不正疑惑をめぐる動きは続いた。

日産が東京国税局の税務調査を受けて約1億5000万円の申告漏れを指摘されたことが10月に判明。ゴーンによる実姉への報酬支払いや、出身国の大学に対する寄付が私的流用と認定された。弘中は「元秘書室長から『大学への寄付は経費でできる』と言われた。あとでゴーン氏のせいにする意味がわからない」と憤ったが、ゴーンの「外堀」が埋められていくような状況に、検察幹部は「追い風」とばかりにほくそ笑んだ。「ゴーン側は日産によるクーデターだと主張するが、そうではないことの証左になる」

ただ、検察にとっては懸念材料もあった。

司法取引を交わしたハリ・ナダの日産内での処遇だ。

ハリ・ナダは司法取引に応じる前に不正をめぐる社内調査に関わっていた。米紙ウォールストリート・ジャーナルは19年9月、これを問題視する記事を報道。米ブルームバーグ通信も、ハリ・ナダが株価連動報酬で不正に利益を得ていたと報じた。

ルノーが海外メディアを使って揺さぶりをかけてきたのだ——。日産幹部や検察幹部はハリ・ナダをめぐる報道をこう受け止めた。

日産幹部は、日産との統合をめざすルノーにとって「ハリ・ナダが日産にいることがネックになっている」と解説した。ハリ・ナダがルノーとのアライアンス見直しなどの場面に関わってきたため、これまでの交渉の内側を知る存在を排除したいというわけだ。

10月中旬の取締役会の前には、ハリ・ナダに辞職が勧告されるのではないかという観測も飛び、米ブルームバーグ通信は「退社も議論される」と報じた。

結局、ハリ・ナダは退社に追い込まれることはなかった。日産はハリ・ナダを法務担当から外す役員体制の変更を発表。「内部調査に同氏が不当な関与をした事実はないことを確認している」とした上で、「今回の変更は、無用な疑義を招かないようにするため、また、今後の訴訟対応等、会社として対処すべき重要な課題に取り組む役割を担うため」と説明した。

検察幹部は、裁判で重要な証人になるハリ・ナダがこうした駆け引きに巻き込まれることが公判に影響すると危惧した。

「日産がハリ・ナダを囲い込めず、裁判での証言を拒否されたら危ない」

仮にゴーンが無罪になった場合、「特捜部解体論」が再燃してもおかしくはない――。ゴーン事件の公判は、検察にとって威信を懸けた負けられない戦いだった。これに対し、捜査の違法性を訴え、国策捜査を主張する弁護団はゴーンの無罪に自信を見せていた。日産にとっては、ゴーンが有罪となることで、独裁を許した企業体質から脱却し、経営とガバナンスの立て直しに集中できるはずだった。

しかし検察側、弁護側、日産の攻防や思惑を横目に、当のゴーンは国外脱出に向けた計画を着々と練っていた。2度目の保釈から約8カ月がたった19年の大みそか、ゴーンのレバノン逃亡が明らかになった。

裁判を準備してきた三者、それを追ってきた記者の間には、えも言われぬ「虚無感」が漂った。残された日産とケリーの公判準備は粛々と進んだ。

主役なき法廷

逃亡劇から9カ月経った、2020年9月15日。東京地裁104号法廷に、スーツ姿に赤いストライプのネクタイを締めたケリーが姿を見せた。コロナ禍で傍聴席の数が減らされる中、国内外の多くの記者が初公判の取材に詰めかけた。ゴーン不在の主役なき法廷が幕を開けた。

「I deny the allegations（私は公訴事実を否認します）」「I was not involved in a criminal conspiracy（私は犯罪の共謀に関与していません）」

検察官が起訴内容を読み上げた後、ケリーは用意した紙を淡々と読み上げ、役員報酬の虚偽記載について無罪を主張した。

通訳も入れて約15分間に及んだ罪状認否で、ケリーはゴーンの実績の強調に長く時間を割いた。「日産を20年間にわたって発展させた傑出した経営者」「ルノーからの日産の独立性を断固として守っていました」と持ち上げ、「ゴーン氏の後継者たりえる人物、特に日本の後継者は2010年時点でいませんでした」とすら断言した。

一方、検察側の冒頭陳述では、「主犯の罪」を明らかにしようとする検察の意思がにじんだ。「ゴーンの主導の下……」「ゴーンから指示され……」。検察官がゴーンの名前を約260回読み上げたのに対し、ケリーは約80回。ケリーは時折メモを取りながら静かに耳を傾けた。

初公判の話を向けると、検察幹部らは「ゴーンがいなければケリーの罪はなかった。今回はゴーンの罪が実質的に裁かれる」と口をそろえた。ただ、苦労を重ねて立件したサウジアラビアルートやオマーンルートの特別背任事件が審理されないことには、一様に徒労感を漂わせた。

「悔しいというか何というか……」

長期にわたった争点整理を経てようやく初公判にこぎ着けた検察内に、高揚感はなかった。

裁判は原則隔週で週4日ずつというペースで審理が進められた。最初の山場は、検察と司法取引した大沼敏明・元秘書室長の証人尋問だった。検察はゴーンの直属の部下だった大沼の証言を通じて、虚偽記載の事実関係を固める狙いだった。大沼の尋問は12月上旬まで、22回にわたって行われた。

「ゴーンさんには未払い報酬があり、その支払いについて開示を避けてどのように支払うかを検討してきました。ケリーさんにも相談、報告していました」

裁判で初めて公の場に姿を見せた大沼は、検察の見立てに沿って忠実に、10年分近くに及ぶ資料を説明した。一方で、捜査当時よりもケリーとの共謀をことさらに強調しているとして、ケリーの弁護側からは信用性について追及を受けた。

大沼は「ゴーンさんの指示を行うことが私の役割」と断言し、指示を理解できずにゴーンから文書にバツ印を付けられたことを「ショックだった」と振り返った。長年にわたって報酬の管理を任されていたことを「信頼」と語り、上司の評価を何よりも重んじる企業人としての姿勢を示した。

経営者としてのゴーンについては「素晴らしい方だと思っていた」と持ち上げた。日産を立て直したのは事実だと言い、「意思決定が早く、ぶれない。指示もすごく明確だった」と称賛した。

そんなゴーンから与えられた役割が、事件化された「隠した報酬の管理」だったと振り返った。違法性を認識はしていたが、「管理するように言われ、信頼されていると思いました。清濁併せのむのが秘書室長の職務だと思っていました」。秘匿性の高い役員報酬に関する文書は、他の書類とは別のファイルにまとめ、鍵のかかる手元のキャビネットで保管していたと話した。

「秘書室長という仕事に誇りを持っていたし、やりがいを感じていました……」

大沼は込み上げる思いに、声を詰まらせた。

ケリーとはプライベートで飲みに行ったり、一緒に米国で野球観戦したりする仲だったとも打ち明けた。ケリーの妻や友人を交えて球場に足を運ぶこともあり、公私ともに親睦を深めていたという。

ケリーの裁判で証言する思いを聞かれた大沼は、しばらく沈黙を続けた後、言葉を絞り出した。「ケリーさんのことは今でも尊敬しているし感謝している。このような形になってしまい、複雑な気持ちです」

「(大沼より)ケリーさんの方が責任は重いと考えていますか」と尋ねられると、大沼は「私が直接ゴーンさんに報告することもあった。ケリーさんは私の上司だが、どちらが悪いと言うことはできない」と最後までかばった。

年が明けて2021年になると、ゴーンとともに経営の中枢を担った最高幹部が次々と証人として出廷した。

まず登場したのは、志賀俊之・元COOと小枝至・元相談役名誉会長だった。小枝は03～08年、志賀は05～15年に、それぞれゴーンと一緒に代表取締役を務めた日産の首脳。ともに経済同友会の副代表幹事も経験した財界の大物だ。

裁判の中で検察側は、志賀と小枝がゴーンに対し、「報酬隠し」の仕組みを提案していたと主張していた。特捜部は「報酬隠しの実行行為には関わっていない」として二人の刑事訴追を見送ったが、裁判では二人の経営者としての責任も問われることとなった。

志賀は「ゴーンの振る舞いを許した日産の責任も大きい」としたうえで、「特に私は10年間、代表取締役の立場にあり、コーポレートガバナンス（企業統治）の担当役員でした。ガバナンスが機能していないと認識しながら改善できなかったことは、痛恨の極みで深く反省しています」と語った。とりわけ、ゴーンの指示に従って一部の報酬を開示せずに支払う方法を検討したことについて、「深く、本当に深く反省している。私の人生の中で痛恨の汚点です。後味の悪さはずっと残っています」と述べた。

一方、小枝は「ゴーンが起こしてしまったことを処理しただけで、犯罪には全く加担していません」と強調した。仕組みの検討に加わったことの反省を問われると、「特にありません」と即答。「やめるべきだと言えなかったのか」という質問には、「ゴーンは絶対権力を握っていました。何を言っても聞くわけがない」と言い放った。

二人はともに、1999年に来日したゴーンが、次第に変節していったという見方を示した。志賀は「私は日産で最初にゴーンに会った人間でした」と振り返り、日産をV字回復させたゴーンを「経営者として深く尊敬していた」と語った。小枝も「大変勉強家で、人の意見もよく採り入れてくれた」「真面目に努力する人だった」と述べた。ただ小枝は、この成功が後のゴーンの変節の原点だという見方を示した。04年に外国人経営者として初めて藍綬褒章を受けたことなどに触れ、「時間の経過とともに自信過剰になっていった」と振り返った。

ゴーンが変化する大きな節目として、二人が共通して指摘したのは、ゴーンがルノーのCEOを兼務することになる05年の人事だった。ルノーは当時、日産株の44・4%を保有していた。「日産CEOが日産の株主のCEOにもなり、絶対権力を持つようになった」(志賀)。小枝は、ルノーCEOを兼務するようになってゴーンが日本にいる時間が減ったと指摘した。「何で日本にいないんだ」と尋ねる小枝に、ゴーンは「3分の1はルノー、3分の1は海外のいろいろなところに行く必要がある」と答えたという。小枝は「日本の現場の実情を知る機会が減っていった。現場の従業員、日産の役員との会話も減っていった」と語った。

もう一つの節目として小枝が挙げたのは、08年のリーマン・ショックだ。「ゴーンが対策を打って資金繰りが行き詰まらずに済んだ」と評価しつつ、この成功体験がゴーンをさらに増長させたという見方を小枝は示した。

小枝はゴーンの在任期間は「10年が限界だった」と語った。その理由について、「10年を超えるとナンバー2以下がどうしても子飼いになり、意見が言えなくなる」「長年の成功体験で自信過剰になり、何を言っても無駄だった」と続けた。

ゴーンについて当時は「必要な人材だった」という志賀も、徐々に態度に眉をひそめるようになっていったという。

一例が役員人事だった。志賀によると、ゴーンは「意見する監査役を毛嫌いしていた」。監査役が交代するたびに「モノを言わない監査役を探してこい」と指示され、「監査役が取締役会で発言しづらい雰囲気ができあがっていった」という。また、独立社外取締役を増やすことも再三提案したがかたくなに拒否され、「突破できなかった」と振り返った。そのうえで志賀は、ゴーンの「横暴さ」がいよいよ際立つようになったのは「私が（ナンバー2の）COOから降りた13年以降だ」と語った。「人の話を聞かなくなり、絶対君主的に強くなった」

次に法廷に現れたのは、大沼とともに特捜部と司法取引をしたハリ・ナダ専務執行役員だった。ゴーンの報酬の一部を「未払い報酬」として退任後に支払う仕組みを「hair cut」と呼び、ケリーとともに支払い方法の検討を重ねていたと証言。大沼と同様、検察の主張に沿って説明を重ねた。ただ、ゴーンに対する支払いに関し、自身が作成した契約書について弁護側の追及を受け、「契約は取締役会に諮らないと有効にならない」とも述べた。支払いは確定しておらず金商法上の開示義務がない、という弁護側の主張に資するとも取れる証言だった。

また、ハリ・ナダは日産の内部調査がゴーン逮捕の遅くとも10カ月前には始まっていたことも明かした。18年1月、川口均・元副社長から、今津英敏・元監査役が「ゴーンの不正を調べている」と聞かされたと説明。調査内容は、ゴーンの家族の航空代金をめぐる問題だったという。

しかし同年5月、川口から「ゴーンと対立してまで調べるほど深刻な行為はなかった」との調査結果を告げられた。ハリ・ナダは当時、ゴーンが19年までに退任すると確信しており、「違法な未払い報酬」の支払い実行を「阻止しなければならない」と思い、自身が関与した報酬問題などを順次打ち明けたと証言した。川口と今津にレイサム＆ワトキンス法律事務所による調査を提案し、自らも協力。「徹底的な調査に基づき、取締役会でゴーンさんと直接対峙してほしかった。東京地検や金融庁への情報提供があってもいいと考えていた」と話した。

尋問の最終日、ハリ・ナダはゴーンが法廷に不在であることについて問われ、しばらく沈黙。そして、「ゴーンさんは法廷を侮辱し、会社を侮辱し、日本を侮辱し、ケリーさんも侮辱した。非常に恥ずかしいことをした。彼自身にとって恥ずべきことだ。不名誉なこととして記憶されるべきだと私は考えている」と怒りを込めた。

一方、ケリーについては「悪い感情は一切ない」と語った。「ケリーさんには大変よくしてもらい、私にとってのお手本だった」と述べ、「ただ、会社にとって何が利益になるかを、どこかの時点で考えるのをやめてしまったように思う。日産にとって利益になることと、ゴーンさんにとって利益になることを一体として考えてしまっていた」と振り返った。ケリーは表情を変えることなく、メモを取り続けた。

2月24日には、西川廣人・前社長が出廷した。ゴーン逮捕の夜に「強い憤り、落胆を覚える」と報道陣に訴えた西川だったが、19年6月、西川も株価に連動する報酬を不正に受け取っていたとケリーに月刊誌で告発され、状況は一変していた。4700万円かさ上げされた金額を受け取っていたことが判明し、同年9月には社長を辞任。証人として現れたときには、すでに日産の役職を失っていた。

西川は法廷で、ゴーンが開示を免れたとされる「未払い報酬」について、「当時は全く認識していなかった」と証言した。未払い報酬を退任後に払う方法を記したと検察側が主張する契約書に関しても、「(ケリーに)協力を求められ、中身を確認せずサインした」と発言した。

弁護側は、代表取締役にもかかわらず契約内容を確認せずに署名した点を追及した。西川は「ケリーの考え方に賛同していた。彼はこの分野のプロで、私は受け身の姿勢だった」と釈明。「巧妙に仕組まれていた」という報酬隠しに気づいたのは逮捕の1カ月前だと明かし、「裏切られた」と繰り返した。すでにハリ・ナダの証言で、実際の内部調査は遅くともその9カ月前には始まっていたことが判明していた。西川の証言は、社長であるにもかかわらず、直前まで内部調査のことを伝えられていなかったことを意味していた。

レバノンに逃亡したゴーンが現地で開いた会見で、西川らは「クーデター」の首謀者として名指しで批判された。逃亡に対する思いを問われると、西川はひときわ能弁になった。

「私たちはゴーンさんを素晴らしいリーダー、素晴らしいCEOだと思って仕事をしてきました。その裏で長い間不正が行われていたことを知って、失望というより裏切られたと感じました。さらに逃亡して裁判が開かれなくなり、また裏切られたと思います」

ゴーンが中東の友人らに日産資金を不正送金したなどとする特別背任事件が審理されないことについても、「何ともすっきりしないものを感じている」と吐露し、こう付け加えた。

「もしもゴーンさんに日産の将来を思う気持ちがあるなら、できるだけ早く過去の清算をしていただいて、日産が先に、前に進める状態を作っていただきたいと思っています」

尋問の最後、何か言っておきたいことはあるかと問われると、かつての最高幹部として事件を総括した。

「今は日産を代表する立場にないが、日産の経営者として、大きな不正によって信頼を失墜させたことを反省し、大変申し訳なく思います。経営危機から20年間、ゴーンさんだけでなく、皆で苦労して日産を回復させてきました。今回の事件は積み上げてきた土台、プライド、自信まで揺らぐ事件でした。幸い、次の世代が経営を引っ張っている。過去の負の部分を早く清算してほしい。そのことが、長年日産をサポートしてくれた人に報いることになる。そう期待しています」

ただ、西川はゴーンの報酬を過少記載したとされる8年分の有価証券報告書のうち、最後の2年分を日産の代表者として提出していた。この点や自身の報酬不正について、二日間の裁判で、一度も言及することはなかった。

5月には、後半戦の山場であるケリーの被告人質問が始まった。ケリーは「虚偽の有価証券報告書を提出したことはない」と改めて無罪を主張。自身の関与を指摘した大沼やハリ・ナダの法廷証言を次々に否定していった。

第2部
独裁の系譜

日産自動車の創業者・鮎川義介（左）と、
自動車労連（現日産労連）の会長を務めた塩路一郎

恐怖政治

カルロス・ゴーンが失脚する32年前の1986年、ゴーンと同じように社内権力をほしいままにし、日産自動車の中で「天皇」と呼ばれた男が失脚した。

日産自動車労組の組合長を経て、日産とその関係会社の労働組合の連合体「自動車労連」(現日産労連)の会長を務めた塩路《しおじ》一郎である。塩路は53年に日産に入社以来、同社の労組一筋に歩み、ことに62年に自動車労連会長になって以降は、日産の経営は彼の意向に逆らうことはできなかった。

東大を卒業し、63年に入社した森山寛(後に副社長)は、ちょうど塩路が自動車労連の実権を掌握した翌年の入社組である。森山は入社早々の新入社員教育の場で、強烈なできごとに遭遇した。

新人教育のカリキュラムのほとんどは同社幹部による会社業務の説明だったが、その中の一つに「労働組合――塩路労連会長講話」というのがあった。「なぜ、労組が?」と怪訝に思ったものの、一向に講師の塩路がやってこない。副組合長が場をつないでいると、30分以上も遅れて、「まさに傲然として」という表現さながらに塩路が現れた。

新入社員たちを待たせたのに「遅れて申し訳ない」という一言もない。「傲岸不遜な奴だな、こんな人が労組のトップとは信じられない」と思った。60年安保世代の森山は入社試験の面接で、面接官の役員と全学連の是非が議論になり、つい勢い余って自身も国会にデモに行ったことをしゃべってしまった。これは、てっきり不採用と思っていたのに採用され、そこに日産の懐の深さ、自由な社風を感じた。それだけに独善的な塩路の態度には唖然とした。「なぜ、塩路を敵に思うようになったかといえば、それは臭いだな。彼の漂わせる臭気をおかしいと思ったんだ」。このあと、長く人事部門を歩むことになる森山にとって、「塩路」は20年余もの長きにわたって彼のテーマであり続けることになる。

「入社してからわかったんですが、日産はあらゆることで労組の了承がないと進まないんです。課長の人事も事前に労組の承認が必要だったし、海外出張や昇進も。会社の隅々に至るまで労組の承認が要るんです。しかも、労組は一切、異論、反論を受けつけない体質で、うっかり異を唱えようものなら、こちらが根負けするまで延々続く執行部の指導が待っていました」

若いときから労組のありように批判的だった森山は、労組から目をつけられていたらしかった。ある日、突然、「森山は共産党シンパ」という噂が社内に言いふらされた。思いあたるのは、たまたま駅頭で原爆廃止を求める署名集めに協力したことしかない。自身をつけまわしている人間がいることを疑わざるを得なかった。

森山は、そんな塩路体制を「恐怖による支配」と呼んだ。

川勝宣昭は森山より4年後の67年に早稲田大を卒業して入社したが、横浜工場で開かれた入社式の場で、やはり森山と同じような違和感を覚えた。入社式は会社が主催して行うもののはずなのに、日産では労組との共催だった。川又克二社長のあいさつの後、壇上に現れた小柄な男が「日産は経営がなっていない」と舌鋒鋭く経営批判を始め、その矛先となった川又がうなだれるような表情で話を聞いているのに驚かされた。それが塩路との出会いだった。

「会社の大きなイベントはすべて労組と共催でした。毎年12月26日の創立記念日の式典も、社長のあいさつの後は塩路があいさつし、入社式と同じように経営批判をぶっていました。しかも、工場で行われるイベントにおける工場長のあいさつも、事前に労組のチェックが入ったものしか読み上げられないんです」

川勝は後に労組支配のゆがみを正そうと少数の仲間と決起することになり、怪文書を配布したり、週刊誌や新聞社に塩路の振る舞いを告発したりした。すると、「フクロウ部隊」と呼ばれる労組の裏組織のメンバーと思われる男たちの尾行にあうようになった。労組の牙城だった横浜工場には、塩路の意を受けて尾行や盗聴を請け負う専門の組合員がおり、それがフクロウ部隊だった。塩路に忠誠心が厚い社員が選ばれ、彼らには特別な手当が支払われていた。

「あれは恐怖の支配でした。塩路本人には本当の求心力がないから、恐怖心を抱かせることによって人を支配しようとしたんです」

川勝は、それは日産という風土と不可分と見ている。「だって、トヨタ自動車だったら塩路一郎は生まれないでしょう。日産の場合、塩路を経営側が許していたんですよ」。トヨタと違って、日産は「ものづくりの骨格を持っていない会社」と川勝は言った。

「トヨタは経営者が変わっても、かんばん方式など〝ものづくり〟の根幹の経営手法は変わらないで受け継がれていく。それに対して日産は権力者が変わるたびに経営のやり方がころころ変わる。しかも、長いものに巻かれるカルチャーで、すぐ新しい権力者になびいてしまうんです」

大阪府立大を卒業し、76年に入社した志賀俊之（後に代表取締役兼最高執行責任者）のときは、岩越忠恕《いわこしただひろ》社長のあいさつの後、塩路が登壇すると、それまでおとなしく聞いていた新入社員たちが、社長より偉そうな労組委員長の態度に鼻白み、ざわつき始めた。学生気分が抜けない彼らは遂に壇上の塩路に向かって紙飛行機を飛ばし、丸めた紙を放り投げた。とたんに塩路は激怒し、450人の新入社員に向かって「お前ら、数は力でないことを覚えておけ」と捨て台詞を残し、途中で切り上げて出て行ってしまった。塩路は会場を出がけに、事務局の人事部門の社員を捕まえて、「あそこにいるアイツとアイツの名前を後で俺に報告しろ」と聞こえよがしに言った。血相を変えた人事部門の社員が「皆さんはよくご存じないと思いますが、あの方は社長と同じくらいに偉い方です」と、新入社員たちに注意を促した。

入社式の後、志賀たち新入社員が工場で研修を受けると、そこで初めて労組の強さを実感した。工場は労組が支配し、異論は一切許さない。「お前たちは入社式で、とんでもないことをしたそうだな」。組合員の間では志賀たちの同期の蛮行が知れ渡っていた。冷ややかな視線が投げかけられるなか、年かさの労組員がこっそり耳打ちした。「君たち、絶対に歯向かっちゃダメだよ」と。

志賀は後年、労組の支部役員を務めることになるが、それは労組の役職をこなすことがすでに日産社内では出世のステップとして組み込まれていたからでもある。職場委員や職場長、支部役員など労組の役職をきちんとこなすことが、課長や部長など「職制」と呼ばれるラインに上がるルートとして構築されていた。職場で誰もが「これは」と思う有能な者ほど、労組から役職に就くよう打診されるのだ。

例年、愛知県日間賀島で開かれてきた労組青年部のレクリエーションに志賀が参加すると、組合のスタッフから海の見える方向に立つよう促された。まもなく大きな白いヨットが姿を現した。

塩路のヨットだった。

接近してくるヨットのデッキに塩路の姿を見つけると、労組のスタッフが、全国から駆り出された日産労組の青年部の若者たちに手を振るよう求め、みな一斉に塩路に向かって手を振った。

「まるで、どこかの全体主義の国みたいでしょう」

志賀はそう笑って振り返った。

森山は同じ「反塩路」でも、川勝のようにマスコミや怪文書を使って塩路を追い落とす手法には批判的だし、川勝は志賀がゴーンに甘い点を冷ややかに見る。世代が異なる志賀は、森山や川勝ほど労組を否定的にとらえていない。考え方や見方が異なる３人だが、３人とも入社式の時点で日産がほかの企業と強烈に異なることを、身をもって体験したことには変わりがない。日産で働く者はまず、入社式で塩路の強烈な洗礼を浴びた。労働運動がすっかり後退した80年代に入っても、日産は強靭な労組支配を続けていた。

そんな「暴君」は、77年に社長に就任した石原俊《たかし》と対立を強め、社内は労使の内戦状態になってゆく。塩路は労働者の代表なのにもかかわらず、ヨット遊びが趣味で、毎晩のように銀座で豪遊した。そんな「労働貴族」の行状は週刊誌や実名小説で非難され続け、遂にはとどめを刺すように、写真週刊誌「フライデー」が86年3月14日号で、横浜市に住む愛人宅を訪問する塩路を捕まえ、彼があわてて逃げ出す一部始終を報じた。塩路は「私の労組人生はこの時をもって終わる」と回顧録『日産自動車の盛衰』に記し、無念のうちに日産を去った。日産の天皇は「醜聞」によって葬り去られた。

日産には、ゴーン支配のはるか前にも、同じような「独裁者」の支配を長く受け入れてきた歴史があったのである。

塩路失脚から13年後。日産がフランスのルノーの出資を受けて倒産の窮地を免れた99年、ルノーから来たゴーンを見て、当時副社長だった森山は強い既視感を覚えた。

「私はゴーンの中に塩路を見たんです」

外資傘下に入ることを内心では歓迎していなかった森山は、そんな心の内が見透かされたのか、来日してまもないゴーンに、ほんの些細なことをとがめられて、20分余も面罵され続けた。ゴーンよりも14歳も年長の副社長が、ほかの社員たちがいる目の前で辱《はずかし》めを受けた。

「こういうことが何度かありました。通訳が困るほど、口汚い言葉でののしられて。いずれも些細なことなんです」。森山は、ゴーンの対人評価は「敵」か、それとも「味方」か、で判断していると受け止めた。「いったん敵と認定されると、どんなに修復しようとしてもダメでした」

さらに、ゴーンが正規の人事部門のルートとは別に、フランス人の部下を通じて日産社内の人事の「裏情報」を報告させているらしいことも知った。正規のライン以外から裏情報を取得しようとするやり方に猜疑心の強さを感じた。

「恐怖による支配と猜疑心の強さという点で、ゴーンは塩路と似ているんです」

日産は、トヨタのような創業家が支配してきたわけでも、ホンダのように創業者の強烈なDNAが根づいてきた会社でもない。東京に本社があり、トヨタやホンダと異なって東京近郊に工場がある日産は、それゆえ、首都圏の学校秀才が数多く入社した。

トヨタやホンダのような、ものづくりの会社としての「心棒」がない。経営は安定さを欠き、危機に陥りやすかった。そして、そのたびに立て直し役が現れ、その貢献者であったはずの英雄が次第に独裁者と化してゆく。

日産のOBたちはゴーン逮捕を受けて塩路を想起し、そしてこう語る。

「危機が起きるたびに英雄が現れるが、それが独裁者になり、しまいには排除される。日産はそれを繰り返してきました。独裁者は恐怖政治を行うのですが、官僚タイプの秀才社員が多い日産は長いものに巻かれやすく、それを許してしまうんです」

日産の歴史を振り返ると、同じことを繰り返しているのがわかる。まるで流転輪廻のようにループ状に同じ歩みを繰り返し、そこから逃れられない。

謎をひもとくカギは、その生い立ちにあった。

財閥解体

1933年12月26日、東京・帝国ホテルで盛大な晩餐会が開かれた。主催したのは新興財閥「日産コンツェルン」を率いる鮎川義介《あいかわよしすけ》。この年、ドイツはナチスが政権を握り、日本は国際連盟を脱退した。軍国主義が台頭するなか、鮎川はこの日、満を持して自動車産業に参入し、新会社「自動車製造」（翌年、日産自動車と改称）を設立し、帝国ホテルに関係者を招待したのである。

このとき53歳の鮎川は、株式市場やジャーナリズムがもてはやす「時代の寵児」だった。国立国会図書館に残されている晩餐会の記録「自動車会社設立講演」によると、鮎川はこのとき自動車産業参入の意義をこう語っている。

「我々日産は、我が国に必要な産業であっても他の会社にやる力がない仕事や、私たちのパブリック性から見て日産がやったほうが適当であるという方面の事業に進出すべきと考えているのであります」

彼の率いる日産は、中核の持ち株会社「日本産業」（日産）が積極的にM&Aを進め、不振企業をも立て直す「企業再生」に辣腕を振るってきた。三井や三菱など一族が会社を所有する閉鎖的な財閥とは異なり、日産は、創業者の鮎川が自社の株をほとんど持たず、株式を公開し、広く一般大衆に株主になってもらう「公衆持ち株会社」「パブリック・ホールディング・カンパニー」を標榜していた。鮎川は自身を「私は株主から料理の注文を受けて、美味いものをつくるコックである」と自負し、「事業は芸術であり、また哲学」「日産は悪い会社を浄化して、きれいな会社にする洗濯屋である」と称した。財閥の首領というよりも、次々と事業や経営を革新する事業家だった。まるで後の21世紀のIT起業家のようである。

鮎川は晩餐会で、「なぜ自動車事業に進出するようになったか、その事情を説明するには、今日まで私が歩んだ経路をお話しするのが一番早道だと考えます」と、賓客の前で己の半生を語り始めた。

鮎川は1880年、いまの山口市に生まれた。鮎川家は長州藩の中級士族の家だったが、明治維新後は零落した。母が維新の元勲の井上馨《かおる》の姪だった縁から、鮎川は井上家に寄寓して東京帝大機械工学科に進学。井上邸に出入りする政財界の要人を観察したが、卒業後の進路として我が身を託せる人物が見つからない。同級生の多くが財閥や官吏に進むなか、あえて芝浦製作所の一職工から社会人生活を始めた。帝大卒の身元を隠して作業服に身を包み、鋳物や組み立ての工程で働き、指は節くれだった。そのかたわら休日は都内の工場を見学して歩いた。そこでわかったのは、日本企業のすべてが西洋の模倣であり、「やっぱり欧米を見て来なければダメだ」ということだった。

米国に渡ると、ここでも金属メーカーに見習工で入り、だぶだぶのオーバーオールを着て、巨漢の白人労働者に交じって働いた。当初はまごついたが、次第にコツをつかみ、そして、ひらめいた。日本人は労働作業で欧米人に劣るわけではなく、むしろ手先が器用で動作が敏捷なぶん、加工貿易型の「ものづくり」に適している、と悟ったのだ。

帰国して戸畑鋳物（現日立金属）を起業すると、鮎川自らが工場に立ち、農家出身の素人の工員たちに直接、一から手ほどきした。第一次大戦が始まると、欧米に輸出できるほど技術力は高まった。そこに大戦後、反動の不況がやってきた。

「欧州大戦後の不景気が世を襲って、倒れかかった会社やダメになった事業が多々ありました。そこで私はこれらのボロ会社を拾い上げて、将来モノになるようなものに手当てを加え、注射なり薬療なりを施して蘇生復活せしめ、ホールディング・カンパニーの機能を働かせよ

う と考えたのであります」（「自動車会社設立講演」）

鮎川は、親族の久原《くはら》財閥が破綻の危機に陥ると、その債務を整理し、同財閥の有力企業の経営権を取得した。中核企業の久原鉱業を持ち株会社「日本産業」に衣替えし、鮎川が言うところの「パブリック・ホールディング・カンパニー」に変身させた。次いで久原財閥傘下の日立製作所や日本鉱業の支配権を残したまま、一部の株式を相次いで公開し、多額の資金を手にすることに成功した。鮎川は銀行融資に資金を頼るのではなく、株を公開して一般大衆に株主になってもらうことで資金を集める新しいタイプの資本家だった。

鮎川は、米国で普及し始めた自動車がやがて日本にも到来すると予測していた。１９３１年には、資金繰りが逼迫していた国産メーカー、ダット自動車製造から大阪工場と「ダットサン」の製造権を取得。日立や日鉱の株式売却で転がり込んだ巨額資金を自動車産業進出に充てた。鮎川は横浜市に2万坪の土地を取得し、ダットとはケタ違いの大量生産を実現する自動車会社を設立し、自ら初代社長に就任した。

鮎川は講演途中、破綻した企業や失敗する経営者には共通項があると言い出した。

「それは経営者が金をつくること、すなわち自分たちの金をこしらえることを何よりも大事な目的としていることであります。事業の成敗に大切なことは経営者の人格だということなのであります」（同）

まるで後に日産自動車で起きたことを予言していたかのようだった。

こんな半生を語る熱弁を終えると、門出を祝う万歳三唱が帝国ホテルに響き渡った。

鮎川は知る由もなかったが、彼が得意の絶頂でいたこのとき、日本の対外膨張策は、その後半生を一変させようとしていた。

鮎川が日産自動車を創業した3年後の36年初め、横浜の同社に関東軍の若い参謀が出入りするようになった。しばらくして鮎川のもとに3冊の分厚い極秘文書が届けられた。送って寄越したのは、参謀本部作戦課長の石原莞爾《かんじ》だった。

渡されたのは、ソ連の計画経済を見習って作成された満州国の長期開発計画だった。満州を軍需型重化学工業の拠点としようと、自動車、航空機、電力などの産業開発を、数値目標を設けて立案したものである。関東軍は経済建設の担い手たる企業人として、鮎川に白羽の矢を立てたのである。まもなく石原が鮎川に面会を求めてきた。

「満州に自動車工業を急速に起こしたいのですが……」

その後、鮎川のもとに関東軍参謀長の板垣征四郎から満州視察の招待状が届いた。用意された専用機に乗って満州全域を調査した後、鮎川は自身の考えを板垣に告げた。

「満州に重工業を建設するには巨額の資金が必要で、少なくとも3分の1、願わくは半分は外資に依存すべきです。外資導入によって相手国と利害を共有することになるから将来、戦争のブレーキにも作用するでしょう」

自動車産業はまだ日本でも勃興したばかりで、それよりも市場が狭い満州では採算が合うはずがない。自動車産業には多くの関連下請け産業が必要だが、満州にはそれがない。それには先進国から資材と技術、資本を採り入れるのが手っ取り早い。広大な満州は米国に似ている。米国式の近代的機械で開発すれば力強い工業になる……。

満州国政府と関東軍は鮎川の見識に感心した。帰国すると、同郷人である満州国政府産業部次長の岸信介が、新京から飛行機で上京しては鮎川邸に通うようになった。鮎川は、「あなたの体だけでも来てほしい」という岸の熱意に次第にほだされるようになっていった。

日満両国政府は37年、満州重工業確立要綱を閣議決定し、強力な国策会社を設立することを決めた。その経営は鮎川に一任された。日産は満州重工業開発と改称して満州に本社を移転することになった。鮎川が熱望した外資導入案も採用され、「外国資本の参加を認める」と盛り込まれた。

このことが、やがて日本の敗戦とともに鮎川に戦犯の嫌疑をもたらすことになった。

鮎川は戦後の48年、雑誌「思想の科学」で鶴見俊輔らとの対談に応じて、こう語っている。

対談原稿はゲラにまでなっていたが、GHQの指示か、未発表に終わっている。

「ユートピアをつくるということだったんです。私はそれを額面通り買って行ったんです。その計画に中身を入れるのが私の使命でした。私も思い切り立派な楽園の絵を描こうと思って行ったんですが、それが皆目できないことになってしまった」

彼は外国との資本提携による満州開発を構想し、とりわけ資本の出し手に米国を念頭に置き、米フォードとの事業提携交渉に望みを託していた。このほかGMやイタリアのフィアット、ドイツのダイムラー・ベンツ、ユダヤ系の金融資本など40件もの技術提携交渉や出資交渉を進めたが、あるときは関東軍や官僚の妨害にあい、またあるときは対日感情の悪化から先方が尻込みし、ことごとく水泡に帰した。

「どうしても外国との資本的提携の必要があるということで、そのことは是認されたのに、実行できなくなったのです。資本とは単に銭ではなく、人とモノを指すのです。アメリカ実業界との関係がうまくいっていたら、共存共栄主義の満州国は自立し、大東亜戦争までに行かずに済んだと確信しております」

そんな平和的なプランを「仕上げるつもりでした」と言った。

日中戦争の泥沼化が影響したかと尋ねられると、鮎川は言葉少なに「ええ、そうでした」と語っている。

鮎川が当時、関東軍や満州国に提出した極秘の「外資問題経過報告」（39年7月20日）には、精魂を傾けたフォードとの提携が、日中戦争の進展によって「（フォードが）米国官民の反対を恐れて対満投資を拒否するに至れり」と、潰えたことが綴られている。

満州国で暗躍した「二キ」（東条英機、星野直樹）、「三スケ」（松岡洋右、岸信介、鮎川義介）と称された鮎川は敗戦後、GHQから「関東軍と謀って侵略戦争の計画を準備し、満州の軍事産業の発展を託された」と疑われ、45年12月、A級戦犯容疑者として巣鴨拘置所に収監された。結局、「共同謀議者とするのは難しい」と47年8月、釈放されたものの、その後、公職追放にあった。日産コンツェルンは財閥と認定されて解体され、創造主である鮎川から永遠に切り離されてしまった。

すると、盟主を失った日産自動車は漂流を始めた。

終戦後まもなく社長に就いた山本惣治ら経営陣4人も鮎川と同じように公職追放にあい、取締役総務部長の箕浦多一が47年、急遽社長に祭り上げられた。温厚篤実な人ではあったというが、当時流行の三等重役と言え、軽量級は否めない。

日産コンツェルンは、傑出した経営者だった鮎川が頂点に立ち、持ち株会社と傘下企業の間で幹部社員を将棋の駒のように動かしてきた。自ら5年社長を務めた鮎川を除けば、その後に続く戦前・戦中の4代の社長の在任期間はいずれも1、2年に過ぎず、「腰を据えて自動車工業をやろうという人はあまりいなかった」（後に社長になった石原俊の『私の履歴書』）という。鮎川は帝大卒の人材を多く採用していたが、彼らは鮎川の壮大な構想実現にむけて使われるスタッフやテクノクラートというに過ぎなかった。

47年に日本興業銀行広島支店長から日産自動車常務に転身した川又克二は着任早々、こう感じた。「人事は持ち株会社の都合で、たらい回しでやってこられ、資金繰りとか経営の大筋に属することはすべて持ち株会社から指示が来ていたらしい」（川又の『私の履歴書』）。経営の中核機能が弱いことを見破った。

興銀は日産にとって復興金融公庫に次ぐ貸し手だった。川又は赴任する前、「日産の経営陣には中心がない」という助言を得ていた。彼は経理担当の常務として赴任したはずなのに、いきなり託された仕事は労使交渉だった。「冗談じゃない。僕は今日初めて出社したばかりじゃないか」。そう渋ったが、無理やり引っ張り出された。「今度来た川又です。よろしく……」。川又は、日産の重役たちと労組の幹部たちと、労使交渉の場で労使まとめて挨拶することになったのである（同）。

ドッジ・ラインによる引き締め策のあおりを受けて日産は49年、2000人の解雇を通告した。労組が猛反発するなか、解雇発表の3日目に箕浦が高血圧で倒れてしまった。代わって労使交渉の前面に登場したのが、経理担当のはずの川又だった。

鮎川という風雲児が率いた日産は、財閥解体と公職追放を受け、経営の中心を失った。その空隙を突いて、急進的な労働組合が伸長し、社員から英雄視される男が現れた。

100日スト

創業者の鮎川義介に代わって戦後、日産で求心力を得たのは、身長150センチそこその益田哲夫という男だった。「マステツ」の愛称で呼ばれる彼は、後々まで「組合員に非常に人気がある左派系のオルガナイザーだった」（森山寛元副社長）と伝わっている。

益田は1913年、鹿児島県徳之島に生まれ、少年時代から地元で「神童」と呼ばれた秀才だった。一家は我が子を立身出世させようと、島を離れて鹿児島に移り住んだ。益田は旧制七高から東京帝大法学部に進学し、大学2年生のときに高等文官試験（戦前の高級官僚登用試験）の行政科と司法科に合格したといわれる。卒業と同時の38年、新興財閥として燦然と輝いていた日産に憧れて入社し、30代で人事課長や経理課長などを歴任。戦後まもない46年2月にできた労働組合（後に全自動車日産分会）に入り、49年から組合長を務めていた。日産の労組はトヨタ自動車、いすゞ自動車の労組と産別組織「全日本自動車産業労働組合」（全自動車）をつくり、益田は50年、この全自動車の委員長にも就任した。

鮎川からもその聡明さが可愛がられたという益田は、たたき上げ労働者出身ではない、秀才型の労働運動家だった。毎朝4時から読書をし、少壮の学者や官僚らを集めた「特別調査機構」という勉強会を主宰した。ひとたび話し始めると、みなそれに引き込まれる不思議なカリスマ性があった。中央委員会も大会もまるで「益田にものを聞く会」といった趣で、益田が発言すると、代議員たちは「これが結論だ」と納得して反論しない。その様子は「反応のない講義をしている大学教授のようだった」という(朝日新聞52年7月11日夕刊)。弁舌巧みで颯爽とした様子は、他の労組幹部が「かっこよすぎる」と焼きもちを焼くほどだった。

もし彼が労組に足を踏み入れなければ、おそらくは順調に出世し、経営を担っていただろう。エリートコースにいた益田が労働運動に身を投じた背景には、日産の経営側が当初、労組に理解を示していたことがある。報知新聞の営業局長出身である箕浦多一はリベラルな考え方の持ち主といわれ、取締役総務部長のときに労組結成の動きを知らされると歓迎し、京大卒の文書課長に規約づくりを手伝うよう命じている。この文書課長は組合結成と同時に書記長へと転じた。

このころは課長も組合員だったため、益田を始め課長クラスが続々、組合活動に身を投じ、後に社長になる石原俊も労組の技術分科会の幹事長を務めている。46～49年までは労組側は職制幹部を「良心的」とみなし、協力的な関係にあった。財閥解体と公職追放によって経営の方向感が定まらないなか、会社側はむしろ、工場の管理や生産計画の立案を、実務を知る課長が加わる労組にゆだねた。

全自動車日産分会は職場に基盤を置き、課ごとに「職場委員会」を設け、職場委員会は職場の責任者（主に課長）に対して職場交渉をし、工場のラインの速度や残業、配転、要員計画を決めていた。正規の課長とは別に、「組合課長」と呼ばれた職場委員長（職場長）の権限は大きく、ベテランの組合活動家が選ばれ、非専従にもかかわらず勤務時間中に堂々と組合活動を行っていた。共産党全盛の時代でも、益田は共産党とは一線を画し、組合主義（サンディカリズム）的な考え方をしていた。戦争で痛めつけられた生産を組合主導で復興させ、前途有望な新産業である自動車産業を軌道に乗せたかった。

そんな蜜月が崩れるのは、ドッジ・ラインの引き締め策の余波で49年に２０００人の削減計画が明らかにされたときだった。経営に協力してきた益田からすると、裏切られた思いだった。社員の５人に一人の割合で解雇される事態を「興業銀行（興銀）の融資を受け、その指示のとおりに『企業整備』を強行する代償として、おれたちを首切るとは何事か」（『明日の人たち』）と受け止め、労組は急速に先鋭化していった。

日産の経営側は何をするにしても、幅広い権限を持つ労組の職場委員会の了承を必要としたから、労組との協調関係がひとたび崩れると、とたんに、生産が思い通りにいかなくなった。敗戦によって立ち遅れた技術を少しでも国際水準に引き上げようと52年、英オースチン社との間で同社の乗用車をノックダウン方式で組み立てる契約を結んだばかりでもあり、経営側は一刻も早く生産の主導権を奪還したかった。

それに対して日産、いすゞ、トヨタ各労組で作る全自動車は、日本最大の全国的な労働組合の中央組織（ナショナルセンター）である「総評」（日本労働組合総評議会）内の最左派の労組として存在感を増し、単独講和反対など政治闘争でも表舞台に登場した。益田は「二度と戦争を起こしてはいけない」と反戦意識が強く、それはこの時代の社会に広範に共有された価値観だった。

急進化する全自動車日産分会は、賃上げなど経済闘争だけでなく、トヨタの人員整理に反対する「トヨタ同情スト」や、スト弾圧に抗議する「抗議スト」など、なにがしかの理由づけをしたストを頻発した。1年のうち2カ月は争議に費やされるため、「1年を10月で暮らす自動車屋」と揶揄されるようになった。

日産育ちの役員が益田に融和的なのに対し、興銀から送り込まれた川又克二はこの事態を「下剋上」と受け止め、日経連から労組対策の手ほどきを受けるようになった。日経連は、日産の経営陣を手ぬるいと見て、益田を叩きのめす機会をうかがっていた。

益田は53年、全自動車委員長から再び日産分会に戻り、日産分会は5月、大幅な賃上げを要求した。しかし、当時すでに日産の賃金は、給与水準の高い朝日、毎日両新聞社と並び、東芝や石川島重工業（現ＩＨＩ）より４割も高い水準にあった。それだけに川又は「今度はいい加減に妥結するわけにはいかない。いま組合と徹底的に戦わなければ会社の前途は絶対に危険になる」と全面戦争の決意を固めた。組合員の中にも「賃上げ方針は企業の実態を無視している」と益田に造反する動きが現れ、川又はそんな反益田グループを支援した。会社側は、それまで課長が組合員になることを認めていたのに一転して非組合員化を通告し、勤務時間中の組合活動については賃金を支払わない「ノーワーク・ノーペイ」を宣言、賃上げ交渉に一切、臨まない強硬な姿勢を示した。

挑発された日産分会は賃上げを断念し、一時金だけの交渉に絞る譲歩案を打ち出したが、会社側はそれすら拒否した。いつになく会社側は強硬で、組合幹部が「いままでと違うんじゃないか」と忠告しても、自信家の益田は「いや、いつもの戦術ですよ」と取り合わない。追い込まれるように横浜本社工場の組み立てラインの無期限ストに突入した。だが８月４日、共闘体制を組んでいたトヨタやいすゞの労組が会社案で賃金交渉を妥結し、日産分会だけが取り残されると、会社側は工場をバリケード封鎖し、ロックアウトした。暴力団風の男たちがにらみを利かせ、組合員が工場に入るのを許さなかった。

その直後の８月７日午後６時45分ごろ、益田は新子安の自宅に帰宅しようとバスを降りたところ、多数の警官隊に取り囲まれ、横浜地検に暴力行為等処罰に関する法律違反容疑で逮捕された。同日、書記長や執行委員ら4人も逮捕。翌日にはさらに職場委員も逮捕され、やがて吉原工場でも組合活動家4人が逮捕された。容疑は、益田たちが多数の組合員と一緒に会社側の課長や係長をつるし上げて脅し、けがを負わせたというものだった。益田らが起訴されると、会社側は21日、益田ら6人を懲戒解雇した。

警察は労使紛争に介入したと見られるのを嫌い、逮捕という強硬手段に乗り気ではなかった。横浜市警の小林正基本部長は「干渉と思われる事態を起こさないように消極的にさえ考えて」いたが、「検察庁が断固として実施されるという決意を持たれた以上」、出動させざるを得なかった、と国会で証言した。日産が警察ではなく地検に告訴状を提出したため、地検から「逮捕について協力してもらいたい」と申し出があったという（衆・参労働委員会会議録による）。邪魔者の放逐に検察を利用する手法は、この65年後にも用いられることになる。

益田たちの逮捕と解雇を待っていたように同30日、労使協調路線を取る「日産自動車労働組合」の結成大会が東京・浅草で開かれ、全自動車日産分会と対決する第二労組が産声を上げた。横浜工場経理部原価課にいた宮家愈《みやけまさる》を中心に「民主化グループ」が作られ、そのメンバーに加わったのが、まだ新入社員の塩路一郎だった。

後に日産労組の「天皇」と呼ばれるようになる塩路は旧制中学を卒業後、日産コンツェルンを構成していた日本油脂に入社。そこで共産党指導下の激しい労働運動に遭遇して疑問を持ち、戦前の共産党から転向した鍋山貞親《さだちか》が主宰する世界民主研究所で反共主義の研究会に所属するようになった。鍋山の研究会は後に民社党・同盟ブロックに連なる右派労組活動家を輩出しており、塩路は日産入社前からこうした民間労組の反共活動家に人脈を持っていた。旧帝大卒が多い日産の新入社員の中に、途中入社で、しかも明大の夜間部出身（途中で昼間部に編入したという）というのは異例である。つまり塩路は最初から「分裂要員」として採用されたのだろう。

逮捕と解雇によって、組合員に広まっていた益田信仰が打ち砕かれると、長期化する闘争への厭戦気分も手伝って、組合員は雪崩を打って日産労組へ鞍替えしていった。それでも日産分会にとどまろうとする者は不本意な部署に左遷され、さらに監視がついた。会社側は露骨な差別や弾圧を繰り返し、強引に転向させていった。

日産労組は9月19日、工場再開を求める決起集会を開催し、会社側もこれを受けて工場を再開した。団交拒否にロックアウト、逮捕と解雇、そして第二組合の結成……、益田を放逐する陰謀は周到に仕組まれていた。このあと日産分会は54年末には300人を割るほど人数が減少し、日産分会が主力労組だった産別組織「全自動車」も解散に追い込まれた。総評最強と言われた全自動車はたった7年でそのエネルギーを使い果たし、消えていった。刀折れ、矢尽きた益田は56年、分会に最後まで残留していた70人全員が日産労組に加入する申込書を仇敵の日産労組に提出し、分会は消滅した。

全自動車解散後、益田は仲間に「会社からどんな仕打ちを受けてもこたえなかったが、労働者が私を放り出すとはなあ……」と意気消沈してこぼしたという。鮎川との交流はこの当時もあったようで、自宅から鮎川邸に金策の電話をかける姿を組合員に目撃されている。

日産会長になっていた箕浦は、争議収束後の日経連との座談会（「経営者」53年11月号）で、益田について「自惚《うぬぼ》れが過ぎてしまった」と指摘し、こう批判した。「あれだけの大損害を自分の組合に与えておいて、その見解が間違っておったというようなことを少しも反省していない」と。益田はこうした批判に対して沈黙を守り続けた。後年、妻子と離別し、板橋区の町工場で働いたが、東京五輪開催を控えた64年夏、脳出血で急死。享年50だった。

創業者の鮎川に続いて労組のカリスマ指導者の益田も、歴史の大きなうねりに飲み込まれた。労働界は、100日ストにおける全自動車日産分会の壊滅的敗北を機に、個別企業が単独で賃上げを目指すのではなく、「闇夜にお手々つないでいこう」（総評議長の太田薫）と、連帯して賃金要求する「春闘」方式を立案し、定着させていった。

産声をあげたばかりの第二組合の日産労組の組合員は、第一組合である全自動車日産分会の活動家とは打って変わって、うぶだった。川又は、労使交渉の席など「ほほえましくなるほどあどけないものだった」と振り返っている。

塩路天皇

益田の組合に対峙したのは技術屋出身の浅原源七社長だったが、背後に回って労組つぶしの策をめぐらしてきたのは、興銀出身の専務の川又克二だった。だが、外様の川又が求心力を得ることをやっかむ日産生え抜き組の間で、川又を放逐するクーデターが計画された。浅原に連なる日産生え抜き組が、秘かに川又を子会社に追い出そうと画策。興銀に「川又が増長し、赤坂で遊び呆けている」と讒言《ざんげん》し、興銀からも人事異動の内諾を得た。このときのクーデター派の一人が後に社長になる石原俊で、彼は「おとなしく引き下がった方がいいよ」と川又に引導を渡しに行ったという。結局、クーデター計画を事前に知った労組の宮家愈が、工場のラインを止め、つまり「生産」を人質に取ったうえで、興銀に乗り込み、「争議を終わらせた殊勲者を更迭するとは何事か」とねじ込んで、このクーデター計画は未遂に終わった。

川又が浅原の後を襲って１９５７年に社長に就くと、自身を追い払おうとした連中に報復人事を行った。「古参幹部の中には現実に川又失脚で動いた人がいたから、川又さんが権力を握った後は古手をパージしていったんです」と元幹部は言う。川又に引導を渡しに行った石原もその一人だった。50人もの部下がいた経理担当から、部下が十数人しかおらず、この当時はまだ、あって無きがごときものだった輸出部門に左遷された。このときを振り返って石原は「人事問題に絡んで私の信念を申し上げたことが、気に障られたようだ。もう、川又さんは私をあまり信用しないだろう」と『私の履歴書』に記している。

権力を掌握した川又だが、興銀からの天下りの彼は資金繰りや財務には明るくても、自動車や技術開発のことはよくわからなかった。「トヨタのようなトヨタ生産方式を確立することなく、日産はいろんな方式が併存し、最後まで日産ウェイというのを確立できなかった」と元幹部。創業の地である横浜工場に加えて、量産工場として61年に追浜《おっぱま》工場（神奈川県横須賀市）ができ、さらに65年には座間工場ができたが、各工場の独自性が強く、後発工場は、先行する工場に生産手法を学ぼうとしたがらなかった。結果的に各工場がそれぞれの独自の方式を編み出す日産特有の「工場割拠主義」がとられるようになった。設計部門も従来の日産方式に加えて、66年に吸収合併した旧プリンス自動車の設計方式が併存した。生産・設計にいくつもの流儀が併存し、競い合うように並立することになった。

一方、川又と組んだ宮家は労組から経営幹部への転身を図り、後任の労組トップに就いたのが、宮家の部下だった塩路一郎だった。

ここで、日産にとっては外様の川又と労組のボスの塩路が手を組み、経営側が独裁的な労組幹部を支える特異な体制が62年に確立した。以来、この体制が四半世紀近く続くことになる。労働争議を解決した川又は、鮎川ゆかりの古参幹部を冷遇する半面、存命中に自身の銅像を追浜工場に建て、まるで「第二の創業者」のようだった。川又は自身を社長にしてくれた労組に迎合的だったし、塩路は後見人の川又の存在が自らの威光のよりどころだった。

塩路はＵＡＷ（全米自動車労組）にパイプを持ち、日本の労働運動家にしては国際感覚もあった。塩路がＵＡＷの大会に出席するため米国出張したのに偶然出くわした米国勤務の社員は「アメリカに来ると、すぐ遊びに行きたがるのがウチの社員だが、塩路さんは違ってね。ステテコ姿で夜遅くまで黙々とスピーチ原稿を書いていたよ。ああいうのはウチの社員にはいないな」と彼のタフさを認める。労組がリーダーシップ研修など若手養成のプログラムを持ち、若手や中堅層の人材育成機能を有してもいた。縦割り組織で官僚的な社風の日産の中にあって、労組が会社を束ねる求心力になっていた。特に大卒ホワイトカラーに反感を抱きがちな現場の工場労働者ほど、そうだった。職場の困りごとなど、労組がきめ細かに面倒をみたという。

塩路の基盤は、そんな現場の職場支配にあった。旧敵の益田率いた全自動車日産分会は、課ごとに職場委員会を設け、工場のライン速度や残業、要員計画などさまざまな生産計画を決める権限を持っていた。ストを多発して会社側を揺さぶることができたのは、こうした職場に根を下ろした強固な「下部構造」があったからだった。同じように塩路の日産労組も、工場の部や課ごとに生産に関する協議ができる仕組みを整えた。残業にしろ、生産台数にしろ、労組が「ウン」と言わない限り、ものごとが進まない。左翼の益田と中道右派の塩路では、そのイデオロギーは異なるが、労組が生産現場を牛耳る「下部構造」を有する点では似ていた。

塩路の日産労組は、あらゆることに労使協議の網をかけてきた。

海外出張すら経営側の思い通りにはいかなかった。後に副社長となる森山寛は設計部門の人事課長だった70年代終盤、真冬のフィンランドで極寒地の車の性能をテストしようと、実験部門の監督者の海外出張を労組の支部に提案した。海外出張がまだ珍しく、労組の事前承認が必要だったからである。厳寒の地でデータを取るため、実験部門が推薦する社内の専門家を派遣しようとしたのだが、労組から「別の人を行かせてほしい」と横やりが入った。だが、労組の推薦する人は、まったく畑違いの人物で、こうした実験には向いていない。労組の支部役員は「せっかくの海外出張の機会だから組合活動に熱心な人を行かせたい」と強く推す。万策尽きた森山は「しょうがない。本部委員長に直談判する」と啖呵を切った。すると初めて支部役員が「委員長をご存じでしたか。ではわかりました」と折れてきた。

「一事が万事、こんな感じ。こういうくだらない、組合による業務の口出しがいっぱいありました。残業時間、人事異動、監督者の任免、懲戒、そして海外出張まで、ありとあらゆることに注文がつきました」。そう森山は言う。それでも、会社がやっていけたのは高度成長時代のモータリゼーションのおかげだった。日産の病理を成長が覆い隠した。

79年に入社し、追浜工場の人事課に配属された嘉悦朗《かえつあきら》（後に執行役員を経て横浜マリノス社長）は、労組が増産の認可権を持っているのに驚いた。当時は「ブルーバード」が売れ、販売店に回す車が不足していた。だから増産したいのに、労組の支部が休日出勤や残業を認めたがらない。労組を通さないと何も進まない状況を労組が作り出していた。嘉悦は「労組の、そして塩路さんの権勢を誇示する狙いがあったと思います」と振り返る。

権勢の誇示は、社員の昇格時でも発揮された。日産では課長への昇任が決まると、新任課長は連れ立って労組の事務所に塩路を表敬訪問するのが習わしとなった。20～30人の新任課長がずらりと並ぶなか、塩路が組合と良好な関係を維持する心得のようなことを話し、一同、有難く拝聴して退出する。こんな「儀式」が毎年繰り返された。

信望があった益田に対して、塩路は恐怖によって組織を統治した。不満分子を監視し、力ずくで言うことを聞かせるやり方は、益田の組合をつぶすときに採った手法と似ていた。名門大出身者が多い日産の中で、成り上がり者の塩路は虚勢を張って自分を大きく見せようとした。

塩路は自身の「大物ぶり」を印象づけるため、わざと会合に遅刻した。「塩路さんから『会おう』と言われたので、約束の時間に待っていましたが結局、待てど暮らせど、現れなかった」「約束した時間よりも何時間も遅れてやってきた」と日産OBは口々に語る。森山は夜中、カラオケスナックで塩路と一緒に飲んだ後、塩路が「報告を受けることがある」と言って、浜松町の自動車労連会館に戻るのを送り届けたことがある。トップの塩路が午前1時過ぎに労連に戻るため、書記たちは不在の主を待ち続け、帰宅できない。そんなところから、会館は深夜まで煌々と灯がつき、「不夜城」と呼ばれた。「どんな理不尽なことにも従わせたかったんだろう」と森山は言う。

80年代初頭に自動車業界を担当していた朝日新聞記者の山田厚史は、塩路と飲んだ後、「もう一軒行くかい」と連れていかれた銀座のクラブの光景が忘れられない。そこには、塩路が待たせていたらしく、日産の系列メーカーの役員クラスが十数人も勢ぞろいしていた。いずれも労組OBから系列に天下った人たちで、全員を待たせていたようだった。塩路が入っていくと、彼らは立ち上がって一人ひとりあいさつした。「そんな光景を担当記者に見せつけて自身の権勢を誇示したかったのだろう」と山田は受け止めた。

石原俊が77年に社長に就任すると、塩路の権勢に衰えが生じた。石原は塩路が経営に干渉することをやめさせ、影響力の排除に腐心するようになる。それに反発する塩路は、英サッチャー政権の肝いりで石原が進める英国への工場進出計画に反発。ついには自動車労連と日産労組は83年8月、経団連会館で記者会見を開き、「英国工場は巨額の赤字を招く」と計画中止を求めることを表明した。労組が会社の経営方針に公然と反旗を翻したことを公表するという異常事態だった。

米国が日米貿易摩擦の解消を訴え、日本メーカーに対米輸出規制と現地生産を促すのに対し、石原は米国ではなく英国を重視した。当時、自動車業界を担当している記者の間では、米国への工場進出を重視する塩路の考えの方が石原よりも「卓見」に映っている。「当時は貿易摩擦が最大の焦点で、怒っているのは米国なのに『なんで石原は英国なのか？』と思った」（山田）。

だが、労組が公然と英国工場に反対したことは、塩路の威信の崩壊の始まりだった。国際化や経営に弁が立っても、裏では異論を許さず服従を強いる彼のやり方を疎む空気が広がっていた。自動車労連が84年の運動方針案に「職場に不安や疑心を抱かせる一部経営者の動きがある」と、名指しではないものの石原批判を盛り込んだところ、本社勤務の社員で作る東京支部（3000人）が公然と反発し、反対決議をした。鉄壁の支配は、崩れ始めると意外にもろかった。86年には日産労組の代議員の圧倒的多数が塩路の退任申し入れに賛同した。益田を信奉していた組合員が瞬く間に転向したように、塩路支配に服していた組合員の変身も鮮やかだった。

「塩路さんは、労組の民主的な運営という点で、かなり問題があった。それに倫理的な問題も大きかった」。日産労組の委員長を経て自動車総連会長を務めた西原浩一郎は、そう指摘する。日産労連50周年の式典にも「組織的混乱を招き、労使関係や執行部内に亀裂を生じさせたトップとしての責任がある」（西原）と、塩路は招かれなかった。不本意ながら日産と労働界を追われた塩路は後年、JAL労組のOBが作るコンサルティング会社で余生を送った。かつての益田がそうだったように、塩路は慢心が過ぎ、そして組合員たちに見捨てられた。益田と塩路という対極的な二人は、似た末路をたどった。

石原と塩路は80年代、どちらが力を持っているかを見せつけるかのようにぶつかり合った。トヨタとの差が開くなか、日産は労使内戦に力を消耗させた。「エネルギーの6、7割を組合問題に費やした」と石原は振り返る（『私の履歴書』）。だが、塩路を放逐した後、経営権を取り戻したはずの日産に栄光の時代は長くは続かなかった。

放漫経営

塩路一郎を放逐した石原俊は、後に日本経済新聞に連載した『私の履歴書』の中で自分が「闘将」「猛将」「剛腕経営者」、さらには「燃えるライオン」などと評されてきたと紹介している。塩路と同じようにクルージングを楽しみ、見栄っ張りなところがある男だった。日産は彼の名誉欲から次第に経営の規律を失ってゆく。

石原は社長在任中、海外展開を急加速させていった。塩路との全面戦争のきっかけとなった英国工場の進出計画に加えて、1980年には、米国に小型トラック工場の進出を発表、イタリアのアルファロメオとの合弁会社設立、ドイツのフォルクスワーゲン（VW）との提携、スペインのトラックメーカー、モトール・イベリカの買収と矢継ぎ早に打ち上げた。だが、派手にぶち上げた海外展開は、相次いで惨憺たる結果に終わった。

広範な業務提携をうたったVWとの提携は、日産の座間工場で同社の「サンタナ」を月2500台生産する程度の成果しかなく、石原自ら『私の履歴書』の中で「竜頭蛇尾に終わった」と認めざるを得なかった。アルファロメオとの提携によって、日産の「パルサー」の生産をイタリアの同社工場で始めたが、これも思うように売れず、工場はしばらくして閉鎖された。そのうちにアルファロメオがフィアットに買収されて、日産は87年、アルファロメオとの合弁解消に追い込まれ、石原はこちらでも「国際事業の難しさを改めて認識させられた」(前掲書)と反省せざるを得なかった。

100億円で35・8%の株式を取得したスペインのモトール・イベリカに至っては、買収した時点ですでに粉飾決算が疑われたのに、十分な精査をすることなく買収が強行されている。傘下に収めた後も慢性的な赤字が続き、日産は同社の増資引き受けを繰り返し、累計400億円以上の資金支援をせざるを得なかった。後に抜本的なリストラ策を担当した幹部は「この買収は完全に失敗だった」と恨めし気に語った。

日産はこのころ、すでに国内販売が恒常的な赤字状態に陥っていた。トヨタを始め乗用車メーカー8社がしのぎを削る国内販売で、経営指標となっている販売シェアを維持する安易な方法として値引きが蔓延した。日産は主に米国販売からもたらされた潤沢な利益を、国内販売店向けの販売奨励金に充当し、これが国内販売競争の値引き原資に充てられた。

すでにこの当時、5000億円もの負債がある日産は、無借金で、なおかつ余裕資金を運用しさえしているトヨタには、どんなに逆立ちしても金融収支の分、かなわない。社内には「海外展開みたいな派手なことばかりやっていないで、国内販売をきちんと立て直さないといけない」という危機感があったが、100日スト直後の54年に取締役に就任し、92年に会長を退くまで役員在任期間が38年間に及ぶ石原に対して直言できる居士はいなかった。石原の社長就任時30％強あった国内販売シェアは、彼が会長に就任し、久米豊に社長を譲る85年には27％台に凋落していた。

続く久米の時代はバブル経済に突入し、日産は、一大ブームをおこした高級車「シーマ」や、流麗なデザインが当時の若者に受けた「シルビア」「180SX」などヒットを連発し、バブルピークの88年は8年ぶりにシェアが上昇した。「シーマ現象」は88年の流行語大賞の銅賞を受賞し、つかの間の栄華の時代であった。東大工学部航空原動機学科を卒業したエンジニア上がりの久米は、座間工場工務部長や吉原工場長を歴任した工場育ちで、時代の風潮もあいまって「これまでの守りの姿勢から攻めの姿勢に」と積極策を唱え、新車開発や工場の設備増強に惜しげもなく金を使った。

90年に九州工場内（福岡県苅田町）に1000億円をかけて着工した第2工場は、台車の上に車体を載せて自動的に搬送するインテリジェント台車や、ボタン一つでラインに流れる生産車種を切り替えられるフレキシブル生産システムを導入し、人手をあまり必要としない自動化を実現した。日産は世界最高水準の自動化率を実現し、世界最先端を行く「夢工場」を自称した。久米はさらに隣県の大分県にもエンジンと変速機を生産する工場を新設しようと、93年に大分臨海工業地帯に工場用地を買い取った。

トヨタと比べて脆弱な販売網を拡充しようと、全国3000店舗を1割増やすことや販売店の累積損失を日産本体が肩代わりすることなど販売強化策に2年間で5000億円を投じた。多角化の一環として91年には移動体電話事業への参入を決め、後にツーカーを始めた。バブルの時代、銀行は貸し出しに走り、石原時代に5000億円だった負債は久米時代に1兆円に累増した。

つかの間のバブルの時代が日産の黄金期だった。久米が腹心の辻義文に社長を譲り、会長に就任した92年度決算は、終戦直後の45年度以来の赤字に陥った。宴はあっという間に終わった。数年間にわたって生産能力を大幅に増強してきたものの、バブル崩壊が襲い、国内の販売台数は急速に落ち込んだ。大分への工場進出は見通しが立たなくなり、「約束が違う」と怒った大分県と裁判で争うことになった。ツーカーはNTTドコモにはるかに及ばなかった。ツーカーの投資額4000億円を日産は債務保証しており、ただでさえ脆弱な日産の財務体質の足を引っ張った。

このあと日産は99年度まで8年間のうち7年も赤字となり（96年度だけ黒字）、慢性的な赤字体質から抜け出せないようになった。経団連副会長だった久米は財界総理の経団連会長のポストをうかがったが、業績の急速な悪化は、とてもそれを許す状況にはなかった。

久米のツケを背負わされた辻義文が社長の時代、経営は漂流した。就任直後に赤字転落した辻は、主力工場の一つだった座間工場を閉鎖し、5000人の人員削減に追い込まれた。横浜工場工務部長や栃木工場長などを歴任した辻は生産技術には精通していたが、会社全体の経営となるとお手上げだった。経理担当幹部が説明に上がると、辻の質問はあまりにも基礎的なことだったので、経理のスタッフ一同「この人、何もわかってないんだ」と驚いた。

辻はリストラ策について「知恵を出せるのは現場しかない」と現場の発案にゆだねたが、工場や販売の現場が自らの首を絞めるような抜本策を講じるはずがない。「リストラはトップダウンでしかできないのにボトムアップでやろうとするから、辻さんの時代は、ことごとく裏目に出て、打つ手が遅きに失した」。後にカルロス・ゴーンの鮮やかなリストラ策を見せつけられることになる元経営幹部は、そう言って辻の限界を指摘した。

辻時代の経理部長は社内の危機意識の乏しさを危ぶんだ。「バブルが崩壊してしばらくたつのに、日産は設備投資を止めるのが遅かった。深刻さが社内に伝わらないんです」。辻の統治の4年間、日産は一度も黒字にならなかった。辻が社長を退任するころ、日産のシェアは21％に低落し、トヨタの39％とダブルスコア近く引き離された。

塙義一《はなわよしかず》は96年、満を持して社長に就任した。東大経済学部を卒業後、57年に日産に入社。長く人事部門を歩み、石原が社長の時代に米国工場開設準備室に勤務し、後に取締役企画室長や常務兼米国日産会長などを経て、91年に副社長に就任。早くから久米の後任社長候補と評されてきた日産の〝プリンス〟だった。身長１７４センチの細身でロマンスグレーの彼は紳士的に見え、社内外にファンが多かった。

前任の辻は「赤字は僕の代で終わりにしたい」と言い、確かに塙が登板すると、日産は96年度に5年ぶりに黒字に転換した。塙は黒字化が見えていた96年12月、記者会見を開き、国内販売シェアを２０００年に25%、10年には30%に復活させる販売方針を掲げた。塙は記者たちに「実力を十分に発揮すれば可能」とぶち上げたが、具体策については説明がなかった。塙には「昔はトヨタと同じシェアだったのに、いまや半分……」という無念の思いがあった。昔日の栄光を取り戻したかった。

シェアアップの大方針を聞かされたとき、国内販売を担当していた森山寛は耳を疑った。

「国内販売の歴史を見ると、社長から号令がかかるたびに行われたのが、販売店に販売奨励金を出して、車を実質値下げする。いわば安売りです。長い目で見ると、会社のブランド価値を毀損し、財務も痛めてしまうんです」。森山は「会社の体力を奪うだけです」と、かつて人事部門の先輩でもあった塙に進言したが、「お前がそんなことを言うのか」と逆に叱られてしまった。財務や経理部門を所管した安楽兼光《あんらくかねみつ》も「売れそうな新車もないし、金もないのに、とてもできない」と思ったが、「新社長の大方針だ」という声にかき消された。当時、日産の背後にホンダが忍び寄り、シェア2、3位が逆転する「日産、3番手の危機」が現実味を帯びていた。塙はホンダの後塵を拝したくなかった。

塙は米国担当の副社長時代の1995年ごろ、米国でも販売台数を増やそうと、「短期リース」という販売手法に手を染めていた。人事など管理部門出身の塙は米国の自動車販売に明るくなく、実務は米国日産CEOのボブ・トーマスにゆだねた。このトーマスが持ち込んだのが「短期リース」という手法で、大学生ら低所得者層に日産の車を買ってもらうため、車を2、3年間、月々安いリース料でリースした。これだと、車の台数がさばけて毎月のリース料収入は入ってくるものの、リースの契約期間が終了する数年先には、日産は相手から車を引き取り、膨大な中古車在庫を抱えることになる。リース料を割安に設定したため、日産は後日、割高な中古車を引き取らなければならなかった。

「北米の自動車金融でつまずいたのが日産の悲劇の始まりだった」。グループ会社の社長に転じた元常務はそう指摘する。後のサブプライムローン問題と同じ構図だった。日産は数年先に爆発することがわかっていた爆弾を米国で抱えこみ、トーマスは爆発前に高額の退職金を手にして日産を後にした。

日米で塙の増販攻勢の大号令が下るなか、97年に入って日本経済は奈落の底へ突き落とされていく。アジア経済危機が広がるにつれ、山一證券や北海道拓殖銀行が相次いで経営破綻し、銀行は「貸し渋り」を始めた。このとき日産の有利子負債は2兆5000億円に達していた。それまで気前よく貸してくれた銀行が日産への融資に躊躇するようになった。

経理部門の危機感は強まった。部長以上を集めた「部長フォーラム」では、経理担当の安楽が「破綻の可能性がある」と深刻な表情で一同に告げた。配布した資料には危機感を共有してもらうため、あえて「破綻」の言葉を用いた。ムーディーズやS&Pのような格付け機関がいまや日産の生殺与奪の権を握っていると説明し、「格付けを下げられたら資金調達ができなくなる。そうなると破綻してしまいます」と打ち明けた。聞いている部長連中には寝耳に水のことで、しかも「格付け」をよく理解していなかった。「社長、経理がこんなことを言っていますが、実際のところ、どうですか」。会場から塙に質問が飛び出した。

塙は「経理はいつもそういう針小棒大なことを言うんだよ。経理の言うことなんか気にするな。日産は大丈夫だ」と答え、打ち消した。日産の社風は伝統的に「他責の文化」と呼ばれ、我が事とせずに他の部署に責任を押しつける風土がある。売れないのは、売れる車を造れない開発のせい、いや車を売ろうとしない販売のせい……。部門が割拠し、全体を見渡すことがない日産に特有なカルチャーだった。未曾有の経済危機が日本列島に襲来しているにもかかわらず、社内に危機意識が共有されなかった。

安楽の記憶では、塙が焦りだすのは年が明けた98年、東京三菱銀行が海外の資金調達を断ってからだった。日産は米国における短期リースで拡販した車が中古車として戻り、不良在庫として抱え込んでいた。トヨタやホンダが米国で巨額の黒字を稼ぎ出すのに、日産は米国で800億円もの損失を計上するまでに追い込まれた。

日産の97年度決算は再び赤字に沈んだ。

外資傘下

鈴木裕は取締役企画室長になってまもない1997年7月ごろ、塙義一社長に「すぐ来てくれ」と呼びつけられた。ダイムラー・ベンツのユルゲン・シュレンプ会長と経営企画担当の上級幹部エックハルト・コルデスが来日し、日産傘下のトラックメーカー、日産ディーゼル工業を買収したいというのだった。「我々はトラック事業で東南アジアに橋頭堡を築きたいのだが、交通規制がすべて日本に即した仕様になっていて……」とシュレンプ。塙と一緒にその申し出を聞いた鈴木には、彼らの提案は「なるほど」と思える内容だった。

ダイムラーはこの当時、東南アジア諸国のトラック市場に参入したかったが、日本メーカーが90％近いシェアを持つ牙城に入り込めなかった。日本勢が圧倒的に強いその市場は、交通規制が日本車に即したものになっていた。道路の幅員や車庫の高さなど細かな仕様は、日本の仕様がそのまま東南アジア市場で慣習的に採用されていたため、よそ者のドイツ人が割り込もうにも、彼らに理解できる明文化されたルールブックがあるわけではなかった。困惑したドイツ人にこのとき、格好の獲物と映ったのが日産傘下の日産ディーゼルだった。日本のトラックメーカーは、いすゞ、日野、三菱ふそう、日産ディーゼルの大手四社で市場を分け合ってきたが、日産ディーゼルは疲弊し、青息吐息にあった。ドイツ人は、これを手中に収め、未知の市場に入り込む皮算用をした。

塙は9月、フランクフルトのモーターショー出席を名目にシュレンプとトップ会談を行い、日産ディーゼルの売却交渉に入ることで合意した。担当役員になった鈴木は日産の財務状況を知って驚いた。「日産本体の借金が多くて、とても日産ディーゼルを助けられん」。企画室には志賀俊之が先任でいた。これから本格的なM&A交渉に入るため、鈴木は12月、法務・渉外部で部下だった杉野泰治を「悪いけど手伝ってくれ」と呼び寄せ、「詳しいことは志賀君に聞いて」と伝えた。

年末年始を家族とハワイで過ごすはずだった杉野は休日、国道沿いのファミリーレストランで志賀に会った。志賀は「日産ディーゼルの中身をきちんと精査しないといけないね」と言い、杉野も「つぶすわけにはいかないですよね」とうなずいた。杉野がハワイから「ウチは情報が漏れやすいから外部に部屋を借りましょう」と企画書を送り、極秘プロジェクトが始まった。

鈴木裕は、評論家風の幹部社員が多い日産にあって、珍しく社長にも啖呵が切れる胆力の持ち主だった。湘南高、東大法学部と進み、67年に日産に入社。日米貿易摩擦が激しかったころのワシントン事務所長や渉外部長を歴任し、将来の社長候補との呼び声も高かった。取締役企画室長としての彼の分掌は、つまりは日産のサバイバル作戦の指揮官だった。その下に、他人の懐に飛び込むのがうまい交渉上手な志賀、法務の切れ者の杉野らがついた。50代の鈴木を別にすれば、あとは40代の課長クラスだった。

東銀座の日産本社から東京を半周した代々木に秘密のマンションを借りて、会議机を持ち込んだ。そこは彼らのアジトだった。世界中に日産ディーゼルの買い手を募ったところ、手を挙げたのはダイムラーを始め、スウェーデンのボルボ、米フォードと米ナビスターだった。杉野が面接をしたところ、一番意欲があったのは、やはりダイムラーだった。

日産は98年3月、日産ディーゼルをダイムラーに売却することをほぼ内定し、あとは細目を詰めるだけとなった。OBの指定席だった日産ディーゼルの社長ポストも初の同社生え抜きを内定した。売却交渉の全権は、日産は鈴木、ダイムラーは商用車部門トップのクルト・ラウク。ダイムラーはフィナンシャル・アドバイザー（FA）にゴールドマン・サックスを雇い、価格や条件を詰めていく。外部のFAや渉外弁護士を雇う本格的なM&A交渉に、この当時の日本企業は不慣れだった。

交渉が進むうち、ドイツ人は日産ディーゼルの財務内容に恐れをなした。連結子会社との意図的な期ずれや販売店への奨励金の未計上など粉飾まがいの決算処理が横行し、退職給付債務（この当時の多くの日本企業がそうだったが）は計上不足だった。さらに日産ディーゼルの工場の稼働率が低いため、親会社の日産が中型トラックの製造をゆだねて「ミルク補給」していた。ドイツ人は唖然とし、それを「不稼働コスト」と呼んだ。「我々が買収した後も最低5年間、日産本体がこの不稼働コストを埋めてほしい」。ダイムラーは、日産ディーゼルの価値を低く見積もり、さまざまな注文をつけた。

交渉が大詰めを迎えるなか、ダイムラーのコルデスが鈴木に電話を寄越した。「交渉を凍結してほしい。なぜかは言えないが、来週ロンドンで開く記者会見を見てくれれば、その理由はわかるでしょう」。怪訝に思った鈴木だが、飛び込んできたニュースを聞いて得心した。98年5月、ダイムラーと米クライスラーの合併がロンドンで発表された。見覚えのあるシュレンプが、クライスラーCEOのボブ・イートンと握手していた。

この「世紀の大合併」を機に自動車業界の再編が一気に加速する。そして日産は自らが企図することなく、その中心プレーヤーとして巻き込まれていった。

ドイツ人との交渉が中断すると、フランス人の番だった。ルノーのルイ・シュバイツァー会長は98年6月、日産と三菱自動車に対して「提携戦略について協議したい」という書簡を送った。ルノーはこのころボルボとの経営統合交渉が決裂し、新たな組み手を探していた。いきなりトップに書状を送りつけるのは日本では礼節を欠くと受け止められかねないやり方だが、シュバイツァーはそれほど日本を知らなかった。ルノー社内で「パシフィーク〈太平洋〉」のコードネームで呼ばれる極秘プロジェクトが始動していた。

志賀の記憶だと、同じ6月、ルノーの東京事務所の知り合いからルノーの派遣団を受け入れてほしいと要請された。派遣団を代表したアラン・ダサス〈後に日産CFO〈最高財務責任者〉〉が「アライアンス・ウィズ・キャピタル・インジェクション」を求めてきた。「アライアンスって何だ?」と、志賀が手元の辞書を引くと、用例に「三国同盟」が出てきた。「キャピタル・インジェクションって?」。資本注入のことだった。

鈴木の記憶では、ジョルジュ・ドゥアンという企画担当兼アジア太平洋担当の上級幹部が8月、日産の海外担当副社長の田端鐵男の伝手《つて》を頼って鈴木に面会を求めてきた。ドゥアンも会うなり、「資本提携できないか」と打診してきた。互いにシナジーがあるかどうか検討することになり、車種や販売地域の補完関係など交渉テーマをリストアップすることが決まった。志賀はルノーと組む案を悪くないアイデアと思い、その夏、ルノーとのシナジーを探ろうと、プラットフォーム、地域協力など4つのプロジェクトチームを作って提携を研究し始めた。

塙は9月、訪仏し、ルノーのシュバイツァーと会談し、資本提携交渉に入ることで守秘義務契約を結んだ。シュバイツァーの父は仏政府の財務官僚の後、国際通貨基金（IMF）専務理事を務めている。祖父は、アフリカで人道的な医療支援をしたノーベル平和賞受賞者シュバイツァー博士の弟で、哲学者のジャン＝ポール・サルトルも遠縁にあたる。彼自身もグランゼコールと呼ばれるフランスの名門校、国立行政学院（ENA）を卒業し、財務監査官の資格を取得して仏財務省に勤務後、社会党政権時代にファビウス首相府の官房長を務めたエリート出身だった。仏経済界でも珍しい左派系財界人だった。

このころ、ルノーの申し出は20％程度の出資を含む資本提携だった。交渉を重ねるうち鈴木は「果たしてフランスの弱小メーカーを提携先のナンバーワンに考えていいものか」と疑念がわいてきた。ルノーは米国市場に橋頭堡がなくフランスと南欧州市場に依存していた。フォードなどビッグスリーほどの規模はないし、ダイムラーのような技術力と高いブランド力があるわけでもなかった。

日産の経営危機はもはやマスコミに盛んに報じられるようになっていた。日産は5月、財務部がJPモルガンをアドバイザーに雇って、保有する不動産や有価証券の売却によって2

兆5000億円もある負債を1兆円に削減する「グローバル事業革新」という経営改善策を公表していたが、証券アナリストら市場関係者からは「ホントにできるのか」と信用されていなかった。日産はまた赤字になりそうだった。銀行は国際決済銀行（BIS）の自己資本規制を維持するため回収を優先し、メーンバンクの興銀や富士銀行さえ「貸し剝がし」に躍起だった。ムーディーズは8月、日産の社債の格付けを投資可能なぎりぎりの低ランクまで引き下げた。

企画室の鈴木たちのルートとは別に、財務部は米フォードと秘かに話し合っていた。財務担当副社長の白井忠弘はフォードのジャック・ナッサーCEOと面識があり、出資の意思がないか打診した。やがてナッサーの命で、ウェイン・ブッカー副会長が日産交渉を受け持つようになった。白井ルートとは別に、鈴木と杉野、志賀がフォードを訪問すると、ブッカーは上機嫌で、江戸前寿司の職人を呼んで目の前で寿司を振る舞う歓待ぶりだった。このときのフォードの提案は、フォードが日産に出資するカネで、日産はフォードからマツダの株を買い、日産がマツダを傘下に収めるという案だった。杉野は「これでは日産にニューマネーは入ってこないし、厄介なマツダを押しつけられるだけだ」と思った。

鈴木は、ルノーやフォードよりもむしろ、新生のダイムラークライスラーが組み手にふさわしいのではないかと考え、塙に進言した。「日産ディーゼルだけでなく、ダイムラーが日産本体に出資することを考えてもらった方がいいのではないでしょうか。こっちが押せば、乗ってくる気がします」。だが、塙は言質を与えない。関係ない話にそらし、女性秘書が「次のお客様がお見えです」と話を遮る。直談判は2、3回続いたが、塙は煮え切らない。「じゃあ、いいです。私が行ってきますから」。鈴木は杉野を連れてダイムラー本社のあるシュトゥットガルトに乗り込むことにした。

鈴木は11月初旬、対峙したコルデスをいきなり面食らわせた。「実はルノーが熱心に我々に提携を持ちかけています。フォードとも話し合いを持ちました。我々は単独で生き残るのは難しく、そのためにパートナーを探しています。日産ディーゼルを円滑にマネジメントしたいのならば、日産ディーゼルに生産委託をしている日産本体への出資を検討した方が効果的ではないですか」。そして鈴木は「ぜひシュレンプ会長のお返事を聞かせてほしい。それまでお待ちします」と粘った。

てっきり日産ディーゼルの売却交渉だと思っていたコルデスは仰天した。「日産が我々をパートナーに選びたがっている。しかもルノーが先行しているだと」。コルデスの話を聞いてシュレンプと、彼の参謀役のゴールドマン・サックスのアレクサンダー・ディベリウスが驚いて出てきた。ディベリウスは心臓外科医だったが、「毎日手術で血を見るのが嫌になった」と、米国でMBAの資格を取ってマッキンゼーのコンサルタントになり、そこからゴールドマンに転身した異色のキャリアの持ち主だった。

頭の良さが売り物のシュレンプの側近で、「こんなスゲーのが、交渉相手かよ」と杉野は驚いた。シュレンプは、鴨がネギを背負《しょ》ってきた鈴木を歓待した。「クライスラーとの関係は大丈夫ですか」と聞く杉野に「大丈夫だ。任せておけ」と言った。シュレンプは、日産ディーゼルと日産本体の両方に食らいつく勢いだった。

その直後、今度はフランス人の番だった。シンガポールが会談場所に選ばれ、そこで塙は「実はダイムラーやフォードとも交渉をしています」と打ち明けた。シュバイツァーは、ルノーを立て直したカルロス・ゴーンという功績者がいることを塙に教え、「一度、その者の話を聞いてみませんか。彼を東京に寄越しましょう」と提案した。

ドイツ人とフランス人、それにアメリカ人。日産争奪戦は三つ巴になり、日産はダイムラー、ルノー、フォードとの間で三股をかけた。本命ダイムラー、二番手がフォード、滑り止めがルノーだった。ダイムラーはフォードにもルノーにも手渡したくなかった。フォードは米国でクライスラーと競合し、ダイムラークライスラーを警戒した。ダイムラーとルノーは欧州で激突していた。ルノーは何としても日産を手中に収めたかった。ルノーは単独では生き残れないことがわかっていた。

志賀は98年10月、米投資銀行ソロモン・スミス・バーニーにFAになる気はないかと打診した。日産の財務部はJPモルガンを起用するよう推してきたが、企画室の面々は嫌がった。モルガン・スタンレーも交えた3社のコンペの結果、ソロモンが12月、正式にFAとなった。ソロモンの最大の助言は「安易に1社に絞り込むのではなく、可能な限りダイムラー、フォード、ルノーの3社を競わせなさい」だった。

その年の暮れにむけて日産の資金繰りは逼迫してきた。塙は財務担当の安楽兼光を連れて政府系金融機関の日本開発銀行に行き、開銀総裁の小粥正巳《こがゆまさみ》（元大蔵事務次官）に平身低頭した。たった850億円だったが、興銀も富士銀も民間銀行はどこも貸してくれない。小粥に「必ず返してください」と念を押され、1年以内返済の短期融資の条件で借りることができた。もはや社長が土下座しないと貸してくれるところはなかった。

ルノーのシュバイツァーが来日し、12月、塙と会談した。ルノーは日産に出資する前提で日産の財務内容の厳格な資産査定「デュー・ディリジェンス」を独占的に行う契約を結びたがったが、塙はダイムラーとも交渉している点を踏まえ、ルノー1社への独占権は与えなかった。シュバイツァーは落胆を隠せなかった。シュレンプとイートンも99年1月、塙に会いに東京に来た。「我々にもやらせてほしい」とダイムラーもデュー・ディリジェンスを進めることになった。ルノーは余裕資金が2000億円しかないというが、日産が必要とする資金はその数倍だった。ダイムラーの資金量は日産を飲み込めるほど潤沢だった。ルノーはダイムラーとの対抗上、掛け金を大幅に引き上げざるを得なくなった。日産は両天秤にかけ、少しでも自社に好都合な条件を引き出そうとした。

このころ、ダイムラークライスラーの開発部門の男たち約20人が日産の栃木のテストコースを訪れ、日産の車に試乗した。企画室にいた中村克己（後に常務執行役員）が案内役を務めた。日産の開発部門の約100人が全25車種を用意して待っていた。「思ったよりいい車だ」とリーダー格のドイツ人が言った。シルビアを乗り回したドイツ人が日産の社員たちに発した感想は「なかなかのファンタスティック・カーだ。これにスリーポインテッド・スター（ベンツのマーク）をつけたら3倍の値段で売れるぞ」だった。日産の開発部門の面々は屈辱的な思いを味わった。

その後、このドイツ人はランチのときにクライスラー出身のアメリカ人にこう言い放った。「そろそろ行くぞ。お前ら仕事も遅いけど、メシ食うのも遅いな」。中村は、ダイムラーの上から目線の物言いに凍りついた。この後すぐに「あんな奴らとは組めない」と鈴木に進言した。中村は「ダイムラーは技術面で一日のリードはあるが、とても彼らとはやっていけない。日産をリスペクトすると言ってくれているルノーの方がいい」と思った。

日産の株価は連日下がり、ダイムラーの社長室長から不安視する電話がかかってきた。

「ご安心を」と杉野は言ったが、実は銀行は借り換えができないと通告してきて、3月末までに必要な資金を調達するのが困難な状況だった。杉野は99年1月、柳田野村法律事務所の弁護士に秘かに会社更生法の申請の検討を指示し、倒産のカウントダウンが始まった。

危機が迫るなか、塙は2月、シュトゥットガルトでダイムラーと交渉した。「とにかくダイムラーが上から目線でハードルの高い条件を示してきて、塙さんが立腹された」と志賀。杉野によれば、ダイムラーはこのとき、ダイムラーが日産に出資した際は経営陣を一新する案を提示したという。

ダイムラーとクライスラーは一枚岩ではなかった。日産の買収に貪欲なシュレンプに対し、イートンらクライスラー側の役員は「日産にいくら負債があるかわからない」と慎重姿勢を崩さない。米ビッグスリーの中で、最も強く日本車に押されて凋落したクライスラーだけに、「日本嫌い」の感情も手伝ったようだった。大西洋を挟んでドイツ人と一緒になったばかりのアメリカ人は、そこに日本人まで加わることを嫌がった。99年3月、スイスで開かれたダイムラークライスラーの取締役会で、日産を飲み込むことを提案したシュレンプに対して、クライスラー側の取締役は全員が反対した。結果は7対6で反対多数だった。

コルデスは即座に鈴木の横浜市の自宅に電話を寄越した。「プライベートジェット機で、そちらへ行く。ついては塙社長の時間を取ってくれないか」。鈴木は「これでディール成立かな」と小躍りして塙に報告しつつも不安だった。「わざわざ来るというのは決裂かも」。鈴木は杉野やソロモンの担当者を呼び、銀座で飲んだ。

3月10日、やってきたシュレンプの口から出たのは、「悲しむべきことに、この取引を進められなくなったことをお伝えしなければなりません」だった。マスコミに発表するからその前に直接伝えに来たという。「わかりました」と塙は言ったが、納得できなかった。塙はこの後、広報担当の副社長と一緒に鈴木を呼び出し、「テメー、この野郎。話が違うじゃないか。うまくいくって言っていたじゃないか」と激しく面罵した。

志賀はその夜、ルノーのウーソン法務部長と木挽町で会食中だった。ウーソンに電話が入り、彼は途中で退席した。ダイムラーが日産を見捨てたことを伝えるニュースが飛び込んできたのだろう。志賀は破局を恐れ、気が気ではなかった。

破局を知ったフォードは、ナッサー名義の書簡をにわかに塙に送りつけ、「1カ月間でデュー・ディリジェンスを行うからウチと組まないか」と言ってきた。それを読んだ塙は動揺した。弱小ルノーよりもビッグスリーの一角のフォードに傾いたのだ。翌朝の会議で塙は「ナッサーがここまで言っているじゃないか」とフォードに軍配を上げようとした。それをソロモンの担当者が必死に止めた。「1カ月では無理です。ルノーしかありません。ほかは忘れてください。こんな手紙を信用しないでください」

その後、志賀と杉野はソロモンの担当者を連れて、ウーソンと法務担当のムナ・セペリと会談した。「いままでダイムラーがいたから我々は日産の要求を飲んできましたが」とウーソンは切り出した。「しかし、シュバイツァー会長からは『ダイムラーがいなくなっても、いままで日産との交渉で積み上げて決めたことは変えないで交渉を続けなさい』と指示を受けました」。ダイムラーが撤退しても、日産の弱みにつけ込んでルノーに有利に事を運ばないという宣言だった。「昨晩の電話はそれか」。合点した志賀は、ウーソンやセペリに向かって、何度も「ありがとう」を連発した。日産側の出席者は涙が出るほどうれしかった。だが、ムーディーズはこの日、ダイムラーとの交渉決裂を踏まえ、日産の格付けを投資不適格に格下げし、さらに格下げの方向で見直すと明らかにした。

選択肢はルノーしかなかった。日産は3月27日までに必要な資金が入らないと倒産するしかない。日産が必要な資金は8000億円だった。塙たちは3月13日、パリに飛んだ。ノーネクタイの塙が成田空港のエグゼクティブラウンジで搭乗を待っていると、白井忠弘副社長が息せき切ってやってきた。「社長、フォードを再考してください」。鈴木は心の中で毒づいた。「いまさら間に合わないんだよ。3月末には日産は倒産するぞ」。空港で張り込んでいた朝日新聞記者の井上久男につかまった。「記者を無視しろ」。鈴木は言った。井上は、いつも仏頂面の鈴木がこのとき、いままで見たこともないような晴れ晴れとした顔つきをしている、と思った。「なんでここにいるの」と塙は驚いていた。「ルノーと提携ですね」と井上が切り込んだ。塙は一切言質を与えなかったが、笑顔だった。井上はその日の夕刊で「日産・ルノー提携へ」と歴史的なスクープを放った。

シャルル・ド・ゴール空港に隣接するシェラトンホテルで、シュバイツァーと塙の最終交渉が行われた。ルノー側は、自社資金2000億円に加えて、仏政府保証つきの社債を発行して、さらに6000億円を追加で用意すると申し出た。日産のCEOは引き続き日産側が掌握するが、その代わり「筆頭副社長（ファースト・バイス・プレジデント）と次席CFO（デピュティCFO）はルノーが握る」という条件で折り合った。

シュバイツァーは「ルノーの立て直しで辣腕を振るった男がいる。彼を日産に筆頭副社長として送り込みたい」と提案した。鈴木と杉野は「ついては彼に固定給のほかにストック・オプションを与えてほしい」というシュバイツァーの提案に驚いた。交渉の最終局面はほとんどが、ルノーが日本に送り込む男の報酬についてだった。「経営陣にやる気が出るとか、成果主義だとか、そんなことばかりだったな」。鈴木は拍子抜けした。

高額の報酬を用意して日産が迎える男の名前は、カルロス・ゴーンといった。

ビシャラ

熱帯雨林の生い茂るアマゾンの奥地にその町はある。

ボリビア国境に近いブラジル西部、アマゾン地帯の都市ポルトベーリョ。ポルトガル語で「古い港」を意味する名のこの町は、アマゾン川最大の支流マデイラ川の沿岸に位置し、この周辺の物流の拠点となっている。

町の主要道路は、超大型トレーラーがひっきりなしに往来する。セラードと呼ばれるブラジル中央部の広大なサバンナ地帯で収穫された大豆やとうもろこしなどの穀物をマデイラ川の港に運ぶ車両だ。穀物は港で船に積みかえられ、マデイラ川からアマゾン川を通って、世界中へと輸出されていく。ポルトベーリョの名物は、「ドラード」や「タンバキ」といったアマゾンの川魚の料理。体長一メートルにもなる巨大魚で海の魚に負けないほど脂がのり、市街地にはブイヤベースやフリットにして出すレストランの名店が軒を連ねる。２０１９年のアマゾンの大規模森林火災では、この町の近郊の森にも火の手が迫った。

カルロス・ゴーンは１９５４年、この町に生まれた。

本名は「カルロス・ゴーン・ビシャラ」という。ビシャラとは、祖父の名だ。レバノン系ブラジル人としてのゴーンのルーツは、この祖父ビシャラにある。

ビシャラは中東レバノンに生まれ、1900年代の初頭、ポルトベーリョに移民としてやってきた。当時まだ13歳だった。そこは熱病を媒介するマラリア蚊が飛び交い、アマゾンの原生林が生い茂る未開の地だった。

中東レバノンで生まれたビシャラが、大西洋の向こう側の南米のブラジルに移住した背景にあるのは、スエズ運河開通に伴い、19世紀後半のレバノンが不況にあえいでいたことがある。中国産品がスエズを通って欧州に直接流入するようになり、レバノンは欧州への中継地としての魅力を失ってしまったためだ。経済的に追い込まれたレバノン人は、新たな仕事と市場を求めて世界各地に移住していった。ビシャラも同じく、海外に生活の糧を求めた移民の一人だった。

こうしたレバノン移民の多くが世界各地で生業としたのが商業だった。レバノン人は交易国家として栄えた古代フェニキア以来、「商人」としての伝統を受け継いできた歴史がある。レバノン移民は現代の「フェニキア商人」として世界中で商売を立ち上げ、定住していった。ポルトガル語も話せなかったビシャラは、このブラジルの奥地で、売り買いを仲介するブローカー的な商人としての才覚を発揮していく。きっかけは、「黒い黄金」と呼ばれたゴムだった。

１８８６年にドイツの技術者カール・ベンツがガソリン内燃機関で走る「自動車」を発明し、その後まもなくイギリスの獣医師ダンロップが空気入りタイヤを実用化した。１９０８年には米フォードがＴ型フォードの量産を開始する――。自動車が急速に普及していくのに比例して、タイヤに使われるゴムの世界的な需要も急激に増加していった。イギリスが東南アジアのプランテーションでの栽培によってゴム市場を独占するまで、野生種が繁殖するブラジルは世界最大のゴム産地であった。

ビシャラが移民としてやって来たころのポルトベーリョは、すでにボリビア地域で採れるゴムの一大集積地だった。当時は、マデイラ川を船で輸送していたが、水量が減る乾期は使えなかった。そこで陸送のために建設されたのが、総延長４００キロ近い「マデイラ・マモレ鉄道」だった。ビシャラはゴムでにぎわう町でこの鉄道に目をつけた。砂糖や塩などの生活物資を載せてボリビア地域に送って売り、帰りは沿線で仕入れたパイナップルやバナナなどの作物を運んでポルトベーリョで売りさばく。こんなビジネスを確立したのだ。

ビシャラが21年に建てて小売業を営んだ建物は、いまもポルトベーリョ中心部に残っている。市場の目の前の一等地である。商才のあったビシャラ家は、この地域に住むレバノン系移民の中で最も裕福な一族だったといわれる。小売業で成功したビシャラはブラジル政府が国内航空網整備を奨励していたのに目をつけ、航空会社の支店相手にエージェントやコンサルタント業務を始めた。

彼が40年代後半に亡くなると、事業は息子たちが引き継ぎ、その一人が、ゴーンの父のジョージだった。ジョージたちはブラジル国内の大手航空会社と代理店契約を結び、航空券の販売事業を強化していった。ブラジルには現在、レバノン系ブラジル人が数百万人住み、政治・経済の分野で重要なポストを占めているといわれる。ミシェル・テメル元大統領もレバノン系の移民二世である。

ポルトベーリョでもレバノン系移民の商才は際立っていた。戦後、日本からの移民の多くは農業に従事したものの、作った野菜類の販路拡大には苦労した。その役割を果たしたのがレバノン系移民で、彼らの多くはレストランや商店を経営し、農業者である日系移民の得意先でもあった。日系移民が農作物の大半を栽培し、その野菜を仕入れて売るのがレバノン系という共存関係が成立したのである。

ビシャラには、８人の子どもがいたが、子孫たちの多くは海外に移住し、いまもポルトベーリョに残っているのは、ビシャラの孫でゴーンの従兄弟にあたるゼッカ・ビシャラの家族しかいない。ゼッカはいま、ビシャラ一家の不動産を受け継ぎ、賃貸事業を営んでいる。ゼッカ自身、従兄弟のゴーンには一度も会ったことがない。「私たちファミリーは『ビシャラ』という名前で知られている。ニュースが報じる『ゴーン』という名前とは結びつかない」と言う。

一族がポルトベーリョを後にしたのは、気温も湿度も高いアマゾンの奥地の生活環境が過酷だったからだった。いまから60年以上前、病を媒介する蚊が飛び交い、アマゾンにはピラニアがいて水浴びもできない。生水は飲んではいけないとされ、湯冷まししか口にできなかった。だが、ゴーン家が雇った村の娘がうっかり、まだ1歳か2歳のゴーンに生水を飲ませてしまった。重い病気にかかり、なかなか治らない。医者から水がきれいな環境のよい場所での療養を薦められたため、ゴーンは母親とともにリオデジャネイロに移った。やがて6歳になると、両親の故郷であるレバノンに引っ越した。ゴーンは生後まもなくしかいなかった故郷ポルトベーリョの記憶は「ほとんどない」と自著『ルネッサンス』に記している。

ゴーンの自著は、祖父ビシャラについて多くを割く一方、父ジョージについての記述は実にあっさりしている。それは父の犯罪が影を落としているのかもしれない。ブラジル政府が公開している同国外務省の過去の機密文書には、ブラジル政府が「要注意人物」としてマークしていたとみられる者がリストアップされている。そこに「ビシャラ ジョージ」の名前があり、「通貨偽造によりレバノンで有罪宣告」との説明も付されている。さらに、「フランス・ジャポン・エコー」編集長で仏フィガロ東京特派員のレジス・アルノーの記事によると、ゴーンが6歳のころ、ジョージは知人の神父を殺害したとして逮捕されたという。ゴーン一家がレバノンに移住した背景には、そんな父ジョージの事件が影響していた可能性もある。

ゴムを手がかりに成り上がったレバノン系移民のビシャラ。その孫ゴーンは、タイヤ大手ミシュランで頭角を現し、そのタイヤを装着する自動車の大手メーカーのトップに上り詰めていく。ポルトベーリョ在住の日系人は、レバノン系ブラジル人のゴーンが日本の日産のトップとして自動車販売を指揮してきたことをこう捉えている。

「日本人が作った車をレバノン人が売る。日系人が作った野菜をレバノン系が売っていたポルトベーリョと似ているじゃないか」

グランゼコール

ゴーンは6歳で父親のもとを離れ、母ローズと、3歳上の姉クラウディナとともにブラジルからレバノンの首都ベイルートに移った。その昔、故国を離れた祖父ビシャラ・ゴーンとは逆のルートをたどることになった。

レバノンは面積が岐阜県ほどの小国だ。砂漠がなく、ベイルートを含む海岸地域は地中海性気候のため、年間を通して温暖で過ごしやすい。ゴーンがこの地を踏んだ1960年代初頭は、商都ベイルートはまだ戦火に見舞われておらず、街は活気にあふれていた。多くの外国企業が中東諸国への玄関口としてベイルートに進出し、貿易や金融の拠点だった。フランスが45年まで20年以上にわたり委任統治をしたこともあり、フランス式の都市計画が導入され、「中東のパリ」と呼ばれた。多種多様な民族、人種が混交し、それとともに文化も混ざり合ってきたという歴史も、そんな街に彩りを加えた。

ゴーンはベイルートのアパートで暮らしながら、郊外の丘陵に建つイエズス会系の名門校「コレージュ・ノートルダム」で、小学校から高校卒業まで一貫教育を受けることになった。入学には、敬虔なカトリック教徒だった母の意向が大きく働いた。コレージュ・ノートルダムに入学試験はなく、親との面談結果によって入学者が決まる。その条件は、イエズス会と「価値観を共有していること」。ゴーンの母親はナイジェリア生まれのレバノン人で、フランスが統治する町に生まれている。自らも学業のためにレバノンに戻り、カトリック系の学校に通った。フランス文化が好きで、憧れを抱いていた母にとって、コレージュ・ノートルダムはまさに理想の園だったのである。

「ゴーン流経営」の源流が、コレージュ・ノートルダムにある。

当時、コレージュ・ノートルダムは、ベイルートの多文化性を体現する学校だった。学校長はスウェーデン人で、教師にはレバノン人のほかにフランス人やエジプト人もいた。公用語はアラビア語だが、フランス語と英語が必修だった。ゴーンが後に当時を振り返り、「イエズス会は、世界初の多国籍企業でした」と語っている（『カルロス・ゴーン 経営を語る』）。

ゴーンは、自宅ではたどたどしくではあるものの、幼少期に身につけたポルトガル語で会話をし、学校では３カ国語を学んだ。語学のセンスは抜群で、ゴーンに直接仕えたことがある元部下の一人は「７カ国語を話し、うち英語、フランス語、ポルトガル語、アラビア語はぺらぺらだった」と回想する。この元部下は、ゴーンが後に来日後、日本語はわからないと言いながらも、相手の話した前後の文脈から類推し、「かなり鋭い指摘をしていた」と振り返る。

勉強もよくできる生徒だった。同級生によれば「一学年１００人近くいた中で最優秀の生徒の一人だった」という。この当時、ゴーンが熱中したのは、世界地図の上で手駒の軍隊を動かしながら敵のプレーヤーの領土を奪い、「世界征服」をめざす「リスク」というボードゲームだった。後に世界を飛び回る経営者となる彼らしかった。

レバノン人弁護士、アレクサンドラ・ナッジャールは、ゴーンが卒業した13年後の84年にコレージュ・ノートルダムを卒業した同窓の後輩だが、彼のフランス語教師はゴーンを教えた人でもあった。知遇を得たナッジャールは後にゴーンとベイルートで何度か朝食や昼食をともにするようになった。

「彼はボーイスカウトにも入っていたし、学校では常にリーダーのようでした。一度、彼に学校で一番学んだことは何かと聞いたことがあります。『コスモポリタン（世界人）』と言っていました。なぜなら、イエズス会は、レバノン人、カナダ人、フランス人、エジプト人など多様な人々から成っています。ムスリムの学生もいた。違いを認めること、規律、組織、さらに挑戦、一生懸命勉強すること、これらは学校が大切にしていた価値でした」

コレージュ・ノートルダムには、恵まれない生徒のために日産が資金を提供する形で「カルロス・ゴーン奨学金」と呼ばれる奨学制度が設けられていた。ゴーンは2014年、多忙の合間を縫って卒業式にも出席し、生徒たちの前で「人生はマラソン。何事にも全力を尽くし、私利のためだけでなく、社会の利益に貢献してほしい」と語りかけた。

ゴーンにとって、コレージュ・ノートルダムで過ごした10年は、生気に満ちあふれていた。それは、ゴーンが次に向かったフランスにおける大学時代とは対照をなしていた。

1971年、ゴーンは17歳で単身、パリに渡った。母がフランス国籍を持ち、レバノンではフランス式の教育を受けた。フランス行きは、ごく自然な成り行きでもあった。

転がり込んだのは、セーヌ川左岸のパリ5区と6区にまたがるフランスきっての学生街、カルチェ・ラタン。カルチェとは「地区」、ラタンとは「ラテン語」。ラテン語を話す教養のある学生が集まる街として、こう呼ばれる。カルチェ・ラタンにそびえ立つ巨大建築「パンテオン（偉人廟）」にはフランスを代表する文学者ヴィクトル・ユゴーやジャン＝ジャック・ルソーが眠っている。パリ五月革命からまだ3年、若者の反乱の余燼がくすぶってもいた。

そんな華やかさの裏で、ゴーンが抱えていたのは孤独だった。

「パリでは人間関係が希薄で、人あたりもずっと厳しいように思えました」「私は常に他人とは違った人間でした。どこに行っても、みんなとまったく同化して集団のなかに溶け込めたと思えたことはありません」（前掲書）

ゴーンは勉学に没頭した。それは約束された将来、つまりは、フランスにおける地位と権力とを獲得するためでもあった。

フランスの教育システム、とりわけエリートの養成は、他の国には見られない特異性を持つ。その起源は、絶対王政の時代やナポレオン時代へとさかのぼることができ、中央集権化にあわせるように発達し、強化されてきた。その象徴的な存在とも言えるのが、大学とは別にあるエリート養成のための専門学校「グランゼコール」だ。高校を卒業した後、2年ほど準備学級で勉強し、なおかつ難しい試験に合格しなければ入れない、フランス特有の学校である。卒業すると、高級官僚や大企業の経営幹部に巣立ってゆき、やがて彼らの子弟がまたグランゼコールに入る。「国家貴族」と呼ばれる一握りのエリート階層が再生産される仕組みである。

ゴーンは74年、グランゼコールの一つである「エコール・ポリテクニーク（理工科学校）」に入学した。18世紀に技術者養成のために設立された最高峰の学校だ。ここでは、学生は国家公務員のように扱われ、一定の給料まで支払われる。ゴーンは数学が得意で、成績は常に優秀だったという。パリ在住の大企業の管理職やエンジニアの子弟が多く、外国人はほんの一握りしかいなかった。ゴーンの知人は明かす。

「ポリテクニークでは成績で順位をつけるのですが、そこにゴーンの名は載らなかったんです。ランクされるのはフランス人だけで外国人は載らない。だが、本当はゴーンが一番だった。ポリテクニークの理事はそれを知っていて、フランス政府に伝えたらしい。ゴーンは21歳か22歳のとき、フランス政府からフランス国籍の取得を勧められたが断った。『もう国籍は十分に持っている』と答えたそうだ」

その後、ゴーンは「エコール・デ・ミーヌ（国立高等鉱業学校）」へ進学。エコール・デ・ミーヌには毎年80人が入学するが、入るためには二通りの方法がある。超難問が待ち受ける試験に合格するか、選ばれた者のみが受けられる面接で合格するか。前者には400人ほどが受験して60人が、後者には300人ほどで20人が合格できる。いずれも非常に狭き門である。エコール・ポリテクニークで秀でた成績を収めていたゴーンは、もちろん後者だった。

エコール・デ・ミーヌを卒業すれば、技術系官僚としては最高の「鉱山技師団」の「技師」という称号を得ることができる。「これは、将来ほとんど一生、最高の地位と権力を約束されたことを意味する」（「フランスにおけるエリート主義」奈良大学紀要第35号）という。

ゴーンがエコール・デ・ミーヌに在学していたころ、学部長を務めていたジルベール・フラードは、彼から好印象を受けていた。「とても興味深い生徒でした。彼は単に優秀な生徒というのではなく、人柄もよかった。すぐさまリーダーシップも見せ始めましたよ」

ある日、フラードはゴーンを部屋に呼び出した。当時、ゴーンは履修科目について疑問を呈していたという。「別に大きな問題があったわけではないのです。彼は履修プログラムを変えようとしていました。でも、ここには従わなければならないルールがある。私は彼にこう告げました。『君は将来、偉大な経営者になるだろう。その資質はある。でも、いまは私が君の監督だ。私の指示に従うように』とね」

「偉大な経営者になる」――。この言葉は、ゴーンの心に深く刻まれた。

それから、25年以上がたった2002年5月。フラードは、日産で社長兼CEOとなった教え子のもとを訪ねた。メディアの取材がひっきりなしに舞い込み、多くの要人との会談をこなしていたゴーンだったが、疲れもみせず、フラードを見るなり言った。「昔、学部長室で私に言ったことを覚えていますか」

スーツに身を包んだ教え子の誇らしげな様子にフラードは目を細めた。

エコール・デ・ミーヌの卒業を前にゴーンに声をかけた会社があった。世界的なタイヤメーカーで、レストランガイドでも知られるミシュランである。当時、ミシュランはゴーンの出生地であるブラジル事業に力を入れており、将来の幹部候補としてゴーンに目を付けた。ゴーンは就職ではなく、大学の博士課程への進学を考えていたが、「ブラジルで仕事をしたい」という気持ちが彼を動かした。1978年9月18日、ゴーンはミシュランに入社した。

ミシュランは通年採用のため、同じ日に入社したのはゴーンも含め3人のみ。その一人、フィリップは入社した日、家に帰るなり、妻にこう告げたのを覚えている。

「変わったやつに会ったんだ」

その週末、妻はフィリップの言葉を理解する。フィリップが妻と、ミシュラン本社があるフランス中部のクレルモン・フェランからパリへと向かう車に、たまたまパリへ帰る予定の、ゴーンが同乗したのだった。後部座席に座ったゴーンは雄弁だった。およそ4～5時間、政治や経済など、さまざまな話題について話した。そのときのことをフィリップがこう回想する。

「驚きました。カルロスは知識が豊富で、どんなテーマについても話すことができました。

同じ20代なのに、とても成熟していると言うのでしょうかね。カルロスを送り届けて、車を降りた後で、妻が言ったんです。『もし彼がミシュランのCEOになれなかったら、彼はレバノンかブラジルの大統領になるわ』とね」

ゴーンとフィリップは幹部候補生として3カ月間の研修を受けた後、各地の工場へ配属された。ミシュランのロゴが入った青い上着に袖を通し、生産ラインなど現場を見てまわった。これはミシュランの育成スタイルだった。その後、ゴーンは最年少で工場長になるなど出世街道を一気に駆け上がることになる。

ゴーンのミシュランにおける成功は、財務や経営の知識を授けたベルーズ・シャイードヌーライとの関わりを抜きには語れない。シャイードヌーライはペルシャ系フランス人で、米コロンビア大学でMBAを得た後、ロンドン・スクール・オブ・エコノミクスでPhDを取得。米国のマッキンゼーでコンサルタントとして働いた経験を持ち、ミシュランでは財務部門の統括責任者だった。

83年2月ごろ、ミシュランのフランス全土の工場を司っていた幹部がシャイードヌーライの部屋を訪ねてきて、こう告げた。「(ミシュラングループのCEO)フランソワ・ミシュランと〝彼〟について話した。フランソワ・ミシュランは、君に財務管理を教えてほしいと言っている。いま、彼を君のもとに送り込むための理由を考えている」

その男こそがゴーンであった。ミシュランは当時、「クレベール」という難題を抱えており、ゴーンはシャイードヌーライとともにこのプロジェクトに取り組むこととなる。

クレベールはフランスのタイヤ会社だ。ミシュランの競争相手でもあったが、フランス国内でタイヤ産業の統合が進み、81年、ミシュラングループの一員になっていた。農業機械用タイヤでは強みを発揮していたが、自動車用はさえなかった。同社のタイヤが原因で、いくつか死亡事故も起きており、消費者団体による抗議キャンペーンが盛り上がっていた。業績は悪化しており、ミシュラングループにとっては悩みの種だった。フランス政府もクレベールを立て直すようミシュランに促した。

このとき、ゴーンはシャイードヌーライとともに、クレベールの再生計画を立てる。そこでゴーンは、後にゴーン経営の代名詞と言える経営手法を見いだしている。別のブランド名で販売する製品も同じ設備で製造する「クロス・マニュファクチュアリング」という合理化策である。ゴーンのクレベール再建案は、ほとんどが採用されたが、それを実行したのは後任だった。ゴーンは再建過程を見ないままに、研究開発センターの責任者へと昇進を遂げたのだった。

クレベールのプロジェクトに携わった際、ゴーンはある人物とも出会っている。シャイードヌーライは当時を振り返る。「私はこの当時、ルイ・シュバイツァーと重要な面談を持ちました。彼は首相府の官房長で、私は彼と、クレベールの件をめぐって、その再生計画や資金繰りについて交渉を重ねていました。その場にカルロス・ゴーンを連れて行ったのです。15年後、彼らが再び出会うとは、お互い思ってもいなかったでしょうが」

シャイードヌーライは、その後もゴーンの将来を左右する場面に何度も登場する。たとえば、85年のゴーンのブラジル行きがそうだった。80年代半ば、ブラジル経済は年率1000%にも及ぶ極度のインフレに苦しみ、ミシュランもブラジル事業で赤字を垂れ流した。シャイードヌーライは84年秋、フランソワ・ミシュランにこう進言した。「ブラジル事業の状況は極めて悪い。これを救うには、ゴーンを当初の予定よりも早くブラジルに送るしかありません」。ミシュランはまだしばらくゴーンをフランスに置いておくつもりだった。

シャイードヌーライの提案が受け入れられた。シャイードヌーライは言う。「ゴーンに半年でブラジルのミシュランを立て直せるか判断しろ、と伝えました。毎月、私に報告しろ、とね。もし、再建に2、3年かかるのであれば、倒産処理をする、とも言いました。すると、2カ月後、ゴーンは『救える』と報告してきました。そして、ゴーンは私にこう言ったんです。『ブラジルで成功するカギは、政府と良好な関係を築くことです。そのために、私にブラジル政府と直接交渉する権限を下さい』とね」

この言葉を受けて、シャイードヌーライはすぐさまフランソワ・ミシュランを説得した。

「彼にブラジル事業に関してすべての権限と責任を持たせてほしい」。ミシュランも承諾した。二人の期待に応えて、ゴーンはブラジルの立て直しに成功する。85、86年は赤字だったが、87年には黒字化した。その後は利益を生み出す事業へと変貌を遂げた。

ミシュランにおけるシャイードヌーライとゴーンの物語はもう少し続く。88年、フランソワ・ミシュランは再び頭を抱えていた。北米事業が軌道に乗らず、シャイードヌーライの記憶によれば、米国では「毎年1億ドル近い赤字を出していた」。ミシュラン上層部は、米国人による経営に信用がおけないと考え、フランス本社から人材を送りこみ、何度もトップを入れ替えた。ところが、これが機能せず、業績は上向く気配もみせなかった。

スイスのバーゼルからパリへと向かう機中で、シャイードヌーライはフランソワ・ミシュランに再び進言する。「アメリカに送る人物は、もう、一人しかいないでしょう。ブラジルにいるゴーンです」。ミシュランは目を丸くした。「彼は34歳だぞ。若すぎる！」

シャイードヌーライは反論した。「ゴーンは18カ月でブラジルを立て直し、2年で黒字経営に持って行ったのですよ」

ミシュランは「君は賭けをする気か」と詰め寄ったが、シャイードヌーライも引かない。

「賭けではありません」

89年2月、ゴーンはブラジルからアメリカへと渡った。ゴーンは、ミシュランの北米事業の経営立て直しと、90年にミシュランが買収した米国のタイヤメーカー、ユニロイヤル・グッドリッチタイヤの再建を任された。このとき、ゴーンが実行したのが、一つはクロス・マニュファクチュアリングや工場の閉鎖という合理化。そして、もう一つが、製造や販売といった異なる部門の責任者を集めて、一つのものごとをさまざまな角度から検証し、解決をめざす「クロス・ファンクショナル・チーム」の創設であった。

ゴーンの手腕はますます評価され、42歳でミシュランのトップに近いところまで上り詰めた。しかし、同時に、同族会社のミシュランの中で限界も感じ始めていた。同期入社のフィリップは言う。「フランソワ・ミシュランは、カルロスより息子のエドワードを好む傾向にありました。だから、カルロスはミシュランを離れた。もっと上にいけると思うことができれば、離れなかったと思う」。フランスの壁が、再びゴーンに立ちはだかった。

ゴーンの側にも壁はあった。フィリップは、ミシュラン時代のゴーンについて「独立心が強く、孤高の人。人付き合いに関しては、とても注意深い人間だった」と振り返る。同僚や工場の現場労働者と打ち解けたとしても、決して一線は越えない。公私はきっちりと分け、職場では常に緊張感が漂っていた。フランスのエリート層への対抗意識も見せ始めていた。

フィリップは言う。「エリート層に属する人間は、エリート同士のネットワークを持つものだが、カルロスはどこにも属していなかった。エリート層に属することで、最良の経営判断が下せるとも思っていなかった」。どこにも属さず、輪にも加わらない。そんな「孤高性」は後に、強権的なリーダーシップに変わっていく。

96年、ゴーンはミシュランを離れ、ルノーに移った。フィリップには退社当日、ゴーンから電話が掛かってきた。「私にも予期できませんでした。前日には会議があり、彼はとても厳しい要求を突きつけてきたばかりだったんです」。ゴーンより一足先にミシュランを離れていたシャイードヌーライは、ポルトガルでの休暇中に、新聞記事でゴーンの退社を知った。すぐにメッセージを送ると、ゴーンはパリのシャイードヌーライのもとを訪ねてきた。夕食をともにしながら、ゴーンはルノーでのプロジェクトについて語った。このとき、シャイードヌーライはゴーンがルノーのトップになるだろうと感じ取った。

もう一つの「懸案」も片付きそうだった。「ルイ・シュバイツァーはゴーンにフランス国籍を取るように説得したと思います。ルノーのトップになるにはフランスのパスポートが必要だから」。ゴーンがフランス国籍を取得したのは、その後、日産再建のために日本行きを命じられる直前だった。

2002年、あるカクテルパーティーでシャイードヌーライはシュバイツァーと顔を合わせた。シャイードヌーライはそのときのシュバイツァーの言葉を鮮明に覚えている。

「カルロス・ゴーンなしでは日産は買わなかった。何としても成功させなければならなかった。ゴーンだけが、それをもたらすことができた」

ゴーンはルノーにおいてその地位を確固たるものとしていた。

和食とワイン

1999年3月27日、日産自動車の塙義一社長とルノーのルイ・シュバイツァー会長が午後2時ちょうど、経団連会館11階ホールに用意された記者会見場に現れた。「日産自動車とルノー　力強い成長のために――」。日仏英の3カ国語でスローガンが掲げられている。つめかけた記者は海外メディアを含めて約300人。カメラの放列のフラッシュを浴びるなか、「いつも、こんなにもてるといいねぇ」と塙は軽口をたたいた。久しぶりの柔和な表情からは、数カ月に及ぶ薄氷を踏む思いからの解放が感じられた。対して、この日初めて日本の記者たちの前に姿を現したシュバイツァーは終始、緊張した面持ちだった。

「本日、私ども日産自動車とルノーはグローバルな提携に調印し、日産ディーゼルの資本関係の提携も調印いたしました」。そう切り出した塙は「これは合併ではありません」と強調し、「異なる企業が互いに独自性を持ち、グローバルなパートナーとして連携していきます」と語った。ルノーは日産に6000億円を投じて36・8%出資するほか、日産ディーゼル株も22・5％取得、日産の欧州販売金融会社の株式も取得する。さらに日産が発行する2000億円強の新株予約権付社債の予約権もルノーが引き受け、実行すれば最大で44％余まで持ち株比率を引き上げることができた。日産が手にする資金は8500億円にものぼった。資本面を見れば、明らかにルノーによる救済色が濃く、塙は「ルノーからの一方通行です」と自嘲した。

シュバイツァーは、これだけ大盤振る舞いをして日産を傘下に収めるというのに、征服者のような振る舞いはおくびにも出さず、「この提携は両者の個性を損なうものではありません」と低姿勢だった。頻繁に塙の顔をうかがいながら、「ルノーの人間が日産を再建するのではありません。日産で働く14万人が再建するのです」と言い、塙はその言葉に何度も大きくうなずいた。

塙が「私も彼も日本料理とフランス料理を互いに、うまい、うまい、と言って食べています。彼は日本酒をうまいと言い、私もワインがおいしいと思っています」と言えば、シュバイツァーは「今日のお昼は日本食にワインで済ませてきました」と返した。ルノーが日産を従えるという「小」が「大」を呑むような買収を、多くの記者が「うまくいくのか」と冷ややかに見ていたため、塙はそれを打ち消すように「日仏の文化が融合し、懸念されるようなカルチャーギャップはありません」と強弁した。この日、GM、フォード、トヨタに次ぐ世界市場4位のシェアを有する異色の「日仏自動車メーカー連合」が誕生した。

　シュバイツァーはこの記者会見で、ルノー上級副社長から日産COO（最高執行責任者）に派遣するカルロス・ゴーンによって、「コスト低減効果が期待できるだろう」と語った。ゴーンはルノーでベルギー工場閉鎖を含む200億フラン（約4000億円）ものコスト削減を実現し、「コストカッター」という異名を頂戴していた。塙は、当時日本では耳慣れない「COO」（Chief Operating Officer）というポストにゴーンが就き、社長である自身と日本人の副社長たちの「間に位置する」と説明した。

　両社の資本提携の大枠が固まったのは、この記者会見の、わずか2週間前だった。事実上ルノーによる救済ではあるものの、日産の主体性を維持するため、両社の契約書上では、ルノーから派遣できる取締役は筆頭副社長（ゴーン）と二人の取締役の計3人までとし、ルノーは次席（デピュティ）CFOのポストにも派遣できる、と取り決めた。さらに「対等」を強調するため、契約書では、日産から逆にルノーに出資できることも盛り込んだ。担当の取締役企画室長の鈴木裕は99年の初めごろ、仏経済担当省と交渉し、「日産はいま、キャッシュがないが、いずれ財務的に健全になったら、そのときはルノー株を買わせてもらいます」と注文をつけ、相手の同意を得ることに成功していた。

　大枠は決まっていたとはいえ、企画室のメンバーは契約調印直前の26日まで細目を詰める綱渡りの交渉を続けていた。疲れ切っていた塙は、社長室のソファーに横になって点滴を打った状態で、部下の報告を受ける日もあった。志賀俊之は、調印前日の26日になって、調印式で契約書を綴じるバインダーや万年筆の用意がないことに気づき、あわてて同僚を銀座の文具店、伊東屋に走らせた。同僚は、閉店後の午後8時過ぎにシャッターをたたき、無理やり店を開けてもらって準備したが、シュバイツァーは翌日の調印式で万年筆を手に取ると、「なんだ、ドイツ製かね」と宿敵のダイムラーを念頭に皮肉を言い、塙を困惑させている。

ルノーは、紡績工場主の息子で発明家気質のルイ・ルノーが1899年、二人の兄と「ルノー・フレール（ルノー兄弟）社」として設立したのが起源である。欧州各国や米国に販路を広げて急成長したものの、第二次世界大戦でフランスが1940年、ドイツに降伏すると、ルノーはドイツ軍に接収され、敵国のドイツ軍向けのトラック製造をする羽目に陥った。フランス解放後、この行為が「利敵行為」とみなされ、ルイ・ルノーは逮捕され、会社は国有化されて「ルノー公団」となった。

やがて国営企業でよく見られるように、財務規律や品質がおろそかになり、80年代以降は、ドイツや日本メーカーの後塵を拝するようになってしまった。劣勢挽回のため、米4位の自動車メーカー、アメリカン・モーターズ（AMC）を買収したものの、経営再建に失敗。やむなくＡＭＣをクライスラーに売却し、巨額の損失を計上した。次いで欧州での地歩を強固にしようと、ボルボとの経営統合をもくろんだが、ルノーの大株主である仏政府が口を出したりしたことがスウェーデン側の反発を買い、これも挫折した。

米国と欧州の二つの大陸における版図拡大に失敗したルノーが、次に狙ったのが極東アジアだった。シュバイツァーが日産と三菱自動車に提携打診の書簡を送ったところ、ゴーンは「提携は大変な労力が必要だから、どうせ組むなら企業規模が大きい方がいい」と日産を強く推薦している。シュバイツァーもそれに同意見だった。

シュバイツァーは早くから、もし日産を手中に収めたら、ゴーンを送り込む考えでいた。塙と98年11月にシンガポールで会談した際に、「優秀な副社長が一人いるから紹介したい」とゴーンの存在を塙に紹介している。レバノン系ブラジル人として生まれたゴーンは、フランスと米国でビジネスマンとして頭角を現し、ポルトガル語、フランス語、英語、アラビア語を話せる多文化に対応できる男だった。先祖代々続く名門出身の、生粋のフランス人エリートであるシュバイツァーは、そんなゴーンの多様性を買っていた。このときルノー社内では、企画担当のジョルジュ・ドゥアンとゴーンの二人がシュバイツァーの後継者を争うポジションにいると見られていた。

塙はシンガポールから帰国すると、志賀に「ゴーンという人を日産の役員に紹介したいので席を設けてくれ」と命じた。日産本社14階の役員会議室を会場にして、塙を始め、副社長ら代表権のある役員６人の首脳陣が集まる会合が設けられた。そこでゴーンは身振り手振りを交えて、自身の実績を話した。「私が入社した96年、ルノーは赤字に陥りました。思い切った方策を講じないと、とても再生は望めそうもありませんでした」。ワイシャツをたくし上げ、自分で作った図表を指し示しながら説明が始まった。

ゴーンは、仏タイヤ大手のミシュランを経て、シュバイツァーのスカウトによってルノーに転職した。彼が最初に任された大仕事がルノーのリストラ策の立案だった。細かなことで切りつめても埒《らち》が明かないと、購買から製造、販売などあらゆる部門のコスト削減を実現する「聖域なき構造改革」に取り組んだ。余剰生産力をなくすためベルギーの工場を閉鎖し、残る工場の生産性を高めた。「サプライヤー」と呼ばれる部品メーカーや材料メーカーをそれまでの３００社から１５０社に大幅に削減し、購買・調達費用を削減。主要なプラットホーム（車台）を５つから３つに削減した。ベルギー工場の閉鎖は、ルノー労組だけでなく、ベルギー政府も猛反発したが、ルノーは97年に黒字化に成功し、再建は軌道に乗った。「社内改革で必要なのはコミュニケーションとチームワークです」。ゴーンは３時間に及ぶ独演会で、「コミュニケーション」と「チームワーク」の重要性を盛んに説いた。

間近でゴーンの話を聞いた志賀は、その迫力に圧倒されっぱなしだった。副社長の白井忠弘もゴーンを「なかなかの人物」と感心したが、志賀と違って一抹の不安を感じた。会合後、塙に「ゴーンという人を、うまく利用する方法はありますが、長くて2、3年でしょう。それ以上だと、何をやるかわかりませんよ」と助言した。白井はこのとき「ゴーンは日産のことだけを考える人ではない」と受け止めた。

その夜、塙が主催し、ゴーンをもてなす小宴が開かれた。会場は、戦前の日産監査役を務めた伊藤文吉（伊藤博文の息子）邸跡に建つ「春光会館」。戦後、日産グループの迎賓館として使われてきた施設だった。そこで通訳兼接待係を務めた志賀は改めてゴーンの、みなぎる活力に驚愕した。「ものすごい質問攻めにあって、日産のことをワーッとあれやこれや聞かれました」。志賀は後にそう語った。「ゴーンさんは自分が着任した場合、成功率が高いかどうか知りたいので日本に来たのでしょう。それで日産社内の雰囲気を知りたくて私を質問攻めにしたんだと思います」

このときに下見を終えていたゴーンは、ルノーと日産の資本提携が調印された直後の4月にはもう日本にやってきた。妻のリタが一目見て気に入ったという14世紀建築の邸宅をフランスに見つけ、1月にそこに引っ越したばかりだというのに、今度は極東だった。ゴーンは、6月下旬の株主総会で取締役兼ＣＯＯに就任する予定だったが、家族よりも一足早く来日した。しばらくホテル住まいをしながら、日産本社や工場など、あちこちを巡回しては、志賀にしたのと同じように相手を質問攻めにした。

このときの全国行脚は、次代を担う人材の物色も兼ねていたようだった。開発部門の部長は4月後半にゴーンの秘書から連絡を受け、厚木のテクニカルセンターでゴーンと初めて会った。いきなり、開発関連の子会社の収益の責任の所在を問いただされた。「それは本社に関係会社管理部がございまして、本社と子会社双方に責任がありまして……」。するとゴーンに「共同責任なんてあり得ない」と跳ね返された。「責任の所在がどこにあるのかはっきりさせたんです。それが、ものすごく新鮮でした。ゴーンさんの言うことは真理だった」。後にこの部長は関連会社担当の役員に取り立てられた。

同じく、この時期にゴーンの面接を受けた人事部門の課長は、英語が話せないのに呼び出されたことに面食らった。「いま振り返ると、明らかにあれは一種の『面通し』でした」。ゴーンと2日間、みっちりミーティングをやった後、ゴーンから「キミはもっと英語ができるようにならないとダメだよ」と言われた。彼は面接試験に「合格」したようだった。しばらくして部門横断プロジェクト「クロス・ファンクショナル・チーム」(CFT)が設けられ、彼は「パイロット」と称されるチームリーダーに抜擢されたからだ。

この時期、ゴーンは日産労組とも秘かに会談を持っている。労組は、ベルギー工場閉鎖などで見せたゴーンのコストカッターぶりに警戒感を持っていた。そこでゴーンに面談し、日本的な労使関係を説明するとともに労使協議の徹底を要請することにした。このとき、日産労連事務局長として対面した西原浩一郎は、ゴーンが「日産の再建に労組の協力は欠かせない」と言ったのを覚えている。さらにゴーンは畳みかけるように「労使が異なる認識を持つのは当然だが、誠実な協議をして共通の理解に立つことが重要。労使はパートナーとして健全なコミュニケーションを維持する必要がある」と続け、労組側の警戒心をやわらげた。西原ら労組執行部は、辣腕のコストカッターからそんな言葉が出るとは予想していなかった。

ルノーの工場労働者は戦前からフランスの労働運動の中核を担い、いわばフランス労働運動史を体現してきた労組だった。ゴーンはベルギーの工場閉鎖で労組から激しい突き上げを食らい、さらにベルギー政府や同国王からも非難された。「その経験があるからゴーンさんは日本の労働慣行を知ろうとしていた。ひょっとしたら、これから自分が始めることが労組の反対にあうかもしれないと考え、非常に慎重だった」（人事部門を所管した元常務執行役員）。西原は、ゴーンがかつての塩路一郎時代の労使対立など日産の労働運動史を調べ上げたうえで、自分たちと会談していたことを後に知り、その研究熱心ぶりに舌を巻いた。ゴーンは逆にフランスの戦闘的な労働運動と異なる日本的な労使協調路線を知って、意外な感を持った。「なんだ、まずは話し合いなのか」と。

大胆なリストラ手腕、迫力ある話術、精力的な仕事ぶり、そして綿密な情報収集力。これまでの日産の経営陣には明らかにない要素を彼は持っていた。

V字回復

ゴーンは1999年6月の株主総会を終えて正式にCOOに就くと、本社の講堂に部課長級300人余を集めて所信表明演説をし、その中でクロス・ファンクショナル・チーム（CFT）を作ることを明らかにした。CFTは、事業の発展、購買、生産、R&D、マーケティング、一般管理、財務、車種構成、組織と意思形成プロセス——の9つで、いずれもさまざまな部門からかき集められた中堅社員ばかり10人余で構成されることになった。いろいろな部署の中堅社員が、自分の出身部門に関係なく、全社的な課題に向き合う一種のプロジェクトチームだった。

ゴーンにとって、乗り込んでみた日産の現状は、まるでデジャブだった。日産の抱える収益力の欠如や責任の曖昧さは、ミシュランやルノーで経験した問題と共通していた。「いままでやってきたことはすべて、まさにこの瞬間のための作業だった」と思った（『ルネッサンス』）。会社再建、組織再編とリストラ、社員の意識と行動の変革、二つの企業文化の融合と異文化マネジメント。どれもこれまでやってきたことだったからである。

日産は縦割りの官僚機構が発達し、各部門が蛸壺のようになり、部門をまたいだ横の連携は乏しかった。そうした病弊を見破ったゴーンは、部門の縦割りを排してCFTに部門横断的にメンバーを集め、経営課題に取り組ませた。ゴーンが乗り込む以前にも、日産には、こうした部門横断のプロジェクトチームはあるにはあったが、各部門は必ずしも一線級の人材を送り込まなかったし、送り込まれたメンバーは各自の属する部門の利害を代表し、実態は形骸化していた。ゴーンは来日後の3カ月間で「これは」と思える40代の課長級の人材を見つけ出し、彼らを各CFTのパイロット（リーダー格の呼称）に選び、しかも各CFTの構成メンバーにそれぞれの部門の逸材を供出するよう求めた。

「とはいえ最初は暗中模索でした」と、「組織と意思決定プロセス」のCFTパイロットに起用された嘉悦朗は振り返る。いままでやったことのない試みを巧みに誘導していったのが、ゴーンやその部下のフィリップ・クランだった。嘉悦が「どうしたらいいかわからない」と尋ねると、クランから「日産のおかしなところは何ですか」とお題を与えられた。すると、CFTの各メンバーから「部門の壁が厚い」「横のコミュニケーションがない」などいくつもの問題点があがった。設計や開発部門は営業を批判し、営業は設計や開発を批判する日産特有の「他責」の文化がはびこっていた。「それだよ」とクラン。「CFTは明らかに、ゴーンさんに誘導されていました」と嘉悦。「CFTで議論したところ、縦、横、斜めの組織からなるマトリックス型の組織が必要ということになったのですが、これをやると部門間に摩擦が起きます」。そう嘉悦が言うと、ゴーンは「よくマトリックス型の組織が必要と気づいたね。摩擦が起きてもいいじゃないか。それはヘルシーな摩擦だ」と言い放ち、嘉悦にとっては目からうろこだった。

購買のCFTがメンバーで議論したすえ、5%程度の原価低減という素案をゴーンに持参すると、「それで大胆かい？　アグレッシブと言えるかい？」と笑いながら突き返された。次に10%低減の改定案をもっていったが、「まだまだ」と首を横に振る。そうやって20%低減の原案に誘導されていった。ゴーンは頭の中に自分なりの数字は持っていたが、それを自ら明かすことはなかった。「日産に必要なことは日産にある。答えは社員の中にあるはずであり、それを自力で見つけて仕事をしなければ再生の難事業は不可能だった」。ゴーンは後にこのときのことを自著『カルロス・ゴーン』で、そう記している。

人事部門を所管した元常務執行役員は当時をこう語る。「CFTは社内の守旧派を殺すために機能したんです。各部門の守旧派が反対するのをつぶし、リーダーが改革を推進するのに適した仕掛けなんです。おまけに各CFTのパイロットをどんどん昇進させた。ゴーンさんはCFTに参加して成果を出せば昇進させるサイクルを作っていったんです。ただ単にC

FTを設ければ何とかなるというもんじゃないんです。リーダーの意思がはっきりしていることが重要なんです」。会社の指揮系統を重視して古参の副社長に所管部門の改革を求めたとしたら、思い切った案は出てこなかっただろうし、ひょっとしたら古参幹部が抵抗勢力となって改革を阻んだかもしれなかった。中堅の有為な人材を半ば下剋上的に活用することによって澱んでいた風土を活性化させたのだ。

ゴーンによれば、CFTという手法はビジネススクールで学んだり本を読んだりして開発したわけではなかった。ミシュランの米国法人CEO時代、合併した米ユニロイヤル・グッドリッチタイヤとの融合に手間取った。「よそ者が何するものぞ」とミシュランを冷めた目で見ていたグッドリッチタイヤの米国人社員を、一つに融合させる触媒となったのがCFTだったという。「それぞれの部門に染み付いた『昔ながらのやり方や慣習』を変えるには、部門や職務の壁を超えて一堂に会する場が必要なことが明らか」(『ルネッサンス』)だったからだ。やってみて、これが会社の持つ思いもよらぬ力を引き出す術と確信した。

ミシュランからルノーに転職すると、設計、開発、生産、購買、営業、管理など細分化された各部門がそれぞれ割拠する大手の自動車メーカーにも、同様にクロス・ファンクショナリティが欠如していることに気がついた。ゴーンは「その結果、いかに会社が衰退し、資金と可能性が台無しになるかということを初めて切実に感じた」(前掲書)。部門横断的なプロジェクトを立ち上げて大企業を再生させる術は、ミシュランとルノーの経験を通じて洗練さを増していった。

9つのCFTが9月にゴーンに提言し、ゴーンとドミニク・トルマン（後にルノーCFO）ら少数のフランス人幹部が、それを1カ月間かけて「日産リバイバルプラン」として磨き上げた。企画室長に昇進していた志賀にゴーンから「日産の社員は連結ベースで何人だ？」など細々したご下問はあったが、どんな処方箋を書くのか、志賀には見当がつかなかった。この少し前までの日本では、企業業績を単体決算で考えることが珍しくなく、子会社や海外拠点もひとくくりにした「連結」という発想が定着してまだ間もなかった。志賀がゴーンの企ての全体像を把握したのは、リバイバルプランを発表する10月18日の朝だった。

ゴーンがまとめた「日産リバイバルプラン」は内外に衝撃をもって受け止められた。コミットメント（必達目標）として2000年度までに黒字化することを掲げ、大胆な構造改革を並べた。村山工場や日産車体京都工場など5つの工場の閉鎖、連結ベースで2万1000人の削減、総コストの6割を占める購買費用の20％削減、そして1145社に及ぶサプライヤーを600社以下にする。一方で生産中止になっていた「フェアレディZ」を復活させ、ルノーとの共通プラットフォーム（車台）の「マーチ」を発売する。保有している1394

社の株式や不動産を売却し、現金化を図り、1兆4000億円の負債を7000億円に削減する――。

これら工場閉鎖や退職金の積み増しなどによって99年度決算は7000億円超の特別損失が発生し、純損益は6844億円という前代未聞の巨額赤字に陥った。当時の日本企業としては「製造業で過去最大」の赤字額だった。日産の赤字は3年連続で、しかもこれまでの8年のうち7年が赤字だった。

日産の購買費用の大幅な削減は、日産に鋼板を納めていた鉄鋼メーカーの経営を揺さぶり、鉄鋼2位のNKKが5位の川崎製鉄と統合する大再編を誘発した。日産の宇宙航空事業は石川島播磨重工業に、日産系列だった富士重工業の株式は米ゼネラル・モーターズ（GM）にそれぞれ売却されたのを始め、保有している部品メーカーの株式を軒並み売り払った。日産は1960年代に部品メーカーや材料メーカーの株式を取得し、OBを送り込んで「ケイレツ」化を進めてきたが、一転して傘下の系列企業に「親離れ」を促した。

工場閉鎖やサプライヤーの削減は、ゴーンがルノーで取り組んだコスト削減策の応用だった。村山工場の閉鎖は過去の日産の経営改革でも素案として浮かび、ゴーンのまったくの独創ではなかった。だが、CFTのパイロットを務めた嘉悦は「ゴーンさんとそれまでの経営者の最大の違いは何かと言ったら、決断ですよ」と言う。「経営者として場数を踏んで英断を下すというキャリアを持った人が、それまでの日産にはいなかった。これは何もウチに限ったことではなく、日本的な、すべての企業で言えます。部門内だけで人を育ててきたから、経営者として全体を見て決断する力が養われないんです」。アイデアとして浮かんだことと、それを実際に実行に移すかどうかは、まったく位相が異なる。その点でゴーンは歴代の経営者と比較して傑出していた。

このころのゴーンを広報部門出身の役員は「セブンｰイレブン」と名付けている。「いままでの社長とは全然違うんだ。朝7時には会社に来ていて、本当に午後11時まで働いていた。食事も役員食堂だった。それで私が『セブンｰイレブン』と言ったら新聞がそう書いたんです」。たまに「食べながら報告を聞きたい」と部下たちを食事に誘うこともあったが、誘われた部下の一人は「これがすごく緊張感の漂う会食でして、ものすごく憂鬱でした。会社の中で打ち合わせをやった方がまだいい。ゴーンさんは食べるのも速いですしね」と言う。

大企業のトップともなれば、取引先やライバル企業との夜の会食はひきも切らないはずだが、ゴーンは日本的な会食を嫌った。経産省から日産に天下り、副会長を務めた伊佐山健志《いさやまたけし》は「どうしても、この会合だけは出てください」と頼みこまなければならなかった。すると、「わかった。オードブルからデザートまで1時間で出してくれ」とゴーン。「彼は接待が大嫌いでしたね。非常に合理的でした」と伊佐山は振り返る。

日産の社員にとって、ゴーンが持ち込んだものは、すべてが目新しく新鮮だった。

それまでの日産は経営計画を立案しても目標に届かないことがしばしばで、しかも、そのことに誰も責任を取らなかった。だが、ゴーンはコミットメントという必達目標を掲げ、「黒字化できなかったら辞める」と株主総会で宣言した。そんな経営者は日産では初めてだった。自ら範を示したゴーンは、管理職に「コミット・アンド・ターゲット」という個々人の業績目標制度を採り入れた。各自の目標を決めて、その到達度に応じて個人の業績や賞与を決める仕組みだ。「管理職に責任感がなくて評論家みたいなことばかり言う。そこをゴーンさんは見破ったんだ。日本の民族性というよりも『日産性』の何たるかをすぐに見抜いたの」(伊佐山)。

副社長以上のメンバーで構成する「ノミネーション・アドバイザリー・カウンシル」(NAC、人事委員会)を設け、各部門が推薦する人材に面談したうえで、将来有望な人材にお墨付きを与える全社的な後継者育成プランにも取り組んだ。そうやって選ばれた有為な人材は、経営幹部層で「ハイ・ポテンシャル・パーソン」(ハイポ)として認識された。好き嫌いという私情を排し、適材を適職に据えて人材登用を促す仕組みだった。ゴーンが植えつけた日産のさまざまな新しい人事制度はこのあと、他の日本企業が真似て採り入れるようになった。

経済の長期低迷に苦しむ日本の大企業にとって、ゴーンの改革は「文明開化」のお手本だった。経営のグローバルスタンダード（国際標準）とは、こういうものかと見せつけるものだった。

ゴーンが日本に乗り込んだころ、ルノーとの提携交渉をまとめ上げた鈴木裕は、ルノーのシュバイツァー会長から「こっちに来ないか」と執拗なラブコールを受けるようになった。シュバイツァーは「契約交渉を通じてルノーの実態を一番理解しているのはムッシュー・スズキであり、日産に詳しいのもムッシュー・スズキだ」と言い出し、ルノーに新設する日産との提携事務局（コーディネート・ビューロー）の幹部に就任することを要請した。鈴木は断ったが、シュバイツァーはあきらめない。日本の滞在期間を延長するから「もう一度考え直してくれ」と言ってきた。それでも断ると、鈴木は塙義一社長に呼びつけられた。「シュバイツァーさんのお願いを断るとは何事か。お前、ルノーに行け。これは業務命令だ」。塙は、嫌がる鈴木に「3年ぐらいたったら日本に戻すから。ゴーンは3年任期なんだ。その後はキミが戻ってくるんだからいいじゃないか」と言った。

確かにシュバイツァーは朝日新聞記者とのインタビューでゴーンについて「彼の仕事の効果が出るには4年ぐらいかかるだろう」と4年程度の任期を示唆し、その後、ゴーンが日産の社長になることは「まったく想定していない」と言明していた（朝日新聞99年3月28日）。「ゴーンの後はキミに任すから」という塙の言い方は、いずれ、しかるべき処遇をすると言っているように聞こえた。鈴木は渡仏し、99年7月、ルノーのシニア・バイス・プレジデントになり、コーディネート・ビューローのパリ側の事務局長に就任した。

鈴木の部下だった杉野泰治はパリ行きに反対し、「これは罠かもしれない。行かない方がいい」と鈴木に進言した。杉野は言う。「ゴーンからすると、交渉の中身をすべて知っていて、しかも社内で人気のあった鈴木さんが煙たいんです。交渉過程をすべて知る実力のある男を外したかったんだ。後からルノーは合意した契約内容をひっくり返すんですが、そのときに鈴木さんが残っていたら『おかしいじゃないか』と言うでしょう。それが嫌だったんだ」

日産は、経営トップを日本人が握ることでルノーと合意していたにもかかわらず、ゴーンの辣腕ぶりを前にして塙は早々に2000年6月、社長のポストをゴーンに明け渡し、自らは責任がない立場に退いてしまった。日本側が握る決まりになっていたCFOも、あっさりフランス人に差し出した。鈴木たちがダイムラーやフォードと競い合わせることでルノーから有利な条件を引き出したはずなのに、塙は進んでルノーの進駐軍に献上してしまった。

過去最大の巨額赤字は、その1年後には過去最高益に鮮やかなV字回復を遂げた。

日産の翌2000年度決算は純利益が過去最高の3311億円の黒字になり、過去最大の赤字だった前期と比較して損益が1兆円も改善した。リバイバルプランで示した購買コストの大幅な低減などコスト削減策が大きく奏功した。コミットメントで約束した黒字化を予定通り実現させるとともに、購買費の20％削減などリバイバルプランで宣言したことも1年前倒しで02年3月までに実現した。純損益段階の過去最高益の更新は、このあと、05年度まで6年連続で達成することになる。驚くべきことに、かつて2兆5000億円を超えていた有利子負債を完済し、03年3月末時点では負債が「ゼロ」になった。

慢性的な赤字が続き、負債が累増していた日産は劇的に蘇った。あまりにも鮮やかなV字回復は、異論や懐疑的な見解をさしはさむ余地を与えなかった。「あの成果を見たときに、それまで冷ややかに見ていた古参の幹部も軒並み『えっ？』となった。みんなが『ゴーンはすごい』と言うようになった」（元常務執行役員）。かくしてゴーンはヒーローになった。首相の小泉純一郎が「自民党をぶっ壊す」と同党の旧弊を破壊すると宣言し、熱狂的な喝采を浴びた時代、同じように強いリーダーシップを発揮するゴーンはビジネスの世界で刮目《かつもく》すべき存在となった。

日産が劇的に復活した01年ごろ、ゴーンは、副社長以上で構成する経営会議「エグゼクティブ・コミッティー」の場で、「ルノーのシュバイツァー会長からの提案です」と、日産とルノーの両社が共同持ち株会社を作って経営統合を図ることに言及した。鈴木たちがまとめた提携合意を骨抜きにし、明らかに日産の独立性を侵食し、ルノーによる日産支配が強まることを意味していた。ルノーに救済され、重要事項に拒否権のある36・8％もの株式を持たれた以上、いつかはそうなっても不思議ではなかった。塙はルノー側の提案を「結構なことじゃないか」と受け入れる姿勢を示した。他の日本人役員たちは内心は「ついに来るべきものが来たか」と穏やかではなかったものの、結局は誰も異論をさしはさむことなく、塙の意見に付和雷同し、消極的賛成に回った。日本人幹部の中にルノーに飲み込まれることに反対する者はいなかった。このときゴーンは自身の考えを一言も述べず、ずっと沈黙したままだった。

このままルノー主導の経営統合が進むかに見えた。が、そうはならなかった。

副社長の森山寛は後になって「ゴーンがつぶした」と知った。「ルノーの持ち株会社方式による経営統合提案に対して、ゴーンさんはコンサルタント会社を雇って一つひとつ徹底的に反論してつぶしたんです。私は『彼は、どうせルノーの回し者だろう』と見ていたんですが、そうじゃなかったんです。本当に日産のために働いてくれる人なんだ、と。それまで誤解していたことを申し訳なく思ったほどでした」。結局、ルノーとの提携強化は、ルノーが新株予約権を行使して43・4％まで引き上げる一方、日産が約束通りにルノーに対して15％出資し、互いに株式を持ち合うことになった。シュバイツァーが持ち掛けた「持ち株会社方式による経営統合」案はいったん葬り去られ、代わって両社が折半出資で共同統括会社「ルノー日産BV」（RNBV）をオランダに設けることを決めた。

ゴーンはこの当時、決算期をルノーと同じに合わせることにも反対し、日産の独自性を守った。ルノーが傘下に収めていた韓国のサムスン自動車の経営再建について、ルノーが日産に協力を求めてきたが、それもゴーンは「ルノーが買収したのだからルノーがやるべきでしょう。日産が買収したわけではないから」と突っぱねた。

ゴーンはルノーの代弁者ではなかった。役員の一人は、執務室でちょうど電話を終えたゴーンが振り向きざまにこう言ったのを覚えている。「ルノーのボードも一枚岩じゃないんだ。まぁ、適当に聞いておいたよ」。ルノーへの悪口や批判が彼の口をついて出ることがしばしばあった。ゴーンは、ルノーから日産に降りかかってくる無理難題を食い止める防波堤になっていた。それを知れば知るほど、ゴーンに距離を置いて懐疑的に見ていた者さえ、彼を肯定的に評価せざるを得なくなった。

パリのルノー本社で日産との提携窓口になっていた鈴木も、ゴーンの活躍ぶりに瞠目した。両社の提携戦略を具現化するグローバル・アライアンス・コミッティー（ＧＡＣ）が毎月のように東京やパリで開かれ、出席したゴーンが発言すると、ルノー側の幹部はそれにまったく反論できなかった。間近で見た鈴木は「非常にパワフル」と受け止めた。「日本人にはいないタイプ。これだけのＶ字回復を成し遂げた力量はすごい」。そう素直に受け止めた。

だが、ゴーンがいないときのルノー本社の会議で、鈴木が「ゴーンさんは、よくやってくれている」と正直な感想を口にすると、会議室の空気は急に重くなった。向かいの席のフランス人幹部は首を傾げて黙ったまま。ほかの参加者は互いに目で合図を送りあう。つい、この間までゴーンの仲間だったはずの人間が、ゴーンへの賛辞に相槌すら打たなかった。鈴木が投げたボールを会議室にいた誰も拾わなかった。「必ずしも受け入れられてはいないんだ」と鈴木は受け止めざるを得なかった。フランスに来てしばらくして「ゴーンは日本に行く直前にフランス国籍を取得した」と聞かされたときと同様の、意外な感を持った。

鈴木は00年、「日経ビジネス」４月17日号掲載のインタビューに応じて「カルロス・ゴーン氏らの指示に素直に従うだけでなく、（日産社員は）もっと意見を戦わせなければ駄目だ」と語ったことがゴーンの不興を買った。「日産マンは言うべきことを言わないで長いものに巻かれがちだから」とあえて苦言を呈したつもりだったが、記事の翻訳を読んだゴーンの受け止め方は違った。「二度と勝手にマスコミの取材を受けるな」とゴーンから命じられた。塙は「3年後にはゴーンをフランスに帰して代わりにキミを」とほのめかしていたのに、ゴーンは01年、鈴木を系列の印刷会社のｅ－グラフィックスに異動させた。栄転とは言い難い人事だった。そのとき塙は救いの手を差し出さなかった。

日産は、出張時のホテル代の精算や会食費のために会社持ちのクレジットカードをゴーンら経営幹部に持たせていたが、ゴーンは渡されるや否や、日本人幹部にはあり得ないような公私混同を始めた。秘書室に回ってきた支払い明細には、肉、野菜、ワインなど食材がずらりと並んだ。表向きは自宅で開くパーティー用という名目だったらしいが、実際はリタ夫人が自宅で開いたレバノン料理のお食事会の食材調達に日産の会社貸与のカードを使っていたようだった。秘書室の幹部が「あまりにもひどい」と杉野泰治に悩みを打ち明けた。「それは注意された方がいいんじゃないですか」と杉野。秘書室幹部は勇気を奮って苦言を呈したが、それからまもない01年春、彼は部品メーカーへ異動となった。

ゴーンの着任当時、国税庁が毎年、高額納税者を公表していたが、ゴーンは自身の所得税額が明らかになるのを嫌がった。社内の法務や税務、経理の担当者にどうすれば開示を免れるか検討させ、結局、毎年3月の申告期限までにあえて申告せず、公示対象者から免れることを思い立った（公示後に本来の所得に基づいて修正申告した）。その代わり延滞税などペナルティーを納めなければならなかったが、「しょせん、しれた金額。しかも、このやり方は合法でしょう」と当時の財務担当幹部。「意図的に申告を遅らせたんだ。つぶれそうな日産にやってきて、たくさんお金をもらっているということを知られたくなかったんでしょう」。この元担当幹部はそう打ち明けた。

報酬への執着は日本人よりアグレッシブだったが、それを日産の人たちは「外国人はこんなものだろう」と受け止め、さほど眉を顰めることもなかった。むしろ外国人トップの鮮やかな手腕に恐れ入っていた。ライバルに対して出遅れていた中国戦略もそうだった。

ゴーンは米国市場の次に巨大化するのは中国と見ていた。常務執行役員に昇格していた志賀に00年に中国進出計画を立案するよう命じている。1年かけて中国の大手自動車メーカー「東風汽車公司」と合弁で乗用車生産に乗り出す案に絞り込んだが、交渉は予想外に手こずった。「でもゴーンさんは忍耐強くてね」と志賀。ワーカホリックのゴーンはいったん帰宅して家族と夕食をとった後に、自宅近くのイタリアンレストランに志賀たちを呼びつけては報告を聞き、そこで夜中まで議論した。「これが毎週午後8時ぐらいから。とにかく仕事熱心で」。ゴーンは志賀に対して「東風は信頼できるパートナーなのか」と角度を変えては同じ質問を繰り返した。やがて志賀が中心になって日中双方が50%ずつ出資する合弁会社設立のプランがまとまった。

だが、中国はそんなプランでは収まらなかった。中国はゴーンが日産で見せたV字回復の手腕に感服していたようだった。「通常のフィフティ・フィフティの合弁会社を作っても小さい話じゃないか、もっと大きな絵を描いてほしい」。中国事業室長の中村克己は、志賀の素案に対して中国側からそんな注文がついたことを記憶している。

当時の国務院副総理の呉邦国は、日産の再建を成し遂げたゴーンをすっかり研究していた。国営企業の東風は、部品メーカーなど数多のサプライヤーを傘下に有するだけでなく、学校や病院、鉄道や水道事業も有し、工場立地地域の社会資本整備の役割も担っていた。そこに東風がフランスのシトロエンと始めた合弁事業の債務が加わり、1990年代半ば以降赤字が常態化し、中国政府も持て余していた。呉はゴーンに面会を求め、「ゴーンさんは日産を再生させた。実は中国では今、国営メーカーの東風が困っている。再建に協力してもらえないか」と切り出した。

日産と東風は2003年に乗用車生産の合弁会社を設立したが、そこに親会社である東風の持っていたバスやトラック部門、サプライヤーである部品生産部門を引き取ることになった。実質的には日産が合弁会社に50％出資することで、東風本体まで飲み込む「買収」に近い中国進出となった。「中国は、日産のV字回復と同じことが国営企業でできないかと考えたんです。カネも技術もないなかで、このままでは国際競争から取り残される。さてどうするか、と」（中村）。そこで隣国のゴーンに白羽の矢が立ったのだ。

再建役に送り込まれたのは、設計や開発一筋で歩んできた中村だった。彼はエンジニアからいきなり7万4000人もの従業員がいる中国国営企業の実質トップに就任することになった。「車づくりではプロだと思っていますが、会社の経営は私にはチャレンジブル。ゴーンさんから『中国をやってくれ』と言われたときはビックリだった」。中村は合弁会社設立の記者会見で戸惑いを隠せなかった。

着任した中村は工場を回り、現場の技術者たちと話し合った。それは、すべてゴーンから学んだやり方だった。中村は後にこう振り返っている。「中国は我々の手によってリストラをしてもらいたかったんです」。日産にとっても、上首尾の中国進出だった。「最後発でウチが出て行ったのに、販売台数もシェアも一気にいいところまで行けましたからね」。中国に参入する場合は車種ごとに現地企業と合弁会社を作り、認可を得る必要があったが、日産は東風と組むことで一挙に10車種以上の車を生産・販売できる特権を認められたのだ。トヨタやホンダが1990年代に進出して少しずつ橋頭堡を築いてきたのに対して、決定的に出遅れていた日産はこれにより一気に遅れを取り戻した。

ゴーンの経営手腕は鮮やかだった。

絶対君主

ルノーのルイ・シュバイツァーは、日産を劇的に再生させたカルロス・ゴーンの経営者としての手腕を認めないわけにはいかなかった。シュバイツァーはゴーンが「日産リバイバルプラン」を成功裏に終わらせた2002年ごろにはルノーに戻し、自身のナンバーツーとしてルノーのCOOとして業務をゆだねる考えだった。「しかし、彼自身が日産でさらに腕を振るいたいと考え、私もそうしてほしかったので在任期間を6年間に延ばした」（『ルイ・シュバイツァー自叙伝』）。もはやルノーの後継者は、日産とのアライアンスを成功に導いたゴーンしかあり得なかった。シュバイツァーは05年4月末、ルノーのCEOをゴーンに譲ったが、ゴーンはこのとき、自身は日産を辞することなく、日産のCEO職にも引き続きとどまった。大株主として日産を監督するルノーのトップと、監督される日産のトップの双方を兼務することになったのである。

このときの日産の首脳人事で、ゴーンは腹心となっていた志賀を日産のCOOに引き上げた。6年ぶりに日本人幹部が経営中枢の一翼を担うことになり、志賀はポスト・ゴーンに最も近い地位に就いた。ゴーンは志賀を高く買い、人事担当役員に対して、「もし自分に万が一のことが起きたら、そのときは志賀に」と言っていた。

この当時、日産社内で日本人幹部の人事に強い影響力を持つようになったのは、副社長を経て03年から共同会長に就いていた小枝至だった。塙義一社長時代の古参幹部が相次いで退任するなかで、小枝は生き残った。

ゴーンのリバイバルプランの目玉は、購買費用の大幅な削減によって会社全体のコストを減らすことにあったため、それまで自動車メーカーにおいては縁の下の力持ち的な存在だった購買部門が一躍、スポットライトを浴び、改革の司令塔という光栄に浴することになった。V字回復に成功すると、一層存在感が増し、開発や生産、販売の各部門よりも購買部門の社内的な発言権が増すようになった。しかも、小枝は関係会社担当という立場を生かして、ゴーンがよくわからない日本人幹部の再就職先の斡旋を取り持ち、人事に隠然たる影響力を持つようになった。そんな小枝が、このころ人事担当役員に対して、「これからはゴーンさんと同世代のメンバーによる体制にしたい」と働きかけ、「優秀な男だから頼むよ」と強く推薦したのが西川廣人だった。

西川は東大経済学部を卒業して1977年に入社し、志賀の1年後輩にあたる。辻義文社長の秘書を務めた後、購買企画部の次長や部長を歴任し、同じ購買部門出身の小枝の目に留まった。ゴーンがルノーと兼任し、志賀がCOOに就く2005年、日産は経営幹部層の若返りを図り、50代前半の西川や山下光彦が副社長に引き上げられることになった。その2年後には、1954年生まれのゴーンとほぼ同年配の世代が首脳陣を占めるようになった。そして、少し年上の今津英敏が副社長に加わった。

後から振り返ってみれば、このころがゴーンの絶頂期だった。日産は倒産寸前だったことがウソのように業績が好転し、05年度決算まで6期連続で過去最高益を更新した。リバイバルプランに続き、02年度を初年度とした中期経営計画「日産180（ワンエイティ）」では、100万台の販売増や売上高営業利益率を8％以上にすること、そして自動車事業の有利子負債をゼロにすることを目標に掲げ（それぞれの数字の頭文字から「180」と命名された）、幹部ですら「とても無理だろう」と思っていた負債ゼロを達成してしまった。

日産を救った上に借金も完済し、ゴーン神話にますます磨きがかかった。リタ夫人は04年に東京・代官山でレバノン料理専門店「マイレバノン」を開業するとともに、ゴーン家の日常を25カ条の家訓の形でまとめた『ゴーン家の家訓』を出版した。家族の崩壊が珍しくなくなった時代に、ゴーン家は理想の家族のモデルケースだった。ゴーンは「子どもができたからといって、自分の役割を夫や父親に限定してはいけないと思う。やはり恋人でないとならない部分もある」と言い、彼女の40歳の誕生日にはバラの花を100本もプレゼントしたことを明かしている（『ゴーン道場』）。

日産とルノー双方のトップになったゴーンは06年、極東と欧州だけでは飽き足らなくなっていた。世界最大の自動車メーカー、米GMの10％弱の大株主である投資家のカーク・カーコリアンが、ルノーと日産を再建したゴーンに経営不振のGMの立て直しを託せないかと考え、GM経営陣にルノー・日産連合との提携を勧める書簡を送ると、ゴーンはそれを帝国の拡大の好機到来と受け止めた。ゴーンは同年7月、カーコリアンの提案について「戦略的なチャンスを無視するわけにはいかない」と意欲を見せたが、GM会長のリチャード・ワゴナーは、株式投資で荒稼ぎするカーコリアンの提案に気乗りしなかった。

カーコリアンは1995年、業績が低迷していた米クライスラーへの敵対的買収を企て、それに怯えたクライスラーが独ダイムラー・ベンツのもとに駆け込んだことが、ダイムラーとクライスラーの「世紀の合併」を誘発した前歴があった。カーコリアンはまともな自動車メーカーの首脳だったら敬して遠ざける相手だったが、ゴーンはそれに飛びついた。もっともカーコリアンは、慎重姿勢を崩さないワゴナーでは、いつまでたっても埒が明かないと見て、GMの持ち株を手放して提携話は雲散霧消したが（GMはリーマン・ショック後に連邦倒産法を申請して経営破綻し、一時米国政府に国有化された）、このときゴーンは帝国の膨張という着想の虜になっていた。

暗転への兆しは、絶頂を極めていたこのころから忍び寄っていた。

ほんの数年前まで「ゴーンチルドレン」として、リバイバルプランや180の計画実現に尽力してきた経営幹部たちが一人、二人とゴーンと距離を置くようになった。かつてゴーンに心酔していた一人は、いつの間にかゴーンの不興を買うようになり、2005年、日産を去った。「はじめのうちは異論や進言を受け入れてくれたゴーンさんだったのに、リバイバルプランを成功させると、自信にあふれるようになってしまった。人事政策をめぐって『ここは日本です。フランスではありませんから』と反論する私をゴーンさんがだんだん煙たく思うようになり、軋轢が増えていったんです」と、この経営幹部は振り返る。「それで、このままじゃなと思って」。取引先企業への転身を打診されると、意を決した。

クロス・ファンクショナル・チームのパイロットを務め、やはり同様にゴーンに魅せられた「チルドレン」の一人も、「07年ごろから品質問題について意見が合わなくなってしまった。そのころから彼に反論したり意見が違ったりする人は飛ばされるようになった」と言う。別の元パイロットも同じ見方だ。「ゴーンさんが良かったのは05、06年ごろまで。その後は明らかに変な人事が増えていったんです。ゴーンさんのご機嫌取りのような人間が重用される一方、ちょっとでも失敗すると左遷や解任をする。それに『こいつ、誰？』と思えるような変な外国人を連れてきて要職に就かせることが増えていったんです」。ゴーンの近習《きんじゅ》や側《そば》用人《ようにん》と目されていた人たちの間で、かつて熱狂的に崇拝していた神への信仰が薄らぐのは意外に早かった。

リバイバルプラン、１８０に続いて、ゴーンは08年度までに全世界で４２０万台を販売するという野心的な中期経営計画「日産バリューアップ」（05〜07年度）を掲げた。目標の４２０万台は、04年度末の３３８万台の実績から80万台強も積み増さないとならないという高いハードルだった。すると、背伸びばかりさせられる日産の生産や販売の現場で働く社員たちの疲弊が顕著になった。

ＣＯＯの志賀は「そろそろこのへんで手綱を緩め、アクセルを緩めないと」と思った。

「１８０で掲げた１００万台増販が未達に終わって、そこにさらにバリューアップというのを始めたんですが、営業の現場が苦労して疲れ果ててしまったんです」。そんな志賀の姿勢は、ゴーンの跡目を狙う他の副社長の格好の餌食になった。彼らが「志賀は甘い」と非難をあびせ、一時は志賀の更迭説も取り沙汰されたが、ゴーンは結局、志賀の苦言に耳を傾けた。

「だいぶ怒られましたが、最後はちゃんとこっちの言い分を聞いてくれました」（志賀）。志賀の更迭はなく、逆にゴーンが折れた。

バリューアップの次の中期経営計画「日産ＧＴ２０１２」（08〜12年度）では、これまでのように利益や販売台数の数値目標をコミットメント（必達目標）に掲げることはしなかった。ゴーンは当時、朝日新聞のインタビューに答えて「正直いって、05〜07年度の経営計画『日産バリューアップ』が社員を怖がらせ、不安にさせていると思うようになった。社員だけでなく役員も（笑）。1年ごとの利益目標は公表するが、5年後の利益の必達目標をつくるのはやりすぎ」「台数の必達目標はもう設定しない。状況によって変わるし、無理な販売策を招くからだ」と反省してみせた（朝日新聞08年5月15日）。進言を受け入れて軌道修正する柔軟性と度量が、まだあった。

08年9月15日、リーマン・ブラザーズが破綻した。世界的な金融危機が起きたこの日、ゴーンはパリにいた。すぐに日産に電話を入れ、志賀に「23日に日本に入る。祝日だが、エグゼクティブ・コミッティー（経営会議）の役員を全員集めてほしい」と連絡した。その前年からサブプライムローン問題が表面化し、経済が変調をきたしていたことはゴーンも感じていたが、まさかあれほどの規模の危機が起きるとは思わなかった。日産はこのとき、短期資金のコマーシャルペーパー（ＣＰ）に頼った資金調達をしていたが、ＣＰ市場は干上がり、資金の出し手は消え失せた。ゴーンは中期経営計画ＧＴ２０１２をすぐ凍結し、手元に資金をおいておこうと、予定していた投資は一部を除いて極力控えることにした。

前年比で売上高が２兆円以上も減り、純損益は9年ぶりの赤字に転落するという業績が崩落する局面で、ゴーンは管理職の賃金をカットし、グループで2万人規模の人員削減を実施するなど相次いで止血策を打った。危機の際の対症療法に強みを発揮する彼らしく、日産は1年後には黒字転換できたが、リーマン危機の最中、志賀はゴーンの異様なあわてふためきように驚いた。「あのときは怒り方が尋常ではなくて、問答無用でした。相当異常な怒り方でした」。高すぎる販売目標の修正を受け入れてくれた前年のゴーンとは違い、彼はすっかり理性を失っていた。

それから10年余り過ぎて志賀は、東京地検特捜部の捜査によって、あのときのゴーンの異常な怒り方の真相を知ることになったのである。「なんだ、あのとき、自分の財産も蒸発していたのか」と。リタ夫人の店は、リーマン・ショックで外国人客が激減したからか、08年暮れにはすべて閉店した。

リーマン・ショックのときでもゴーンが投資計画を見直さなかったのが、電気自動車（EV）開発だった。日産は、トヨタが開発したガソリンエンジンと電気モーターを組み合わせたハイブリッド車（HV）の開発に大きく出遅れるなか、逆転を狙ってEVに賭けた。ハイブリッド全盛の時代に「EVをやろう」と言い出したのはゴーンだった。志賀や開発担当の山下光彦が再考を促したが、「CO_2を出さない無公害車が求められる時代になるのは間違いない」というゴーンの先見が勝った。日産は電気モーターや電池の開発に累計５０００億円を投入し、満を持して10年12月、世界初の量産型電気自動車と触れ込むＥＶ「リーフ」を日米で同時発売した。日産はさらにＥＶの採用車種を広げ、ルノーもＥＶ４車種を投入する計画でいた。

その直後のことである。「ルノー幹部３人が産業スパイか」。フィガロなど仏紙が11年1月、「ルノー幹部が、日産と共同開発したＥＶの機密情報を漏洩した」と一斉に報じた。報道によると、10年8月にＥＶの機密情報漏洩の情報がルノー社内の職業倫理委員会に持ち込まれ、社内調査を進めた結果、経営委員会メンバーでもある幹部一人とＥＶ開発の担当幹部二人の計３人が中国企業に機密情報を漏洩し、見返りにスイスやリヒテンシュタインに開設した銀行口座に数十万ユーロの報酬が振り込まれていた、というものだった。

ルノーは直ちに３人を無期限停職処分にした後、解雇した。世界にリードしたはずのＥＶ技術で一大スキャンダルに見舞われ、ルノーは仏検察当局に容疑者不詳で刑事告訴した。ベッソン経済産業担当相は「経済戦争と呼ぶべき事態だ」と中国を非難し、仏中央国内情報局（ＤＣＲＩ）が捜査に乗り出した。

ところが、その2カ月後、事件の構図は一変した。仏ＤＣＲＩは捜査の結果、「スパイ行為の形跡は見られない」と結論づけ、それを受けてルノーは３人の復職を認めることにした。

海外に口座が開設された事実はなく、情報漏洩そのものが事実無根だった。逆に社内調査を担当して不正を見つけた軍人出身の保安担当幹部が詐欺容疑で逮捕された。もともと産業スパイの情報は、この保安担当者が、知り合いの調査会社の情報提供者からもたらされたと言って持ち込み、ルノーはこの情報提供者に情報料として数十万ユーロを支払っていた。しかし、この資金の一部は、情報提供者を仲介して保安担当者のスイスの隠し口座に振り込まれていた。保安担当者が外部の人間と結託して、ルノーから巨額の情報料をだまし取っていた構図が浮かび上がったのである。フランス政財界を動揺させた中国のスパイ事件は実は事実無根の捏造《ねつぞう》で、逆にフランスの名門企業のお粗末な企業統治を暴き出した。

前代未聞の醜態だったが、責任を取らされたのはルノーのトップのゴーンではなく、ナンバーツーのCOOのパトリック・ペラタだった。ペラタは日産がルノー傘下に入った際にゴーンと一緒に来日し、ともに再建にあたったゴーンの盟友のはずだった。ルノーは4月の臨時取締役会でペラタの引責辞任を決めたが、「ペラタだけが責任を取らされた」と日産側は受け止めた。二人に仕えた志賀も「あれっ？」と意外に思う顚末だった。

ペラタの後釜には日産副社長のカロルス・タバレスが就任した。タバレスはポルトガル出身で、テストドライバーとしてルノーに入社後、ルノーの主力車種の「メガーヌ」の開発責任者などを経て、04年に日産に出向。日産ではインドなど新興国市場を立ち上げたほか、リーマン・ショック後は北米の販売再建に関わってきた。

ところがそのタバレスも、就任わずか2年で職を追われることになった。タバレスは米ブルームバーグ通信のインタビューで、「我が社では偉大なリーダーが君臨している。自動車産業に情熱を注ぐものならば、誰でもナンバーワンを目指したくなるものだ」と述べたことが、ゴーンに野心があると疑われたらしかった。「ゴーンさんの激怒を買って切られてしまったんです。このころからゴーンさんが自分の地位を危うくする人に対して神経質になってしまって」（志賀）。タバレスは13年8月にルノーから退任に追い込まれると、あろうことか、ルノーのライバルである仏プジョー・シトロエン・グループ（現グループPSA）のCEOに転じた。

次は志賀の番だった。同じ13年の11月、日産が2期連続で決算見通しの下方修正に追い込まれると突如、役員体制の変更が発表され、志賀はCOOの任を解かれ、副会長に棚上げされた。同じく副社長兼チーフ・パフォーマンス・オフィサー（CPO）のコリン・ドッジもCPOの職を離れた。代わって西川廣人がナンバーツーに昇格し、西川とアンディ・パーマー、トレバー・マンが志賀のCOOの職を引き継ぐことになった。日産の最高意思決定機関であるエグゼクティブ・コミッティーの顔ぶれが大きく入れ替わることになった。業績悪化の責任を志賀に取らせ、トップのゴーンは居座りを決めたように映る人事だった。

懲罰的に見えた人事だったが、志賀に言わせると、「世代交代のために自分から退こうと思って決めたことだった」という。「2005年にエグゼクティブ・コミッティーのメンバーになってからだいぶたっており、本当は09年に降りようと思っていたんです。しかし、そのときにはできなくて11年に2期連続で下方修正になったので、この辺が潮時かな、と思ったんです」。志賀だけでなくドッジや今津英敏、山下光彦らが一斉に退こうとしたところ、残留したのが西川だったという。

志賀によれば、実はゴーンもルノーの役員定年にかかる14年中に勇退する意向だったらしい。志賀はゴーンが「こんなクレージーな生活はいつまでも続けていられない」と漏らすのを聞いていた。志賀たちエグゼクティブ・コミッティーのメンバーが世代交代することで、「新しくなったメンバーとゴーンさんを1年間だぶらせて、その中から次の日産のCEOを選べばいい、という人事構想だったんです」（志賀）。

ゴーンはジャーナリストの井上久男のインタビューに「いまや日産は本当に計画を実行できる人材が揃っています」「リーダーが自信過剰だと誤った組織は誤った方向に進んでしまいます」と語っている（「文藝春秋」12年12月号）。この取材に同席した広報担当幹部は、ゴーンが「次の中期経営計画の策定に自分は関わらない」と漏らしたのを耳にし、彼がそう遠くないうちに退任するだろうと推測した。

ところが、そうはならなかった。ルノーの任期が18年まで伸びたのだ。「13年〜14年にかけて何かがあったようで、それでゴーンさんは変わってしまったんです」と志賀は打ち明ける。ゴーンの勇退どころか、有力な後継者候補の一人だった副社長のアンディ・パーマーが14年9月に退任し、英自動車メーカーのアストン・マーティンのCEOに転じてしまった。パーマーは英ローバーを経て日産英国法人に入社し、国籍や性別を問わない「ダイバーシティ（多様性）」を重視するゴーンの下で昇進を重ね、日本人幹部社員の評判も悪くはなかった。それなのに、だった。長期政権化するゴーン体制のもと、日仏のナンバーツーは切り捨てられ、後継者と目された幹部人材は相次いで流出していった。

ゴーンとリタ夫人との間に隙間風が吹き始めたのは10年ごろだった。リタが後に「週刊文春」（18年5月24日号）の取材に語ったことによれば、夫のパソコンのメールのやり取りを見て、彼が、再婚するキャロル現夫人を含めて複数の女性と不倫関係にあることを確信した。ゴーンは12年、ニューヨークで金髪の女性と抱き合っているところを盗み撮りされ、写真週刊誌の「フライデー」に掲載されたこともある。仲睦まじさが日本でも理想の家族像と親しまれてきたゴーン家だったが、夫の裏切り行為によって家庭は崩壊に向かった。二人は15年に離婚し、ゴーンはキャロル夫人と16年に再婚した。

そのころからゴーンの生活は非常に派手になった。「それまでの仕事中心の生活が、明らかに家庭中心、自分の財産中心に変わってしまった」と志賀。「リタさんと別れたころからおかしくなってしまった」と広報担当幹部も指摘する。熟年再婚は生活を一変させてしまったようだ。二人は、参列者がフランス王政期の衣装で身を包むという度肝を抜くような盛大な結婚披露宴をパリのベルサイユ宮殿で開催した。連れ立ってカンヌ映画祭に訪れ、モナコで開かれるF1グランプリの観戦にも出かけた。もはや自動車メーカーの社長夫妻というよりも、まるで「セレブ」のような振る舞いだった。湯水のようにカネを使い、贅沢を楽しむ様子は、ルイ16世とマリー・アントワネットを彷彿とさせた。

そんな振る舞いを日産の日本人幹部は苦々しく見ていた。「ゴーンさんが1カ月のうち東京に来るのはせいぜい1週間しかありませんでした。来日すると2日程度は会議に出席したりして仕事をしますが、あとは、キャロル夫人を連れてワインを飲みに行ったり、ほとんど遊びでした。ゴーンさんはリバイバルプランのころと比べたら全然働かなくなってしまったんです」。日産の広報担当幹部はそう打ち明けた。

周囲の者たちが予測していたゴーンの勇退は、いつの間にか沙汰やみになった。ルノーの役員定年の内規に触れるためルノーのＣＥＯを退任するのではないかと見られていたが、逆にルノーの内規を変更して22年まで在職できるようにした。

従来はCEOの定年を65歳としていたが、64歳までに取締役に就任していたら取締役任期の4年間はCEOにとどまれることにしたため、最長で22年までCEOに在職できるようにしたのだ。ゴーンは新妻との甘い生活を楽しみ、ルノーと日産のトップの地位を手放さなくなってしまった。

ゴーンは、カーク・カーコリアンからGMとの提携をほのめかされて以来、チャンスがあるならば、さらなる規模拡大の機会をうかがってきた。12年には他の自動車メーカーを加えて生産規模を1000万台にする「タイタン」という構想をぶちあげた。そんなときに格好の獲物が現れた。16年4月20日、燃費データを不正に改竄《かいざん》していたことが露見した三菱自動車だった。

三菱自動車は過去にも悪質なリコール隠しを00年、04年と2度も起こし、筆頭株主だったダイムラークライスラーが撤退し、やむなく三菱重工業や三菱商事、三菱UFJ銀行の三菱御三家が主導して再建にあたった。だが、3度目の不祥事に三菱御三家は「またかよ。ふざけるな」(三菱商事幹部)と匙を投げ、株価は暴落した。

そんなときに素早く動いたのがゴーンだった。日産と三菱自は11年に軽自動車で提携し、合弁会社NMKVを設立し、ゴーンは三菱自をよく知っていた。不正発覚直後の4月21日、三菱自の益子《ますこ》修会長兼CEOが補償を申し出ると、「我々に何か手助けできることはないか」とゴーン。益子が支援を求めると、すかさず首根っこを押さえた。不正発覚からわずか3週間余で買収を決断。たった2370億円の出資で、重要事項の拒否権を有する34%の株を取得し、日産ルノー連合の翼下に三菱自を加えることに成功した。誰もが投げ売りし、株価が半値以下に落ち込んだときに「買い得だ」と判断する。横並び意識が強い日本人経営者には、とてもできない芸当だった。果断な意思決定と鮮やかなM&A。剛腕ゴーンの凄みを久々に見せつけた。

ゴーンは16年5月、益子を従えて、横浜市の本社の記者会見場に勢いよく現れた。颯爽と現れて意気軒昂なゴーンに対して、益子は痛々しいほど沈痛な面持ちで、どちらが勝者か一目瞭然だった。ゴーンは、燃費不正問題という突如発生した危機的状況と小規模の自動車メーカーがどう生き残るかという二つの問題があると指摘し、「10年後や15年後を考えると、小規模メーカーがいままでのように生き残っていくことはできない」と三菱の長期的衰退を予測し、「一緒になれば電気自動車や自動運転システムの投資が二重にならないで済む」と、彼らが属国になる効能を説いた。その上で、益子を続投させるとともに「三菱自動車のブランドは守る」「三菱自動車の潜在力を信じている。我々が筆頭株主としてサポートしていく」と、傷ついた三菱自のプライドに配慮した。

益子はリコール隠しを受けて三菱自動車の再建役として三菱商事から送り込まれたのにもかかわらず、燃費不正問題を起こしてしまった。データを改竄し、あたかも燃費が向上しているようにウソをつく。リコール隠しと似た構図だ。責任のある益子を罷免して日産から代官を差し向けることもできたが、ゴーンはそうしなかった。益子を続投させるとともに自身が会長に就いたのである。マッカーサー流の間接統治である。

三菱自動車を傘下に収めた3カ月後、ゴーンはブラジルのリオデジャネイロ五輪に聖火ランナーとして現れた。聖火リレーの先導車は日産のSUV「キックス」だった。日産はリオ五輪で自動車分野ではトップスポンサー契約を勝ち取っていた。その大きな成果が、この年の春から数カ月にわたってブラジル全土をくまなく回る聖火リレーをキックスが先導することだった。ブラジル国内中に「NISSAN」のロゴを見せて回ることができた。

日産は五輪期間中にスポンサーとして数百億円を投じ、キックスなど4200台の日産車を提供したり、観光名所であるコパカバーナ海岸の高級ホテルを1棟借り切って「キックスホテル」と命名したりした。ホテルには世界中から記者を招き、食事や宿泊でもてなした。

ゴーンは故郷のブラジルに錦を飾り、得意の絶頂だった。

ゴーンは、出遅れていたブラジル市場開拓に向け、リオ五輪を最大限に活用した。リオ開催が決まった2年後の11年10月、日産はブラジルのリオデジャネイロ州に工場を建設すると発表。リオ五輪のスポンサーに選ばれたのは、その4カ月後だった。ブラジルの新工場を建てたのはリオから内陸に約160キロ入った都市レゼンデで、五輪の先導車となったキックスもこのレゼンデ工場で作られるようになった。

だが、レゼンデに一緒に進出した部品メーカーから「なぜ多くの自動車メーカーが進出するサンパウロでなく、部品調達や人材採用がしにくいレゼンデなのか」と不審がる声は少なくなかった。日産にレゼンデ工場の用地を紹介したのは、ゴーンの友人であるリオデジャネイロ州の元州知事。元知事は後に五輪誘致をめぐる汚職疑惑で逮捕された。部品メーカーの幹部は「ゴーンさんはブラジル大統領選に出馬するつもりだったんじゃないか」と推し量った。

ゴーンが邸宅として使っていたリオの高級マンションは、ゴーンがトーチを片手に走ったコパカバーナ海岸沿いの大通りに面して建つ。マンションの一室が購入された時期は12年で、日産が五輪のスポンサーに決まった時期に重なる。購入と改装にかかった費用約6億2000万円は、日産から支払われていた。

自身を脅かしそうな部下は放逐し、新妻を娶《めと》り、そして帝国を拡大した。得意絶頂の彼は17年、日産の横浜の本社に「ホイール・オブ・イノベーション」というモニュメントを飾った。親しいレバノンの建築家に作らせ、「アライアンス」「チャレンジ」などゴーンの18年間を象徴した記念碑だった。鮎川義介が1933年に創業した会社なのに、記念碑はゴーン着任後のみを称え、前史は無視した。かつて川又克二が鮎川ゆかりの古参幹部を放逐し、存命中に自身の銅像を建てさせたのと似ている。ゴーンは川又と同じように、まるで創業者のように振る舞った。

ゴーンにとって、唯一気がかりなのは、一回りも若いフランスの政治家だった。彼から報酬が高すぎると批判され、玉座から降りるようほのめかされた。ゴーンの神格を否定し、王朝を終わらせようとする厄介な相手だった。

その男は、エマニュエル・マクロンといった。

第3部
統治不全

決算発表会見で業績低迷と
一連の騒動について謝罪する
西川廣人社長兼CEO（当時／2019年5月14日）

マクロンvs.ゴーン

2018年9月の日産本社での取締役会。議長役のカルロス・ゴーンが発した言葉に会議の空気は張り詰めた。ルノー、三菱自動車を含めた3社連合について「今のままでいいのか。アライアンスを深めるというのを皆さんはどう思うか。皆さん一人ひとりの意見をうかがいたい。フランスの要求を無視することもできるし、議論することもできる」。ゴーンはそう切り出して、取締役の意見を求めた。

志賀俊之はこのときまでゴーンに何か自信のようなものを感じていて、「ルノーと日産の単純な統合にはならないだろう」と受け止めていた。仮に統合になるとしても日産に有利な統合比率になるか、あるいは2社以外の「第三者」が陣営に加わり、ゴーンのかねての持論である「グローバル・オートモーティブ」をめざすのではないかと推測した。「第三者」とはひょっとしたら、欧米自動車大手のフィアット・クライスラー・オートモービルズ（FCA）かもしれないと推理した。志賀の見立て通り、このころゴーンはひそかにFCAとの提携交渉を続けていた。

社外取締役の豊田正和は、自動運転などの先端技術の競争がより激しくなる中で、「アライアンスを強化するのは不可欠だろう。別にゴーンさんは経営統合を言っているわけではない」と素直に受け止めた。経済産業省で通商交渉やエネルギー政策に携わってきた豊田は、ルノーと日産がもっと対等であるべきだというのが持論だった。

だが、日産生え抜きの別の幹部はそんな生ぬるい意味だとはとらえなかった。「ゴーンはいよいよ経営統合を進める気だな」。ゴーンの心変わりを確信めいたものとして感じとった。

1999年にルノーから日産に送り込まれて20年近く、ゴーンは日産とルノーの経営統合に一貫して後ろ向きだった。それゆえ、ゴーンの変心は、日産社内で反発を招き、かつてない不協和音を生み出した。特に生え抜きの日本人幹部らは強い危機感を抱いた。

ルノーに日産株の43％余を持たれているとはいえ、日産は横浜市に本社を置くれっきとした日本車メーカーだ。外国人幹部が増え、グローバル化が進んでも、生え抜きの幹部には、日産は日本の会社だとの自負が強い。「日産がルノーに吸収されて、日本の会社でなくなるかもしれない」。そんな不安がにわかに広がった。

西川廣人も、例外ではなかった。ゴーンのイエスマンと見られながらも、経営統合には強く抵抗してきた。西川をよく知る幹部の一人は、西川の頑なな「日産愛」に驚いたと明かす。「ゴーンに忠実で、言われた通りのことをしていた西川さんも、経営統合には一貫して否定的だった。ゴーンから『統合に賛成したら会長にしてやる。反対すると辞めさせるぞ』と言われたこともあるようです」

ゴーンはなぜ、突然変節したのか。フランスの大統領、エマニュエル・マクロンの存在が大きく影響していた。

筆頭株主のフランス政府に15％の株を持たれているルノーはかねて、日産との経営統合に前のめりだった。ルノーと日産が資本提携を結んでまもない２００1年ごろには、すでに経営統合を画策し、その後も日産に対して影響力の拡大を狙った要求を繰り返した。フランス側の圧力に屈することなく、日産の自主性をこれまで保ち続けることができたのは、ほかならぬゴーンが「防波堤」になっていたからだった。

やがてルノーをさしおいて、フランス政府が露骨に介入するようになった。その代表例とも言えるのが、フロランジュ法をめぐる攻防である。フロランジュ法とは、フランス政府が大手企業をターゲットに14年に制定した法律で、①工場など生産拠点を閉鎖する場合は、事前に売却先を探すよう義務づける、②株式を2年以上持つ株主に2倍の議決権を与える――という二つの柱からなる。

制定の発端は12年、大手鉄鋼メーカーのアルセロール・ミッタルがフロランジュにある高炉の閉鎖を発表したことだった。フロランジュはドイツやルクセンブルク国境に近いロレーヌ地方にあり、鉄鉱石や石炭を産出したこの地方は長らくドイツとの間で領有が争われてきた。重工業が発展したが、1980年代以降、衰勢に歯止めがかからなくなった。炭鉱は相次いで閉山し、日本など後発メーカーに押されて工場は次々に操業を停止した。

斜陽の街は21世紀に入ってグローバリゼーションの波に襲われた。インドの新興鉄鋼メーカーのミッタルが2006年、ルクセンブルクに本社を置くアルセロールを買収して経営統合した後、アルセロール・ミッタルはフロランジュの工場も傘下に入れた。だが、08年のリーマン・ショック後の不況で鋼材価格は下落。海から遠い内陸のフロランジュの工場は採算が合わず、11年に閉鎖が決まった。

大量解雇を懸念した従業員や地域住民が「政治から見放された」と反発を強める中、大統領選の選挙遊説に来た社会党のフランソワ・オランドは「工場閉鎖を回避し、雇用を守るため、経営を継承する企業への売却を義務づける」と約束した。

オランドが現職のニコラ・サルコジを破って大統領選に当選すると、彼の最大の懸案は、国内の産業振興と雇用の確保になった。政府が諮問した委員会が「フランス産業はここ10年間に他の欧州諸国に比べて落ち込みが激しく、危機的状況にあり、競争力回復が急務」と答申。これを受け、フロランジュと同じ事態を繰り返さないよう政府が介入する新法「実体経済回復のための法律」の制定が決まり、通称「フロランジュ法」と呼ばれるようになった。

エマニュエル・マクロンは14年8月、オランドに抜擢され、36歳の若さでフランスの経済・産業・デジタル担当大臣に就任した。戦後2番目に若い閣僚だった。

マクロンが経済相に起用される5カ月前に、フランスは「フロランジュ法」を制定している。マクロンはこの法律を武器にして、政府が筆頭株主として15％の株式を保有するルノーに対する発言権を強める考えでいた。

マクロンは1977年、フランス北部の町、アミアンに生まれた。両親はともに既成秩序に反逆した五月革命世代の医師で、弟妹も医師という医師一家だった。マクロンは幼少時から祖母との間に深い絆を結び、その関係は他の家族が戸惑うほどの親密さだったという。彼は同級生の母である高校教師のブリジットに魅かれ、後に24歳も年上の人妻である彼女と「略奪婚」することになるが、田舎町を揺るがした教師と教え子の醜聞に対し、終始二人を応援したのは祖母だった。マクロンは若いころから年長者の支持を取りつけるのが巧みで、かつ周囲の反対を押し切る強い意思の持ち主だった。

やがてグランゼコール有数の名門校、パリ政治学院と国立行政学院（ＥＮＡ）を卒業し、2004年に財務監査官の資格を得て財務省財政監査総局に勤務。フランスの典型的なエリートコースに乗ったものの、わずか4年で民間のロチルド投資銀行に転身した。政財界の年かさの有力者の懐に飛び込んで可愛がられ、ミッテラン政権時代の首相ミシェル・ロカールや社会党の党首オランドらから目をかけられるようになった。オランドは「エマニュエルは誰もが欲しがる理想の子」と絶賛し、自身が大統領選に当選すると即座に大統領府副事務総長に引き抜いた。その後、36歳の若さで彼を経済相に起用したのは、自ら主導した政権の重要政策「フロランジュ法」の規制をフランスの経済界に対してかけるためでもあった。

フロランジュ法を適用すれば、フランス政府は15％の持ち分で、ルノーの約3割の議決権を有することになる。フランス政府のルノーへの介入が強まれば、ルノーに43・4％の株式を持たれている日産自動車も、その影響を免れない。

マクロンは、自身がルノーに対して打つ一手が、ルノー傘下の日産を動揺させ、さらにはその背後に控える日本政府を刺激するのではないか、と想像した。駐仏大使の鈴木庸一に会うたび、「日本政府はどんな受け止め方をするだろうか」と尋ね、鈴木は「日本政府が介入することはない。ルノーと日産という民間企業同士のことなので、あくまでも両社の意思を尊重すべきだ」と原則論を回答した。

マクロンは宮沢洋一経済産業相と電話会談を含めて数回話し合ったが、宮沢も経産省の製造産業局の幹部もそこで日産のことが持ち出されたという記憶はない。マクロンは、通訳を介したまどろっこしい会談を補うために鈴木に補足説明を求め、鈴木は「ルノーと日産が決めたことにフランス政府が介入しないでほしい」との日本政府の見解を伝えている。

日産に大きく影響しそうだったのは新法の二つ目の柱、「2倍議決権」だった。

フランスも日本と同様、1株につき議決権は一つというのが原則だが、定款で特に定めれば、株式を長期保有する創業一族などを対象に1株の議決権を2倍にできた。「例外」として認められてきた「2倍議決権」を、オランド政権は上場企業については「原則」とするよう改めた。従来通りに1株1議決権を維持するなら、逆にそれを定款に記さないといけなくなった（上田廣美「フロランジュ法と二倍議決権――例外から原則へ」亜細亜大法学研究所）。

フランスは戦後、企業の国有化を進め、それをグランゼコール卒の少数のエリート官僚が天下りして経営する独特の混合経済体制を敷いてきた。シラク政権以降、政府が保有する企業は段階的に民営化されたものの、政府の保有株式監督庁の管理下にはルノー（政府保有比率15％）やエアバス（同11％）、エールフランスKLM（同15・9％）など74社もあった。フロランジュ法で「原則」とされた2倍議決権は、つまりはこれらの企業に対する政府の発言権が増す、ということを意味した。

これに真正面から異を唱えたのがルノー会長のゴーンだった。

フランス政府は自国産業を守るためと説明したが、経営への介入圧力が強まることを恐れたゴーンは「ルノーと日産の友好的な提携関係のバランスを崩しかねない」と、新法に真っ向から反対した。2倍議決権の導入を回避するため、ルノーは15年4月の取締役会でフロランジュ法の適用を回避し、従来通り1株1議決権とする定款変更議案を株主総会に諮ることを決めた。

経済分野における国家主導主義が受け入れられてきたフランスでは、政府に面と向かって盾突くゴーンの振る舞いは極めて異例だった。他社が渋々2倍議決権を受け入れる中、ゴーンは政府への不服従を鮮明にした。マクロンとゴーンの間の緊張は一気に高まった。

二人はもともと折り合いが悪かった。失業者があふれているのに、ルノーと日産から公にされているだけで20億円もの報酬を得ているゴーンの強欲ぶりをマクロンは苦々しく思っていた。ルノーの株主であるフランス政府は株主総会でゴーンの高額報酬の減額をたびたび要求してきた。一方、政府の介入を嫌うゴーンはルノーの本社をオランダやスイスなど税率の低い国に移すことを検討し、これもマクロンの反感を買った。

フロランジュ法の適用を拒否するという正面突破を企てたゴーンを、マクロンは黙って見過ごすわけにはいかなかった。政府保有のルノー株の買い増しを公表。12億3200万ユーロ（約1560億円）を投じてルノー株を追加取得し、保有比率を15％から19・74％に一気に高めた。

「フランス政府が買い増したときにはびっくりした。えー、こんなことをするのか、と」（日産の志賀俊之元COO）。日産社内の一般的な受け止め方も同じだった。フランス政府が力ずくでルノーを、そしてゴーンを押さえにかかり、その先には日産にも服従を強いる強い意思が存在すると思わざるを得なかった。

フランス政府には保有株式監督庁以外の公的セクターを含めた持ち分などの同調者もいたため、ルノーの株主の3分の1超にあたる39％余が定款変更議案に反対した。提案は否決され、フランス政府はルノーに対して約3割の議決権を手にすることになった。3分の1超の議決権を握れば、ルノーの事業譲渡や合併、定款変更など重要事項の決定について拒否権を持てる。ルノーに君臨してきたゴーンは追い詰められた。焦ったのは、その傘下の日産だった。

「核兵器のボタン」

一敗地にまみれたゴーンはしかし、簡単には引き下がらなかった。日産とルノーによる門外不出の掟とも言える合意文書の見直しに踏み切ることにしたのだ。

全文30ページ弱の英文で書かれたその合意文書はＲＡＭＡ（ラマ）と呼ばれる。ＲＡＭＡはRestated Alliance Master Agreement（改定アライアンス基本協約）の頭文字を取って作った略語だ。ルノーの日産への発言権や、日産の首脳人事や取締役の数などを規定し、いわば統治ルールを定めた両社の「条約」といえる。詳細な内容は一握りの幹部しか目にすることができない。ルノーが文書の概要を公にしているだけで、日産の公表資料からは存在すら確認できない。日産の元副社長でさえ「見たことがない。重要な文書だが、取締役会にも明らかにされていない」と話すほどの代物である。

ルノーの公表資料によれば、日産と資本提携した翌年の2000年に前身となる契約が結ばれ、02年3月に更新されて、いまのＲＡＭＡの原型ができあがった。両社の合意があれば見直すことは可能で、05年、12年、15年と改定され、現在は「ＲＡＭＡ3」と呼ばれている。

15年改定の「ＲＡＭＡ3」には、ルノーは日産のＣＯＯ（最高執行責任者）以上のポストに人材を指名できる▽日産が株主総会に諮る人事案にルノーは反対できない▽日産の取締役のうち日産出身者の数がルノー出身者を上回る――など、双方にとって自社に有利な取り決めが記されている。日産からすると「取締役会の構成を優位にできる権限を獲得した」（渉外担当の川口均）というものだった。

ルノーは日産株の43・4％を保有する筆頭株主。株主総会で事業譲渡や合併、定款変更など重要事項への拒否権を持つ「3分の1超」の株式を握る。一方、日産はルノー株を15％しか持たない。フランスの会社法では40％超の出資を受ける企業は出資元の企業の議決権を持てないため、ルノーに対して議決権もない。さらに、RAMAは、日産がルノー株を売買するには、ルノーの取締役会の同意を得なければならないと取り決めている。

両社の資本関係の力の差は明らかだったが、マクロンはこの関係をもっとシンプルにし、ルノーによる支配と日産の従属を明確にしたかった。オランダやスイスに逃れようとするルノーをフランスに縛りつけ、ルノーに日産との経営統合を求めた。日産の先端技術や生産力をルノーが吸収することで、フランス国内にあるルノーの工場の競争力や生産性を高めようと考えたのだ。

マクロンには強い危機意識があった。フランスは00年以降、工業部門の雇用が90万人も減り、GDPに占める工業の比率も17％から12％に低下。ミッテラン社会党政権時代から30年来、歴代の為政者は生活保護には気前がいいのに、経済成長に関心が薄かった。そんなフランス気質に焦りを感じていた。「生産国になるという理想を取り戻すことも、フランスの急務である」「真の繁栄とは、まずは生産し、次に分配することによって築き上げられる」とマクロンは自著『革命』に書いている。

マクロンが登場するはるか前から、ルノーは日産との経営統合をもくろんできた。ルノーは日産との資本提携からまもない01年ごろに経営統合を持ちかけ、それ以降も影響力の拡大を狙った要求を繰り返した。

一方で、日産にも不満がたまっていた。倒産寸前だった日産に救いの手を差し伸べたのがルノーであることは日産の誰もが自覚しているが、救済から20年がたち、自動車メーカーとしての立場はすっかり逆転した。販売台数や売上高も、先進技術の水準も、日産はルノーを上回る。だが、資本関係ではルノーが上のまま。日産は提携時にルノーから8000億円もの資金支援を得たが、この20年で配当金として日産がルノーに払った額は8000億円を上回る。日産生え抜きの日本人幹部にとっては、いびつな「不平等条約」の改正は宿願だった。

こうした幹部の心理と、マクロンの介入を防ぎたいゴーンの思惑が期せずして一致した。ゴーンは15年の株主総会後、フロランジュ法に対抗してRAMAの見直しに着手。ルノーと日産、時にはフランス政府を交えた協議を数カ月にわたって繰り広げた。

ルノーと日産の双方の会長を兼ねていたゴーン自身は「利害関係人」として前面には出なかったが、日産の代表取締役副会長だった西川廣人がゴーンの意を受けて改定作業の責任者になり、日産の法務担当で英国弁護士資格を持つハリ・ナダが改定実務を受け持った。改定作業の法的な助言は、米国の大手法律事務所レイサム&ワトキンスのパリ事務所の弁護士らが担った。

もう一人、重要な役割を担ったのが、このころゴーンの「側近中の側近」として人事に強い影響力を持つグレッグ・ケリーだった。経営の中枢機能を司る「CEOオフィス」のトップも務め、米国弁護士資格を持つ。後に、ゴーンとともに東京地検特捜部に金融商品取引法違反の疑いで逮捕されることになる米国人だ。

ケリーは、米バーンズ&サンバーグ法律事務所を経て、1988年に日産の米国法人に入社した。米国弁護士資格を持ち、法務・人事担当として頭角を現し、次第にゴーンに気に入られるようになった。常務執行役員を経て2012年には代表取締役も兼ねることに。ケリーは法律に詳しいゴーンの「側用人」だった。

ゴーンは、ルノーの上席副社長で弁護士資格を持つ側近のムナ・セペリも使った。腹心の法律実務家たちを使って「RAMA3」の改定にこぎ着け、「ルノーが日産の経営に不当に干渉をしたら、日産は独自の判断でルノー株を買い増せる」という趣旨の項目を盛り込ませることに成功した。

日産にとって、この項目の持つ効力は極めて大きい。「伝家の宝刀」を手に入れたに等しい内容だった。日産がルノー株を買い増して、ルノーに対する出資比率を15%から25%以上に高めれば、日本の会社法の規定により、日産株を43％持つルノーの議決権は効力を失う。当時の日産は財務状況も回復していたためキャッシュも潤沢で、株を買い増そうと思えば実行可能な状況だった。伝家の宝刀を抜けばルノーが持つ日産株は空文化し、経営上、日産に対して何の影響力も持てなくなる。ゴーンは周辺に、それを「核兵器のボタン」とたとえてみせた。

影響力を強めたかったはずのフランス政府は、手なずけたい相手に「核兵器のボタン」を与えてしまったことになる。日産の渉外担当幹部の川口均は念のため法務省にも会社法の解釈を確かめた。川口は「フランスは日本の会社法の規定をよく認識していなかった。日産がルノーの議決権を25％以上持つと、ルノーが持つ日産への議決権が即座に効力を失うことを理解していなかった」と明かす。ルノーを通じて日産の経営に介入してきたフランス政府は、気づいたときには、やすやすと干渉できなくなっていた。

西川は15年12月11日、「日産、ルノー、そしてフランス政府が、当社の経営の自主性を担保し、アライアンスの将来を守る結論に達したことをうれしく思います」との声明を発表した。改正後の記者会見では、「非常に良い結論が出た」と満足げだった。

翌16年のルノーの株主総会では、「日産の大株主のルノーが、なぜ自ら日産の経営への参加を縛るのか」「（大株主としての）権利の放棄だ」などと、RAMAの改定に対して株主から疑問が噴き出した。ルノーの経営陣は「日産の経営に干渉しない」という1999年の資本提携時の原則を掲げ、「この慣習を正式に記載しただけだ」と答弁して株主の追及をかわすほかなかった。

疑心暗鬼

いったんは窮地に追い込まれたゴーンが「核抑止力」を手にして、日産の「安全保障」は保たれたかに見えた。だが、マクロンが再び、ゴーンの前に立ちはだかった。ゴーンのルノーCEOの任期が2018年6月で切れるのを前に、フランス政府はゴーンにCEO再任の条件を突きつけたのだ。

マクロンはゴーンに留任を認める代わりに、ゴーンの後継者を育成すること、ゴーンがルノーと日産のトップである間に、ルノーと日産のアライアンスを後戻りすることのない「不可逆的な関係」にすることを求めたとされる。筆頭株主のフランス政府が「ノー」と言えば、ゴーンの再任は難しかった。

マクロンは17年5月、39歳の若さで大統領に当選した。社会党を割って飛び出して新党

「共和国前進」を結党し、マクロンブームと呼べる旋風を巻き起こした。彼は大統領選で国内製造業の復権を唱え、閉鎖された造船所に政府が株主として介入することで経営再建を成し遂げたことを自著『革命』の中で自賛している。国家主導型の経済運営を当然視し、国家が企業を善導できると考えるマクロンが頭角を現し、ゴーンへの風圧はマクロンの経済相時代よりも一気に強まった。

日産、ルノー、三菱自動車の3社のトップを兼務し、「扇の要」として3社連合を率いてきたゴーンが退いたら、微妙なバランスで成り立っている3社連合の先行きは一気に不透明になる。ゴーンの退任後にアライアンスが崩壊するような事態になれば、最も影響を受けるのは日産の技術力を頼りにするルノーであり、フランス政府だった。ルノーの業績不振を招き、フランス国内の雇用に影を落とす恐れもある。ゴーンが退いた後もアライアンスが保たれるのか。フランス政府の関心はそこにあった。

ルノーと日産はルノー日産BV（RNBV）という折半出資の統括会社をオランダのアムステルダムに置いており、この組織のトップにはルノーのCEOが就く内規があった。このため、アライアンスを仕切るポジションに居座り、自ら築いた「帝国」を維持することにこだわったゴーンは、ルノーCEOの座を守るために、フランス政府の条件をのまざるを得なかった。

18年2月、フランス政府がゴーンのルノーCEO再任を支持したと地元メディアが一斉に報じると、くすぶっていた退任論は一気に消えた。再任が決まった後の記者会見でゴーンは、「私がいなくなったときに何が起こるのかと、人々は疑問に思っている」と語り、3社連合を持続可能なものにする必要性を訴えた。これを機に、ゴーンはメディアのインタビューなど対外的な場で、「不可逆的な関係」とよく口にするようになった。一方で、日産や三菱自動車の経営の自主性を守ることも同時に強調した。

ゴーンには以前から「グローバル・オートモーティブ」という大風呂敷を広げた構想があった。「グローバル・オートモーティブ」という持ち株会社を設立し、その下に日産とルノーをぶら下げる。さらに他の自動車メーカーにも参加を呼びかける。各社の経営の自主性には配慮しつつも、自身はアライアンスを牛耳る立場として君臨し続ける。そんな構想があった」。ナンバー・ツーだった志賀俊之はそう語る。

ルノーと日産の提携の進化についても、ゴーンは数年前から志賀ら側近と幾度となく議論してきた。統合形態、統合比率の算定方式、本社所在地、日産が非上場企業となった場合の影響……。「将来構想として考えたものであって、切迫感のある具体的なものではなかった」と志賀は言う。しかし、この構想は、ゴーンの頭の片隅には常にあり、水面下でフィアット・クライスラー・オートモービルズ（FCA）との交渉を始めていた。

ゴーンの統合戦略の布石は、18年4月以降の人事配置にも現れた。日産社内では指揮系統を意味する「レポートライン」という言葉をよく使う。レポート先となるのは直属の上司で、自身の仕事での成果や課題を報告する関係を意味する。日産の生え抜きの幹部は4月以降の人事資料でレポートラインを見た途端、絶句した。開発分野の統括責任者のレポートラインが会長のゴーンに直接結ばれていたからだ。

ゴーンから統括責任者に実線が引かれる一方、社長の西川廣人と統括責任者の間に引かれていたのは申し訳程度の点線だった。これから世に出す新車にどんな最新技術を用いるかを決める、自動車メーカーの競争力の源泉にあたる部門の意思決定の最終権限を、西川ではなくゴーンが掌握する構図になっていた。

「日産の車なのに、日産の社長が最終権限を持たないとは……」。この幹部は、ゴーンの言う「不可逆的な関係」が脳裏をよぎるとともに、経営統合の準備が着々と進められていると感じ取った。

日産側にくすぶる不満とルノーからの統合圧力。双方を巧みにいなし、微妙なバランスを保ってきたのは、ほかならぬゴーンだった。離合集散を繰り返す自動車業界において、ゴーンが束ねる3社連合は「緩やかな連携」と評され、数少ない提携の成功例の一つに挙げられてきた。3社連合の世界販売台数は18年の上半期（1～6月）に初めて世界1位になり、トヨタ自動車や独フォルクスワーゲンと肩を並べる「自動車帝国」へと成長を遂げた。

ゴーンは統治の秘訣を聞かれるたびに「それぞれが対等な関係、ウィンウィンであることが重要だ」と胸を張った。内実は「対等」にはほど遠かったが、ゴーンが常に「防波堤」になってきたからこそ、日産がルノーからの圧力に屈することなく自主性を保てたのは確かだった。RAMA3の立案過程でも、日産の「自治権」の確保に一肌脱いでくれたはずだった。

しかし、ゴーンは持ち前のバランス感覚を失い、「緩やかな提携」はその姿を変えつつあった。「ゴーンは本当に日産を守る防波堤になってくれるのだろうか。ひょっとしたら、フランス側と経営統合の密約を結んで、日産を裏切るのではないか」。そんな疑念が、日産中枢の幹部社員の間に次第に広がっていった。

ゴーンの再任決定と時を同じくして、日産とルノーとの「不可逆的な関係」についてマスコミで報じられると、日本の経産省も無関心ではいられなくなった。多田明弘製造産業局長は18年春、フランス政府に真意を問いただす書簡を送った。多田とフランス政府は数回電話協議を持ったが、その協議は「非常に慎重な言い回しの曖昧なもの」（交渉関係者）だったという。もし、日本側が「ルノーと日産の経営統合を考えているのか」と尋ね、フランス側が「その通り」と答えれば、互いに後にひけなくなる。だから協議は「最低限の確認をする」（同）という迂遠なものだったという。

経産省へのロビイングを担ってきたのは、日産の渉外担当の川口均専務執行役員だった。川口は日産の独自性を保つため、日本政府がもっと介入して日産を庇護してほしいと考えていた。しかし、経産省は表向き「私たちが株を持っているわけではないのでフランス政府のように介入できない」というスタンスで、フランス側に対して「日産とルノーがきちんと合意した上で進めてほしい。日産の意向を無視して進めないでほしい」と原則論を繰り返すにとどめた。

自動車は日本の基幹産業だ。経産省にも日産がフランスに飲み込まれることを容認する気はもちろんなく、「日産を守らないといけない」（同省審議官）というのが基本姿勢ではあった。だが、ゴーンにはそんな経産省の動きは度が過ぎるように映っていた。ゴーンは志賀や川口を呼びつけては、経産省の反応を問いただしていた。経産省が動けば、フランス当局も反応する。政府のさらなる介入がうっとうしかったのだ。

川口はいざというときに経産省に盾になってもらおうと、同省ＯＢの豊田正和を社外取締役に起用するようゴーンに提案した。豊田は経産省で事務方ナンバーツーの経済産業審議官に上り詰め、退官後は同省所管の日本エネルギー経済研究所の理事長を務めた。カーレーサー出身の井原慶子も社外取締役の候補に加えた。ゴーンが自分に異を唱える者を毛嫌いしてきたため、日産は社外取締役を置いてこなかった。ゴーンは二人と面談して自身の日産支配を脅かす心配のない人物と受け止め、二人は18年6月に社外取締役に就いた。

不正調査

ゴーンが経営統合に向けて動き出していたこのころ、日産社内では彼の不正を追及するための極秘調査が進んでいた。ルノーのトップも兼ねるゴーンは欧米や中東、ブラジルなど世界を股にかけ、日本を留守にすることが多かった。「来日するのはせいぜい2カ月に1回の割合だった」と広報担当幹部。本来は慎重で周到な性格だが、在任が20年近くになれば気が緩み、慢心したのだろう。身辺が調査されていたにもかかわらず、日本を不在にしがちだったゴーンは、自身に嫌疑をかけられていることにまったく気づかなかった。

不正が露見したきっかけは、２０１０年10月にオランダのアムステルダムに設立されたジーア・キャピタルという日産傘下の投資会社だった。資本金は４５００万ユーロ（約50億円）もあるが、従業員は一人もいないペーパー・カンパニーだった。

ジーアの設立を言い出したのは、ゴーンの側近でＣＥＯオフィスを主宰する常務執行役員のグレッグ・ケリーだった。ケリーは10年10月、日産の最高意思決定機関であるエグゼクティブ・コミッティーで、新技術やベンチャー投資目的のベンチャー・キャピタルを日産傘下に作ることを提案した。ベンチャー投資が目的なら本来は経営企画部門が提案するのが筋だが、提案者は秘書部門を統べるケリーだった。しかし、ゴーンがあっさり了承したため異論を唱える者はなく、設立は了承された。

設立目的は「合弁事業や有望な技術への投資に迅速に対応する戦略投資会社」。拠出した資金は80億円に達し、会長兼ＣＥＯにはゴーンが就いた。取締役にはケリーと、後に司法取引に応じることになる二人の側近――秘書室長の大沼敏明と英国弁護士資格を持つ法務担当のハリ・ナダが名を連ねた。

日産社内には、ジーア設立を決める直前に送信された「Confidential」（極秘）と題された電子メールが残されている。メールには「非連結会社とし、日本での開示の問題はクリアできる」とあり、さらには「ケリーさんと日産はグローバルな会社だと笑いましたが、こんな会社はあまりないでしょうね」と皮肉めいた文章もつづられている。そして「ＣＧ（カルロス・ゴーン）に対しては、この会社の支店的なものをアブダビに作り、そのアブダビの口座から支払う」とあった。メールは、ジーアの本性を言い現していた。ジーアは新技術やベンチャー投資をするベンチャー・キャピタルではなく、秘められた報酬をゴーンに支払うため、特別に設けられた仕組みだったのである。

経済界が猛反発するなか、民主党政権下の金融庁は09年度の有価証券報告書から報酬総額1億円以上の役員名と報酬額を個別に開示する制度を新たに設けることにした。ゴーンは約16億円の報酬を享受していたが、それが開示されると、日産社内はおろか、本国フランスからも高額報酬批判を招きそうだった。批判を警戒したゴーンは、いったん受け取っていた7億円を日産に返金して、実際に手にした8億9000万円だけを開示することにした。ケリーは、ゴーンの命を受けて残りの未払い報酬（9億円弱）をどうやって支払うか頭を悩ませた。秘書室長の大沼にいくつかアイデアを検討するよう命じると、大沼が10年9月、ケリーに示したのは、①日産とルノーの統括会社ＲＮＢＶが支払う、②非連結の会社が支払う、③ゴーンが退任後にアドバイザリー・フィーの形で支払う、④退職慰労金に加算する、⑤ゴーンに不動産や美術品を安く売って、それを高値で売却することで換金する——など7つの選択肢だった。このうち①のＲＮＢＶからの支払いが真っ先に検討されたが、「フランスの開示制度によって、場合によっては開示しなければならないかもしれない」（大沼）という懸念があり、断念した。代わりに浮かんだのが②の非連結の会社を設けて、そこから支払うことだった。

ケリーはエグゼクティブ・コミッティーでジーアの設立の件が承認されると、大沼に「アブダビに非連結会社を作り、そこから支払わせたらどうだろう」と指示している。この後、オランダにジーアを設立するとともに、アブダビをドバイに変更して、その子会社を設立した。大沼は命じられるまま、日産からジーアに資金を送金し、その金はその後ドバイに送られた。ジーアの資金の拠出先は、新技術でもベンチャーでもなかった。ゴーンだったのである。

そんなことは、ジーアに携わったほんの数人しか知らない隠し事だった。

日産の監査を受け持つ新日本監査法人は、ゴーン肝いりで投資会社が設立されたとあって、設立翌年の11年の監査でジーアの投資実績の確認を求めたものの、「リーマン・ショック後の経済混乱が続くので、まだ実績はない」という回答だった。日産グループの監査は新日本が受け持っていたが、ジーアは英監査法人のグラントソントンだった。それも手伝って監査がスムーズにいかない。新日本は13年まで引き続きジーアの投資状況を問いただしたが、日産からは満足な返事はなかった。

設立当初は日産の子会社だったのに、ケリーの提案で11年以降、日産とジーアの間に欧州日産や日産部品物流会社など海外子会社が介在するようになり、ジーアは日産の「ひ孫」「玄孫《やしゃご》」の会社になっていった。いくつもの会社を間に挟むことで、その実態はますます見えにくくなっていった。

ジーアの活動について次第に日産社内でも「おかしな会社があるぞ」と、いぶかる声が上がり始めた。取締役の志賀俊之は、設立の数年後にはジーアが「投資活動を全然していない」「休眠法人ではないか」と内部統制委員会で疑問視する声が上がっていたことを覚えている。志賀は「すぐ調査を」と指示したが、しばらくして「特段、問題はない」という報告を受け取った。しかし、その後も「実態がわからない」「不透明だ」という指摘が社内から上がった。そのたびに調べてもよくわからない。「こんなところが投資先として有望ではないか」とジーアに提案しようとしても撥ねつけられる。有望そうな投資先を拒絶する半面、具体的な活動状況がわからない。「不審な会社があるから監査役室で継続的に注意することになった」と志賀。ジーアの監視は監査役たちに下駄を預けることになった。

14年6月から監査役に就いた今津英敏は、前任の監査役から「おかしな会社があるんだ」と引継ぎを受けた。ジーアのことだった。

今津は温和で、まじめ一徹な技術屋だった。九州工業大機械工学科を卒業後、1972年に日産に入社し、車体技術部長や英国日産自動車製造デピュティMDなど現場のものづくり一筋に歩んだ後、生産担当の副社長にまで昇進した。社内で冷やかし半分に「今津係長」「今津技術員」と呼ばれるような現場の技術屋上がりで、社内政治に関心がなく、曲がったことはしなかったし嫌いだった。まじめな彼は監査役になって以来、ずっとジーアを心にとめていた。

事を起こしたのは17年7月だった。今津は念のためゴーンに対して「海外の傘下企業を監査役として調べたい」と提案し、了承されている。ゴーンはこの後、自分がターゲットになるとは夢にも思わず今津に了承したが、それは今津とて同じことだった。今津がオランダのアムステルダムに足を運び、ジーアの親会社である日産部品物流会社にジーアのことを尋ねると、「会計報告が遅れている」ということと「いくつかの疑念」を聞かされただけに終わり、それ以上のことはわからない。基本的な財務情報がまったくないのだ。

帰国後、ジーアの役員に名前を連ねているハリ・ナダ専務執行役員に問いただすと、「ジーアの会計は12月までには報告します」という返事だった。

英国人のナダはロンドン大東洋アフリカ研究学院を卒業し、英国で法廷弁護士の資格を得た後、90年に日産に入社。文部省の奨学生として中央大に留学した経験もある。日産入社後、主に法務部門を歩み、このころはＣＥＯオフィス室や法務室を所管し、ケリーとともにゴーンの側近を構成していた。ナダは「ジーアはいずれ整理したい」とも言ったが、今津は詳しいことはわからずじまいだった。

オランダを訪問する少し前の17年5月、今津は日産傘下の日産クリエイティブサービスの社長から妙な話を耳にした。同社は、社員の出張手配や厚生寮の管理などを受け持つビジネスサポートの会社である。その社長が困った様子で言う。「ゴーンの家族が払った航空運賃が、格安旅行券よりも高いので、その差額を払え、と言うんです」——。ゴーンの妻や子供たちはファーストクラスやビジネスクラスに搭乗し、頻繁に予約の変更をするため、あらかじめ最安値の格安航空券で手配することはできなかった。それでも可能な限り安い航空券を用意したつもりなのに、ゴーンは家族から「高いものを買わされた」と吹き込まれて怒り出し、同社に損害賠償を請求してきた。秘書室長の大沼がとりなそうとしたが、ゴーンは聞く耳を持たない。同社は結局、12〜16年までの運賃の差額3500万円弱を日産に返金し、日産はそれをゴーンの報酬に上乗せする形で支払った。社長は理不尽な出来事に怒りを覚え、今津に苦衷を訴えたのだった。

ジーアと航空券。今津はどうも引っかかった。

その年の暮れか、翌18年の初めごろ、今津は役員食堂で四つ後輩の川口均専務執行役員と偶然、顔を合わせた。

川口は76年に入社し、海外で商品企画や販売など通算14年間勤務し、欧州日産の上級副社長も務めた。役員になって4年余ほど人事を所管した後、省庁や経済団体への渉外や広報を所管する専務執行役員に就任していた。欧州勤務が長かった川口は、英国工場の幹部を務めた今津とは旧知の仲だったし、今津のことを「日産のものづくりを代表する誠実な人」と尊敬していた。

今津は昼休みの後、川口にジーアの一件を漏らした。「ジーアというベンチャー・キャピタルに資金を拠出したのに実際の活動状況がわからない。調べてもわからないんだ」。何かを川口に期待したわけではなかった。ただ相談相手にしただけだった。だが、このあと二人は各々感じていたゴーンへの違和感が共振するようになった。今津はゴーンの家族の航空券の差額請求を理不尽なことと思っていたし、川口はパリのベルサイユ宮殿でゴーンが主催して開いた豪華なパーティーの経費をどう捻出したのか、その出どころを疑っていた。ルノーと日産の提携を祝うパーティーという名目で開催されたのに、両社の提携に関わった人はだれも呼ばれず、趣旨が不明瞭だった。ゴーンはモナコでも豪勢なパーティーを開いていた。川口はこうしたゴーンの豪遊を公私混同ではないかと疑った。今津と川口は互いに同憂の士を得たのである。

二人は自分たちがおかしいと思っていることが果たして法律に抵触するようなことなのか、法律家の助言を得たかった。川口は18年1月、法務担当のナダに「誰か専門家を紹介してほしい」と頼んだ。川口はもとからナダと波長があい、頼みやすかった。川口から「今津監査役がゴーンの不正を調べている」と聞かされたナダは驚愕した。そんなことをすればゴーンと対立するのは火を見るよりも明らかだ。「今津さんはやり抜く覚悟だよ」。川口はナダに告げた。ナダは「ゴーンと戦う気だな」と理解した。「二人には勇気がある。ゴーンと対立するようになっても自分の仕事をやり遂げるという勇気をもっている」。日産生え抜きの二人の日本人幹部の振る舞いに、むしろ感心したのだ。

ナダは学生時代の友人が勤務していることをきっかけに、頻繁に法的な助言を得るようになっていた米国系法律事務所レイサム&ワトキンスの東京事務所に「刑事事件や企業犯罪に詳しい人は知りませんか」と問い合わせ、まもなく元検事の大木丈史弁護士を紹介された。レイサムは11年ごろから日産とルノーの関係見直しの交渉で日産側の法務アドバイザーの仕事を請け負い、フロランジュ法制定後のRAMA3立案の手伝いをしてきた。レイサムは全世界に2600人以上の弁護士を抱える世界有数の国際法律事務所だった。欧米やアジア、中東など世界14カ国に拠点を構える。英語で相談できるため、ナダにとっては何かにつけて頼りやすいローファームだった。ナダは「私自身が法的な側面のサポートはできないが、お手伝いはしましょう」と、川口に大木と連絡を取るよう伝えた。

それから間もなくルノーは18年2月、ゴーンを取締役として再任すると発表した。この年で役員任期が満了して退任する予定のはずが、任期があと4年延びて22年までとなったのである。それだけならまだしも、仏政府が突き付けたゴーン再任の条件はルノーと日産の経営統合にあると見られていた。マクロン大統領ら仏政府の高官が頻繁に両社を「不可逆的な関係にしたい」と言及していた。意図することは明らかだった。ルノーが日産を吸収しようとしているのだ。川口は、そんな日産とルノーの経営統合を賛成できなかった。両社は15年以降、開発や設計など「コンバージェンス」（収束）と呼ばれる疑似的な統合を模索したが、設計思想が異なる両社は互いに我を張って譲らず、うまくいかなかった。その体験があるため、日産側には「一緒になってもうまくいきっこない」というアレルギーがある。長く生産現場を歩んだ今津もそうだった。今津は、仏政府が乗り出してルノーと日産の統合に向けた提携強化を言い出してきた15年のアライアンス問題で、対応する日産側のメンバーの一人だった。今津は明確な独立維持派だった。「ルノーとの提携による相乗効果は追求しても、日産の独立は守られるべきであり、日産の商品やブランドは独自であるべきだ」と考えていた。ゴーンは仏政府の介入を嫌がり、仏政府の圧力からの「防波堤」の役割を果たしてきたが、任期延長を交換条件に向こう側についたようだった。少なくとも日産の日本人幹部たちは一様にそう受け止めた。防波堤は決壊した。このままでは独立は侵害され、フランスに飲み込まれる。風雲、急を告げていた。

今津は18年3月、もっと航空券のことを調べようと日産クリエイティブサービスの社長に会い、「関係する書類を見たいので用意してほしい」と伝えた。手配したゴーンの家族のチケットの一覧表や、格安航空券と実際に搭乗した航空券代金を比較した一覧表、ゴーンからの損害賠償請求書や差額の3500万円弱を振り込んだ際の書類などが用意された。

そのころ川口はナダに紹介された大木弁護士に2、3回会いに行き、ゴーンの振る舞いを相談した。日産の社内はゴーン独裁である。ゴーンは自分以外の人間が日産とルノーのアライアンスの将来を語るのを好まなかった。だから社内で大っぴらにルノーとの経営統合を批判できない。川口は今津との間でもひそひそ話しかできなかった。それに加えて、ゴーンを裏切ることになるかもしれない密談を弁護士と進めることになった。川口は次第に自分が危ない橋を渡りつつあると自覚するようになった。忠臣蔵の大石内蔵助の心境だった。ゴーンのいる前では笑顔で忠実な部下のふりをしてかしずくが、心の中では討ち入りを夢想していた。

4月にはハリ・ナダの部下のラビンダー・パッシが東京の大手法律事務所に「どうやって

ゴーンを解任するか」など複数のシナリオ作りの検討を依頼した。検討を求めた想定シナリオには「もし、ゴーンが刑事訴追を受けた場合、取締役の欠格事由となるか」「ゴーンが破産した場合は同様に取締役の欠格事由になるか」など幾通りもあった。もしゴーンが裏切って日産とルノーの経営統合を強行しようとしたら、どう対処するかという対処策の検討も進めた。著しく日産に不利な統合比率だったら違法行為の差し止め請求訴訟や株主総会無効訴訟を起こす。あるいはその前に日産の取締役会でゴーンを会長から解任することも検討された。日産の取締役会の構成は、日産出身者がルノー出身者よりも一人多い。解任動議が出されれば、ゴーンは特別利害関係人なので自らの1票を投じることはできず、ゴーンを取締役会で会長から解任することは可能だった。

だが、川口は、はっきりした証拠がある航空券の問題だけでゴーンを攻めるのは弱いと思い初めていた。「このままゴーンとぶつかるのが本当に良いことなのかどうか」と悩み始めた5月ごろ、ナダが驚くべきことを打ち明けた。「ジーアは新技術へ投資するベンチャー・キャピタルなんかじゃありません。ゴーン会長は、ジーアを通じてブラジルやレバノンに自分が住む不動産を買っています」。ゴーンにこっそり未払い報酬を支払う道具として設立された非連結会社のジーアは、ゴーンのためにブラジルのリオデジャネイロやレバノンのベイルートに高額の住宅を購入し、大規模な修繕をし、調度品を揃えていた。

リオのマンションについては、現地に住むゴーンの姉のクラウディナが代理人のような働きをして、「マンション、家具、銀製のアート作品など580万米ドルの購入について売り主との間で合意が成立した」と連絡を寄越していた。住宅を購入する主体としてハムサ1という会社が作られた。ベイルートの邸宅についても同様に特別に設けられたフォイノスという会社の口座に、リノベーション費用が送金された。ハムサ1やフォイノスはペーパー・カンパニーで、それぞれリオやベイルートの不動産の取得や改修に関わっていた。一見、ジーアの投資先に見えるハムサ1やフォイノスは、ゴーンの海外住宅の所有者や管理者だった。有望な新技術に投資するはずの資金は、ゴーンの海外の豪勢な不動産に充てられていた。ハリ・ナダはジーアの会社設立から不動産購入や修繕に関わり、ゴーンのこうした公私混同をつぶさに知っていた。彼がもたらした情報は、辣腕のカリスマ経営者として尊敬を集めてきたゴーンの「裏の顔」を白日のもとにさらす衝撃的なものだった。

5月以降、今津と川口は週に2、3回、こっそりナダを個室のあるレストランに呼んで、一緒に昼食を取りながら彼の持っている情報を聞き出していった。ナダはいきなりすべてを話しても二人はなかなか理解できないだろうと思い、少しずつ話していった。ナダは「この数年間のゴーンの公私混同ぶりは目に余る」と義憤を感じたようだった。彼も日産とルノーの経営統合には懐疑的だった。彼は日産を「浮世絵」、ルノーを「印象派」になぞらえ、「日産とルノーのアライアンスは、浮世絵からフランスの印象派が影響を受けたように、統合や合併ではなく平等な関係の方がいい」と考えていた。ナダは統合に反対なだけでなく、むしろルノーが圧倒的な大株主でいる状態を改め、両社をほぼ対等な関係に「リバランス」（株式の持ち分比率を見直すこと）をすべきだと考えていた。

ナダはさらに衝撃的な事実を二人に打ち明けた。日産とルノーの経営統合が２０１９年にも行われること、共同持ち株会社がオランダに設けられ、日産はその傘下に入り経営の主体性を失うこと、そのときに今まで極秘裏に検討が進められていたあるスキームが実行されること。そのスキームとは、両社が経営統合するあかつきには、ゴーンに対して未払いだった約90億円の報酬が、コンサルタント名目やライバル企業に転職しない「競業避止」名目で、こっそり支払われることだった。そのことを彼は深く知っていた。何年もかけて行きつ戻りつして検討し、レイサム&ワトキンスを雇って体裁を整えることに苦心してきたのは、ほかならぬ自分だったからである。「会社の統合が行われると、秘かに巨額の報酬が支払われます。このスキームを止めなければなりません」。そうナダは二人に言った。今津はハリ・ナダを内部通報者として守らなければならないと思った。打ち明けたナダはルノーとの関係を抜本的に見直す好機だととらえていた。「ゴーンの不正と解任は、ルノーとのアライアンスの抜本的な変更だと考えていました。ゴーンを解任して、日産とルノーのアライアンスは新しいガバナンスを持たないとなりません」（ナダ）。日産のガバナンスを改善し、次いでルノーとの関係をリバランスしたかった。

今津は6月13日、川口の紹介で検察OBの大木丈史弁護士に会いに行った。監査役として正式に弁護士を起用することにしていた。自分たちが見聞きしたゴーンの腐敗がどのような法律に違反する行為なのか、法律家の視点を知りたかった。大木は、いかにもまじめ一徹な理系エンジニアの今津が、名経営者ゴーンの「斬奸状《ざんかんじょう》」を持ってきたのに驚いた。今津が一通りゴーンの不正を述べると、大木は念のためこう尋ねた。「これは、会社の中で特定の勢力が何かを企んでやっていることですか」。もちろん今津にそんな企てはない。「そんなことはありません」

「あなたのおっしゃっていることは事実ですか」と大木。今津は、ジーアに関しては自身が見聞きしたことなので「事実です」と言った。航空券の問題は「証明する書類」がまもなく手に入ることを伝えた。同席した川口は、経費の流用疑惑について大木に前もって説明していた。大木は元検事の経験から「これは問題だな」と受け止めた。「いま、お話ししたことを検事に話してみませんか」。古巣の東京地検に行ってみることを勧めた。大木はゴーンの「特別背任」を疑った。

その3日後の6月16日、今津は一人で東京地検を訪ね、大木から紹介された早渕宏毅検事に彼が知っていることをすべて話した。今津は、早渕が「背任」と口にしたことを記憶している。早渕は「不正の確度はそう高くない。ところでこの件を知っている人は？」と言った。「私と川口とハリ・ナダです」と今津。検事は「厳重に秘密を守ってほしい。漏れたら証拠がなくなる。そのときは、地検は手を引きます」と告げた。そのうえで早渕検事はこう注文をつけた。「証拠となるものが欲しい。会社として内部調査を進めてはいかがでしょう」

ハリ・ナダは6月29日金曜日、レイサムの小林広樹弁護士に「内部通報をしようと思っている」と連絡した。「会社側と対峙して内部調査を受けてもらえるか」。小林は「受けます」と答えた。週明けの7月2日月曜日からレイサムの内部調査が始まった。ナダは自身のパソコンを証拠品としてレイサムに提供し、ジーアを使った海外不動産購入や、ルノーとの経営統合と同時に未払いの巨額報酬がゴーンにこっそり支払われる手筈が整えられていることを打ち明けた。日産と三菱自動車の統括会社としてオランダに設立されているNMBVからもゴーンが秘かに報酬を得ている疑いも説明した。

ナダはまさか今津がいきなり検察に持ち込むとは夢にも思っていなかった。「あくまでも匿名の状態で、外部の法律事務所を通じて当局に話す」と想定していたからだった。7月半ば、レイサムで打ち合わせ中、今津がすでに東京地検に話しに行ったと聞かされて、「まずい」と思った。ナダは自身がジーアの設立や海外不動産の購入に深く関与しており、自身がゴーンの共犯と疑われる可能性があると受け止めた。「私の関与が誤解されると思い、自分にも弁護士が必要だった」。レイサムの弁護士に「誰か刑事事件に強い弁護士を知らないか」と尋ね、紹介してもらったのが検察出身の熊田彰英弁護士だった。

日本版の司法取引制度が6月に始まったばかりだった。組織の上位にいる人物の不正の捜査について協力する代わりに、自身を不起訴や軽い処分にしてもらう仕組みだった。弁護士の中には、ゴーンは特別背任が成立し、ナダはその共犯とされて逮捕されるかもしれないと見る者もいた。最終的に彼は司法取引に同意するが、自身が共犯とみなされることに逡巡し、すんなり決断したわけではなかった。

レイサムを雇った日産の内部調査は進んでいった。レイサムは60人を調べ、8月には「中間報告」を、9月には80ページからなる「仮・一次調査報告書」をまとめ、それらは逐一、東京地検にも渡された。

後に日産が明らかにするゴーンの不正は以下のようなものだった。２７００万ドルを投じた海外の高級住宅の購入だけでなく、ゴーンの姉のクラウディナへ03年から10年以上にわたって実態がないコンサルティング料を75万ドルも払っていた。日産が所有するビジネスジェット機を仕事とは無関係な家族の私的な用途に使用し、日産の資金を家族の旅費の支払いやエルメス、ルイ・ヴィトンなど高級ブランド品の購入に充て、おまけに家族との高級すし店などの食費にも使っていた。日産のＣＥＯオフィスの資金で、レバノンのセントジョセフ大学ベイルート校やアメリカン大学ベイルート校などに２００万ドルを超える寄付をし、寄付の対価としてセントジョセフ大の新校舎の1階が「カルロス・ゴーン・スペース」と命名された。三菱自動車との間で設立したＮＭＢＶから取締役会で決めてもいないのに、給与や契約金名目で７８０万ユーロを受け取っていた。

ゴーンは09年度から17年度まで役員報酬の開示をまぬがれた合計90億７８００万円について、取締役退任後に受け取ることとし、有価証券報告書における開示を免れていた。ケリーも同様に12年度から16年度まで開示しなければならない1億円以上の報酬を得ていたにもかかわらず、開示しなかった。ゴーンが個人的に結んだ為替スワップ契約で08年に18億５００0万円の含み損を抱えると、含み損をいったん日産につけかえた（ただし、証券取引等監視委員会の指摘を受けてゴーン個人の資産管理会社に再び付け替えている）。さらに為替スワップ取引の損失の危機を救ってくれたサウジアラビアの実業家ハリド・ジュファリに対して、特別ビジネスプロジェクト費用などの名目で日産から１４７０万ドルが支払われていた。同様にオマーンの販売代理店を営むスヘイル・バウワンにも販売奨励金名目で３２００万ドルが支払われていた。日産の「私物化」ぶりはすさまじかった。ゴーンやケリーの不正規模は全体で350億円以上にものぼった。

秘書室長の大沼敏明はその年の8月の終わりか9月の初めごろ、ナダに「社内調査が始まっているのでパソコンを提出してくれないか」と言われた。ナダは自分も提出したと言った。大沼は「ジーアのことだろう」と察した。大沼は、横浜銀行出身の中村利之監査役と外出する際に「ジーアがどういうことをやっているのかわからない」と漏らしたのを偶然耳にした。今津は6月ごろからゴーンの不正について他の監査役と情報共有するようにしていた。大沼は、監査役たちがジーアを不審がって調べているのだろうと推測した。大沼もナダと同様、ジーアの設立に関わっていた。ゴーンの不動産取得費用を送金したのは自分だったから、よく知っていた。そのあとナダから再び注文がきた。今度は「ジーアのドバイの支払い履歴を一覧表にして出してくれ」というものだった。

10月の3連休の最終日を利用して山形に家族旅行に出かけていた大沼に、連休最終日の8日月曜日、ナダから電話がかかってきた。「今津監査役と川口さんの社内調査に協力してほしい。明日二人に会ってほしい」。大沼は了承した。

翌9日火曜日、大沼は日産本社20階の監査役会議室に「出頭」した。今津と川口が待っていた。二人が「ゴーンさんのお金の使い方には問題がある」と切り出した。川口が具体例を挙げた。ブラジルやレバノンに日産のカネで買った不動産を私物化しているのはおかしい、ゴーンの家族の航空券費用におかしな点がある、そしてゴーンが会社のカネでヨットを購入している、と。大沼はヨットのことは知らなかったが、あとのことは知っていた。自分が関わったか、見聞きしていたからだった。大沼は話のやり取りからすでに様々な調べが終わっていて、自分が最後なのだと悟った。自分がゴーンに知らせるのを恐れて、後回しにされたのだろう。つまり二人は自分を信頼していないと知って寂しかった。

今津が言った。「あなたの知っていることを検察庁に行って話してくれないか。協力してほしい」。大沼は「検察」と聞いて仰天した。社内調査だと思ってやってきたのに、行き先は検察というのだから。この日の夕方、ナダから電話があった。「検察に行くにあたり弁護士と相談した方がいいだろう」とナダ。検察OBの名取俊也弁護士を紹介された。

その翌日の10日水曜日、名取と会うと、「ゴーンの不正をただす必要があります」と彼は切り出した。その後、名取がパワーポイントで資料を映しながら司法取引制度を説明し、「検察に真実を話せば罪が減じられる」と告げた。大沼はそこで初めて自身が捜査対象になっていることを知って動転した。検察に協力しないと自身が起訴されるというのだ。1時間ほど説明を受けた後、名取が「今日の午後、検察に行きましょう」と求めた。行くしかなかった。検察庁に連れられて、早渕ら3人の検事の取り調べを受けた。ジーアに関することを聞かれた後、ゴーンの未払い報酬も尋ねられた。大沼は「そこまで知っているのか」と驚愕した。検事からじっと見つめられた。いきなり供述調書をとられた。大沼はもうパニック状態だった。以来、大沼は毎日のように検察に呼ばれ、それとともに背任疑惑が中心だったはずのゴーンの不正は、役員報酬に関する虚偽開示の方に焦点が移っていく。日本の検察が、レバノンやブラジルの不動産の実態を調べて日産にどれだけ損害を与えたのか調べるのはハードルが高い。やりやすい方に絞ったのだ。

そして11日の木曜日、今津監査役はアポイントメントを取って西川廣人社長に単身会いに行った。レイサムのまとめた報告書も持参した。すべてのタイミングは検察と相談したうえでの行動だった。西川は社長なのに知らされたのは最後だった。「もし、西川に打ち明けた場合、どう反応するか読めなかった。万一、ゴーンに伝わったら、すべてが水泡に帰すので警戒していました」と、調査に関わった幹部の一人は語った。すでに検察の捜査は動き出していた。もう誰も止めることはできなかった。

西川は、今津から話を聞くまで蚊帳の外だった。社内調査が進んでいることも検察との協議が始まっていることも、そしてゴーン放逐のシナリオ作りまでシミュレーションされ始めていることも聞かされていなかった。西川には疑念を招きかねない振る舞いがあった。ゴーン側近のグレッグ・ケリーから11年、「ゴーンさんの報酬は世界水準と比べて低い。よそに引き抜かれないように退職時に手厚いパッケージを用意しておくべきだ」と言われ、渡された書面にサインしたことがあった。それはゴーンの未払いの報酬を退職時にコンサルタント名目などで支払うことや海外の住宅提供を約束したとされる契約書だった。13年、15年と内容が更新されるたびに、西川はケリーの求めに応じてサインしてきた。

今津が西川に「もう特捜部が動いています。協力せざるを得ない状況です」と言った。西川は「わかりました。どうもありがとうございました。あとは会社の方で引き継ぎます」と答えた。今津たちの社内調査はここまでだった。委任した大木弁護士との契約も打ち切られた。「監査役として当然の務めを果たしただけです」と今津。ハリ・ナダや大沼敏明の司法取引の協議がまとまる直前だった。

このころ奇しくも西川とゴーンの間もルノーとの経営統合をめぐって溝が深まりつつあった。ゴーンは経営統合に難色を示す西川に対して人事権をちらつかせ、言うことを聞かないのならば代わってもらうぞ、とほのめかした。

社長の座を追われそうになっていた西川に突然もたらされたゴーンの不正の確たる情報。「窮鼠猫《きゅうそ》をかむ」のたとえ通り、窮地に立たされつつあった西川は「ゴーン降ろし」に最後に乗った。

せめぎあい

横浜市のみなとみらい21地区にそびえる地上22階、地下2階建ての日産自動車グローバル本社。２００４年に東京・銀座からの本社機能の移転を決めたゴーンは記者会見で、「グローバル企業だからこそ、本社や創業地にアイデンティティーを持つ必要がある」と話した。実際の移転は09年。創業地に本社が戻ったのは41年ぶりだった。

それから約9年後。グローバル本社の8階は、ゴーンの逮捕を受けて緊急会見を開く社長兼ＣＥＯの西川廣人を待つ３００人に及ぶ報道陣であふれ、ものものしい雰囲気に包まれていた。

18年11月19日午後10時。取り囲むカメラのストロボを一斉に受けながら、西川は部下を引き連れることなく、一人で姿を現した。世界販売が年間１０００万台を超え、世界2位の「自動車帝国」に上り詰めた3社連合のトップが逮捕される異常事態である。日産の統治不全が招いた汚点をさらす会見となるはずが、西川は冒頭に頭を下げることもなく、右手にマイクを持ち、座ったまま淡々と話し始めた。狼狽する様子もなく、高揚感すら漂っていた。

「会社としては到底容認できない。解任を提案することを決断した」「残念という言葉をはるかに超えて強い憤り」「一人に権限が集中しすぎた」。内部調査によって判明したゴーンの不正の数々については「捜査との関係」を理由に詳細を語らない一方で、ゴーンを突き放し、断罪する言葉をよどみなく繰り返した。時には「ゴーン」と呼び捨てにする場面もあり、長年仕えたカリスマ経営者との「決別」を鮮明にした。

会見の終盤、なぜ権限が集中することになったのかと問われた西川はこう答えた。「振り返ればやはり2005年か。（ゴーンが）ルノーと日産のCEOを兼務することになった。そのとき我々はごく当たり前に、日産にとって良いことだと（考え）、将来何が起きるかあまり議論しなかった。それが今に至る転機だったと思う」

日産の経営トップと、43％を出資する株主であるルノーの経営トップを同じ人物が兼ねるようになったときから、統治不全は始まっていたと指摘したのだ。その後13年の時を経て、日産の自浄能力はほぼ失われ、司法の力に頼るしかなくなっていたと言ってよい。「申し訳なく思う」「猛省している」。西川は会見の端々で、重大な統治不全を招いたことへの謝罪を口にしたが、自らの経営責任については最後まで明言を避けた。

西川を含む経営陣が事前にゴーンの逮捕を知っていたこともあり、日産のその後の対応は用意周到なものだった。逮捕から3日後の11月22日には臨時取締役会を開催。ゴーンの会長職の解任をあっさり決めるとともに、ゴーンとケリーの代表権も外した。

ゴーンとケリーを除く全7人で開かれた取締役会で、不正の内部調査を担当した弁護士らが、ゴーンがいかに日産を「私物化」してきたかを、物証の資料写真も示しながらつまびらかにしていった。説明を終えた後、不正の内容を初めて知った取締役会のメンバーは言葉を失っていた。

このとき、西川らが注目していたのは、ルノー出身の取締役、ベルナール・レイとジャンバプティステ・ドゥザンの反応だった。幹部の一人は「ゴーンを解任するときに全会一致でなければ、後々禍根を残すことになる。異論を唱えるならルノー出身者だと思っていた」。

だが結局、二人とも目立った反論はせず、西川らの思惑通りにゴーンの解任は全会一致で可決された。決をとる際には一人ひとりに同意を求める念の入れようだった。ルノー出身の取締役の一人は英語で「アグリー（同意する）」と答えた。

アライアンスを組む三菱自動車も日産に歩調を合わせた。4日後の11月26日の臨時取締役会でゴーンの会長職を解き、代表権を外すことを全会一致で決めた。日産のシナリオ通りに進んだ「ゴーン外し」だったが、すぐに大きな壁が立ちはだかった。ゴーン逮捕を事前に知らされていなかったルノーであり、フランス政府である。

会長や代表権は取締役会の決議で外すことができるが、取締役の地位を奪うには株主総会に諮る必要がある。西川らは6月下旬の定時株主総会を待たずに、早いうちに臨時株主総会を開催し、ゴーンとケリーを取締役からも外して日産から「完全追放」する計画を立てていた。だが、計画の実現には筆頭株主のルノーの賛同が欠かせない。取締役の解任議案にルノーが反対すれば、ゴーンは取締役として居座ることになる。保釈されれば、手練手管のカリスマ経営者が何を仕掛けてくるかもわからない。収監されてもなお、経営陣はゴーンへの警戒を緩めてはいなかった。

肝心のルノーは日産と対照的に、なかなかゴーンの解任に踏み切らなかった。ゴーン逮捕の翌日の11月20日の取締役会では、暫定的なCEO代行にティエリー・ボロレCOOを充てることを決めただけで、ゴーンの会長職解任は見送った。その後、2カ月強もの間、ルノーはゴーンを解任せず、日産の経営陣をいらだたせた。

ルノーは、ゴーンから不正行為に関する反論の情報が得られていないこと、ルノー側がゴーンの法律違反を確認できていないことを解任しない理由に挙げた。フランス政府も「推定無罪」の原則を強調し、ルノーの判断を支持した。「ルノーやフランス政府は、ゴーンを解任することで、日産への影響力が弱まることを警戒していた。対日産の戦略を練る時間稼ぎをしたいんだよ」。日産の幹部はこう分析し、なかなか解任に踏み切らないルノーに歯がゆさをにじませた。

解任に踏み切らないだけでなく、ルノーは大株主の立場を前面に出して日産に攻勢をかけてきた。ゴーンの後任の日産会長人事について、ルノーに指名させるよう要求したり、ルノーがゴーンの処遇を決める前に日産に臨時株主総会の開催を要求したりと、揺さぶりをかけ続けた。日産はこうした要求は突っぱねたが、ルノーへの不満を強めた。ゴーンの不正の実態を知ればルノーも解任せざるを得なくなると考え、ルノーの取締役会で内部調査の内容を直接説明させてほしいと申し出たが、ルノーは「弁護士がやりとりすればいい」と申し出を拒否した。

「ゴーン後」の統治体制においてもルノーの優位を保ちたいと考えるフランス政府も、日産とルノーのつばぜり合いに参戦した。急先鋒は経済・財務大臣のブリュノ・ルメール。ゴーン逮捕の3日後、大阪万博の誘致でパリを訪問中だった経済産業大臣の世耕弘成と急遽会談した。世耕とがっちりと握手を交わしたが、数日後の地元のテレビ番組で「3社連合のガバナンスは変えないことで世耕氏と合意した」と発言。ルノーが3社連合内での主導権を握り続けると強調してみせた。これに世耕はあわてて反発。閣議後の記者会見で「ルメール大臣が単独でいろいろと発言しているが、我々はあくまでも、協力関係を維持していくという日産とルノーの意思に対して、「両国政府が強力にサポートするということで合意している」と異議を唱えた。

日仏両国のさや当ては、ほどなく首脳会談の場でも繰り広げられた。アルゼンチンのブエノスアイレスで11月30日（日本時間12月1日）に開かれた主要20カ国・地域（G20）首脳会議の会場で、首相の安倍晋三とフランス大統領のマクロンの会談が設けられた。フランス側の求めに日本が応じた。日本政府関係者の説明によると、会談は15分ほど。3社の提携維持を求めるマクロンに対し、安倍は「民間の当事者が決めることで、政府が関与するものではない。当事者が納得いく形で、議論が建設的に進むことを期待している」との認識を示し、両社の駆け引きからは距離を置いた。

ルノーの大株主であるフランス政府と、日産株を持たない日本政府には、明らかに立場の差がある。ただ日本政府としても、日本経済の屋台骨である自動車産業の雄が、みすみすフランス企業の軍門にくだるのを指をくわえて見ているわけにはいかない。「当事者が納得した形で」という安倍の発言には、日産が納得しないような統治体制は政府として承服できない、というメッセージが込められていた。

ゴーンの処遇をめぐる日産とルノーの綱引きは膠着状態が続いたが、12月中旬以降、徐々に潮目が変わってきた。東京地検特捜部が21日、特別背任の疑いでゴーンを3度目の逮捕。日産の資金を私的に流用したとされる嫌疑が新たに加わった。

ゴーンが税法上の居住地をオランダに置いて税逃れをしていた疑いがあるなど、フランスのメディアもゴーンの不正の疑いを次々と報じ始め、1月には代表的な夕刊紙であるルモンドが、ルノーにゴーン解任を促す社説を掲載。フランス国内の世論の風向きも変わり、ゴーンを擁護してきたフランス政府の態度も一変。ゴーンに見切りをつける方向へと舵を切った。

当時、マクロンは燃料税を引き上げる方針に抗議するジレジョーヌ（黄色いベスト）運動への対応に苦慮していた。企業の成長を重視するマクロンは、もともと庶民から遠い「金持ちの味方」だと批判を浴びてきた。高い失業率と低い支持率にあえぐマクロンにとって、富裕層の象徴的な存在だったゴーンを守り続けるのはもはや困難になっていた。日産幹部は「ゴーンを留任させておくのが得策かどうか見極めていたが、ついに見限ったということだ」と口にした。

19年1月24日のルノーの取締役会で、ようやくゴーンの会長とCEOの退任が決まった。日産や三菱自動車は解任だったが、ルノーはゴーンの辞表を受け取る形での退任とし、ゴーンに一定の配慮を見せた。仏経済紙レゼコーは「自発的な辞任であれば、（強制的な）解任でゴーンを辱めなくて済む」と指摘した。ルノーは、ゴーンの逮捕後に開いた3度の取締役会で解任を見送ったが、ようやく日産、三菱自動車と足並みがそろい、新しい統治体制に向けた議論ができる環境が整った。

3社の経営トップからゴーンの名前が消え、扇の要だったゴーンによる支配は終焉を迎えた。しかし、ルノーが指名した「ポスト・ゴーン」によって、日産とルノーの攻防はさらに激しさを増すことになる。

スナール登場

ゴーンの代わりにルノーの会長に就いたのは、当時フランスのタイヤ大手ミシュランのCEOを務めていたジャンドミニク・スナール。1953年生まれ。ゴーンより1歳年上のスナールは、パリ西部近郊のヌイイ＝シュル＝セーヌ出身の生粋のフランス人だ。父親は外交官のジャック・スナール。74年に日本赤軍がオランダ・ハーグのフランス大使館を占拠したハーグ事件で、人質になった逸話が残る。母も貴族出身という由緒ある家柄だ。スナールはフランスのビジネススクールの名門、HEC経営大学院を卒業後、79年に石油大手トタルに入社。2005年にミシュランに移った。ミシュランは代々、創業家がCEOを歴任してきたが、スナールは12年、創業家の出身以外から初めてCEOに就任。ゴーンがたどりつけなかったミシュランのトップに上り詰めた。

強面のゴーンとは対象的に、柔和な表情で対話を重視するタイプ。フランスのエリート貴族を地で行く人物だが、ミシュラン時代には工場閉鎖などのリストラを進めて負債を大幅に減らすなど、経営手腕では「コストカッター」の異名をとったゴーンと重なる部分もある。

ルノーの重要人事がフランス政府のお墨付きなしに決まることはあり得ない。18年1月、フランス中部のミシュランの研究所を訪問したマクロンは、「ミシュランは生産性と社会的対話を重視する会社の完璧な例だ」とスナールの経営手腕を持ち上げ、高く評価していた。マクロンからの厚い信頼が、ゴーンの後任という重要ポストを射止める決め手になったと言われている。フランス政府は、揺らぐ3社連合の関係修復と、ルノーの影響力の強化をスナールに託した。

スナールの登場により、日産とルノーの関係は新たな局面を迎えた。西川はルノーが新体制を発表した直後に会見を開き、日産の臨時株主総会を4月中旬に開催する方針だと表明。総会に諮る議案は、ゴーンとケリーを取締役から解任し、ルノーから取締役を一人迎える人事案に絞った。ルノーから迎えるのは、もちろんスナール。西川はスナールについて「パートナーとして尊敬でき、話も透明性をもってできる方だ」と評価した。

周囲の関心は、3社連合の統治体制がどうなるのか、日産の取締役に内定したスナールが日産の会長ポストに就くのか、の2点に集中した。

3社連合は、提携強化を議論するための定例会議を毎月1回のペースで開いていたが、この場は実質的に、3社のトップを務めるゴーンへの報告の場であり、ゴーンの指示を仰ぐ場だった。白熱した議論とは無縁の会議だったが、ゴーンの逮捕で状況は一変した。

逮捕直後の18年11月下旬の定例会議で、ゴーンに権限が集中していた統治を改め、3社のトップによる合議で運営することを決めていたが、3社連合の主導権を維持したいルノーが、スナール体制に移行した後も合議制を受け入れるかも焦点になった。

スナールがルノーの会長に就いた後、3社の首脳が初めて話し合ったのは19年1月31日。オランダのアムステルダムで開かれた定例会議だった。会議は非公開だったが、テレビ会議で日本から参加した三菱自動車の会長兼CEOの益子修が同日夜、報道陣の取材に応じた。

ゴーンの逮捕後は報道各社の経済部記者による「夜討ち朝駆け」も熱を帯び、3社連合の定例会議などがある夜は、メディア対応に長け、可能な範囲で状況を解説してくれる益子の都内の自宅に記者が集まるのが恒例となっていた。報道陣に囲まれるのは想定内という面持ちでこの日も車を降りた益子は「当然そのままになります」と述べ、引き続き3社連合の運営は合議制で進めると説明した。「アライアンスの重要性を互いに確認し、今後のアライアンス強化のために、スナールさん、西川さん、私の3人で定期的に協議の場を設けましょうという話もした。有意義な会議でした」とも語った。

アムステルダムの会議の2週間後にはスナールが来日し、3人が直接顔を合わせる会談が実現した。帝国ホテルで魚料理などの食事を交えて約1時間半に及んだ話し合いはアライアンスの強化が中心で、日産の会長人事や、日産とルノーの資本関係の見直しなど、踏み込んだ議論は「一切していません」（西川）。スナールは翌日、日産や三菱自動車の幹部らとも面会。対面した一人は「非常にジェントルマンだった」と好印象を口にした。

スナールは、まずはゴーンの逮捕でぎくしゃくした3社連合の関係を落ち着かせることに重点を置いたようだった。ゴーンの後任はどんな人物かと身構える日産や三菱自動車の警戒心を、対話で和らげる融和策をとった。

2日間の滞在を終え、羽田空港から帰路についたスナールは、空港で待ち構えた報道陣を前に流暢な英語でにこやかに答えた。「非常に良い協議ができました。特にアライアンスの未来について話をしました。とても前向きな話で、非常に満足しています」。日産の新会長に就く気はあるかと問われると、「それは今回の議論のポイントではありません」とかわした。

それから1カ月後の3月12日。スナールの2度目の来日時に、日産の会長人事で大きな動きがあった。この日は日産の取締役会が予定されていた。保釈されたゴーンが出席を求めたが、東京地裁は許可しなかった。ゴーンの出席の可否が話題を集める中で、大きな報道発表が準備されていた。

取締役会が終わると、スナールと、ルノーCEOのティエリー・ボロレ、西川と益子の4人が日産本社で記者会見に臨んだ。3社連合の首脳がそろって共同会見に臨むのは、ゴーンの逮捕後初めてだった。4人は、アライアンスの発足20年にあたり、「新たなスタート」と銘打って、3社連合を統括する新組織「アライアンス・オペレーティング・ボード（AOB）」の設立を発表。4人がサインした9項目の覚書には、新組織のトップである議長にはルノーの会長が就くものの、業務執行の意思決定は引き続き合議制をとると明記されていた。そして、覚書の8番目の項目が報道陣を驚かせた。

8．ルノーの会長は、日産の指名のもと、臨時株主総会の承認をもって、同社の取締役に就任する予定である。ルノーの会長が、日産の取締役会副議長（代表取締役）に適した候補者であると想定される。ルノーと日産の両社は、日産の会長およびその他事項に関する

ガバナンス改善特別委員会による提言を待望している

スナールは日産の取締役会副議長に就き、会長には就かないという宣言だった。日産会長への就任に意欲があるとみられていたスナールが譲歩の姿勢を見せたのだ。

なぜ、スナールは会長ポストを手放すことにしたのか。日産の幹部は「新組織のトップへの就任と交換条件のようなものだ」と分析した。別の幹部も「スナールとしては、フランス政府の横やりが入らず、かつ日産側も納得するぎりぎりの線を彼なりに考えたのではないか。新組織の議長ポストもとらないとなると、フランス政府が何か言ってくるかもしれない。だから口を出させないぎりぎりの選択をしたんじゃないか」との見方を披露した。

西川ら日産の経営陣が、スナール会長就任を警戒していたのは間違いない。これを許せば、日産とルノーのトップを兼ねて暴走した「ゴーン体制」と同じ構図になる。懸案だった両社の資本関係の見直しについても、スナールは「きょうのポイントではありません」と言い切る余裕を見せた。当面は、ルノーの影響力が強まることはなく、日産の新体制を構築する道筋ができたと考えたのだろうか。4人で握手して記念撮影に応じた西川は、ひときわ晴れやかな表情で白い歯を見せた。

「一つの大きな山を越えた。西川さんもほっとしていたと思うよ」。会見を終えた益子は西川の気持ちを代弁するかのように、報道陣にそう語った。

スナールの登場とほぼ同時期に、日産の行く末を大きく左右する会議体が新たに設けられた。ガバナンス改善特別委員会。深刻な機能不全があらわになった日産のガバナンス（企業統治）を立て直すため、外部の有識者を中心に改善策を話し合う場だ。メンバーは7人。元裁判官で弁護士の西岡清一郎、元経団連会長の榊原定征《さだゆき》を共同委員長に、ルノー出身のジャンバプティステ・ドゥザン、元経済産業審議官で日本エネルギー経済研究所理事長の豊田正和、レーサーの井原慶子の3人の社外取締役も委員に就いた。1月20日の初会合を終え、榊原は「ゴーン1強」体制に触れ、「人事権や報酬決定権がすべて一人に集中していた」と不正の背景を指摘した。

このころ、西川ら日産の経営陣は、機能不全に陥ったガバナンスの再構築の重要性をしきりに社内外に吹聴していた。ルノーやフランス政府の攻勢をかわすため、ガバナンスの立て直しを優先するという「大義名分」を前面に打ち出す狙いがあった。特別委は、3月末までに日産に提言を提出することになっていた。日産の企業統治の骨格づくりは、特別委がまとめる提言に委ねられた。

特別委は5回の会合で、西川ら日産の経営陣から聞き取り調査を実施した。特別委が3月

27日にまとめた提言の柱は、業務執行と監督の機能を明確に分け、「ゴーン1強」体制のような権力集中を防ぐことだった。ゴーンの不正について、私的利益を追求した「典型的な経営者不正」と断じ、会社の利益のための粉飾決算や不正会計といった、他の上場企業で起きた不正とは根本的に異なると指摘。権力の集中を防ぐために「監査役会設置会社」から「指名委員会等設置会社」への移行を求めた。

指名委員会等設置会社は、社外取締役が過半数を占める「指名」「報酬」「監査」の3つの委員会を設置し、役員人事や報酬などを各委員会が決める統治形態だ。業務執行と監督の機能を分離して権力の集中を防ぎ、経営の透明度が増すとされている。三菱自動車も、日産に先駆けて移行を表明していた。取締役の過半数を社外取締役にすること、取締役会のトップである議長ポストを社外取締役に担わせることなども提言に盛り込まれた。共同委員長の榊原は会見で「実現すれば、相当高度なガバナンス体制が実現できる」と胸を張った。

さらに特別委は、日産の会長職の廃止にまで踏み込んだ。「執行役の長と監督の長の二つの帽子をかぶっている会長は廃止しようとなった。相当思い切った提言だ」と榊原。別の委員は「業務執行のトップがCEO、監督のトップが取締役会議長なら、会長に明確な役割はない」と述べた。日産の定款では、会長が取締役会議長を兼ねるとされていた。会長という権力集中の象徴的なポストをなくすとともに、会長を譲ったルノー側への配慮もうかがわせた。

西川はこの日の夜、自宅マンションの前に集まった報道陣に「大変重い提言。できるだけ早く取締役会で検討して、できる限り実現していく方向で進めていきます」と述べた。その言の通り、2日後に臨時取締役会を開き、新たな取締役の候補者などを検討する「暫定指名・報酬諮問委員会」の設置を発表。豊田ら社外取締役3人をメンバーに、3人に助言する「インターナショナルアドバイザー」に榊原と二人の外国人を起用することも決めた。4月の臨時株主総会、6月下旬の定時株主総会を経て新体制に移行するための動きが加速していった。

4月8日、東京・港区のグランドプリンスホテル新高輪で開かれた日産の臨時株主総会。小雨が降る中、定時株主総会も含めて過去2番目に多い4119人の株主が足を運んだ。午前9時の受け付け開始からほどなく主会場は満席となり、入りきれなかった株主はモニターが設けられた8つの別室で総会の様子を見守った。

「改めまして、最初に株主の皆様にはこのたびの一件、大変なご迷惑とご心配をおかけしたことを、会社を代表して深く、深く、おわび申し上げたいと思います」。議長を務めた西川は冒頭、壇上に居並ぶ十数人の役員らとともに10秒ほど頭を下げた。総会の所要時間は2時間57分。ルノーと資本提携した後の20年間で過去3番目の長さだった。

22人の株主が質問に立ち、長く不正を許してきた西川らに対する厳しい意見も飛んだ。「現経営陣にも大きな社会的、道義的責任がある。総退陣すべきだ」と迫る株主も。西川は「日産の将来に向けた責任を果たさないといけない。次のステップにいけるところまでいって、自らの処し方を諮りたい」と弁明した。将来の辞任をにおわせつつも、当面の引責辞任はきっぱりと否定し、日産が新体制に移行するまでは経営トップを続投する意向を強くにじませた。

ゴーンとケリーを取締役会から解任する人事案はいずれも99・8%の賛成率で可決された。20年続いたゴーン体制が名実ともに幕を閉じた瞬間だった。代わって日産の取締役に選ばれたスナールは、総会の最後に登壇した。日本語で「こんにちは」「ありがとうございます」と株主にあいさつした後、英語で「本日、新しい時代を迎えました。献身的に、日産の将来をより良いものにするために頑張ります」と抱負を述べた。

だが、温和な表情で友好姿勢を強調したスナールは、直後に態度を一変させた。臨時株主総会でのスナールを見て、その後の展開を予想できた株主は、ほとんどいなかったに違いない。

4月12日、3社連合を統括する新組織AOBの初会合がパリ郊外のルノー本社で開かれた。初会合の前後にスナールと西川が会談し、スナールが西川に経営統合を提案した。

複数の関係者の話を総合すると、経営統合案は次のようなものだったという。日産とルノーが共同持ち株会社を設立し、傘下に両社がぶら下がる形をとる▽持ち株会社のトップにスナールが就き、本社は日本でもフランスでもない第三国に置く▽持ち株会社の役員は両社から同じ人数を出す▽両社の一般株主が受け取る持ち株会社の株式比率は公平になるよう調整する。

西川はこうした具体案をスナールから示される前に、統合に向けた議論を打ち切った。「驚きはない。いったんはおとなしくしていたけど、牙をむいてきたということでしょう」。日産幹部は、ある程度は想定していた様子で話した。別の幹部は「フランス政府はずっと日産を経営統合したいと思っているんだ。ルノーというより、フランス政府の意向が強い」と分析してみせた。

統合話はメディアには伏せられ、AOBの終了後に3社の連名で「提携の力を我々の手で正しく引き出したい」とする声明が出されただけだった。一部メディアの報道で統合話が表面化したのは4月22日。表に出ることを予期していなかったのか、翌23日の日産の取締役会にテレビ会議で出席したスナールが経営統合に触れることはなかった。西川が冒頭、「日産としてはコメントしないことで対応しています」と発言し、それに同意しただけだった。「表だって経営統合の件を荒立てることは、どちらも避けたかったのだろう」。日産幹部はそう推し量った。

FCAとルノー

降ってわいた統合話は両社の間に緊張感をもたらしたものの、大きな進展はないまま1カ月が過ぎようとしていた。日産の定時株主総会を翌月に控えた5月27日、こんどは世界の自動車業界を揺るがす発表があった。

欧米大手のフィアット・クライスラー・オートモービルズ（FCA）から経営統合の提案を受けたルノーが、前向きに検討することを決めたと発表したのだ。両社の統合が実現すれば、世界販売台数は単純合算で872万台（2018年）にのぼり、世界3位の自動車メーカーが誕生する。さらに日産、三菱自動車との「4社連合」が実現すれば、世界販売は1500万台を超す。世界1位の独フォルクスワーゲン（1083万台）を凌駕する巨大な自動車帝国が生まれる。

ＦＣＡの発表資料には、統合の具体的な形も示された。オランダに拠点を置く持ち株会社の傘下にルノーとＦＣＡがぶら下がる形で統合し、統合比率は１対１とする。統合会社の取締役会は11人とし、両社から４人ずつの取締役を出すほか、日産からも１人加わるというもので、日産をグループの傘下に収めることが前提になっている内容だった。

ＦＣＡは09年に経営破綻した米クライスラーを、イタリアのフィアットが14年に完全子会社化して発足した。高級車ブランドの「マセラティ」や「アルファロメオ」を持つほか、「ジープ」ブランドが好調な北米市場に強みがある。

会長はジョン・エルカン。フィアットの経営を立て直したセルジオ・マルキオンネがＦＣＡのＣＥＯとして経営を引っ張ってきたが、マルキオンネは18年7月に急逝。エルカンはその後を継いだ。祖父は故ジョバンニ・アニエリ。アニエリ一族はフィアットを創業し、ジョバンニは長年経営トップに君臨した。一族はイタリア屈指の大富豪で、「王冠なき王家」と称されるセレブリティでもある。

一族の御曹司のエルカンは、１９７６年に米ニューヨークで生まれ、フランスの高等学校を出て、イタリアのトリノ工科大で学んだ。21歳だった97年にフィアットの取締役に就き、２００４年から副会長。40代の若さで、10年から会長を務めている。03年にジョバンニ、04

年にその弟ウンベルトが死去した後、アニエリ一族の顔となった。
エルカンは一族の投資会社「Ｅｘｏｒ（エクソール）」の会長でもある。同社はＦＣＡ株の約29％を持つ。フィアットの地元トリノのサッカーチーム・ユベントスのオーナーで、イタリアのフェラーリや英国の経済誌「エコノミスト」グループの大株主でもある。

欧米メディアによると、そんなエルカンの私邸でスナールが提携について議論を始めたのは1月。販売の7割を欧州に頼るルノーと、北米を主力とするＦＣＡのタッグは地域的な補完関係がある組み合わせだ。両社は、経営の効率化で浮いた資金を自動運転技術など先進技術の開発に振り向ける青写真を描いた。

思いもかけない展開に、日産は動揺した。日産は技術力と販売台数の両面でルノーより優位に立ち、ルノーに対する発言力を保ってきたが、ルノーとＦＣＡが統合すると販売台数や売上高で抜かれることになる。統合会社での取締役の人数を見ても、存在感の低下は避けられそうにない。ルノーの関係者は「日産との統合議論はＦＣＡと同時並行で進める。貴重なパートナーが現れて、（日産との交渉に向けて）チャンスだ」と述べた。日産幹部は「日産の技術を利用されるだけでメリットが乏しい」との見方を示し、行く末を案じた。

スナールは、電撃発表の翌日の5月28日には羽田空港に降り立っていた。29日に日産本社で開かれるAOBで西川や益子に統合の利点を説明し、賛同を得るのが目的だった。29日、首脳会合を経て、AOBは「オープンで透明性のある議論を行った」との談話を出したものの、日産、三菱自動車ともに統合に対する賛否は留保した。

西川と益子はその日の夜、報道陣の取材に応じたが、「日産にどう影響するかよく見ていかないといけない」(西川)などと慎重な姿勢を崩さなかった。日産幹部が特に不信感を抱いたのは、両社の工場を閉鎖せずに雇用は維持するという点だった。「リストラもせずに統合のシナジー(相乗効果)がどこまで出せるのか。絵に描いた餅になる」と懸念した。

6月3日午後6時半、西川は突然、ルノーとFCAの統合についての声明を出した。翌4日にルノーが取締役会を開いて統合について議論する予定で、明らかにルノーの取締役会を意識したものだった。報道各社に送られた声明は、前半こそ「仮にFCAがアライアンスメンバーに加わることになれば、新たにその領域、間口が広がり、シナジーを拡大するオポチュニティ(機会)があると考えています」と前向きにとらえているが、西川の真意は後半にあった。「(経営統合が)実現した場合、ルノーの会社形態が大きく変わることになるため、これまでの日産とルノー両社における関係の在り方を基本的に見直していく必要があります。当社としては今後、日産の利益確保の観点から、これまでの契約関係や業務の進め方等について、分析ならびに検討を進めてまいります」と続けた。

「ルノーとの関係を見直す」という強い表現は、20年続く日産とルノーの資本関係が崩れる可能性にまで踏み込んだ。この日の夜、西川は報道陣の取材に「(統合すると)まったく別の会社になる。いろいろなことを全部見直さないといけないかもしれない。その中には資本関係の不均衡も含まれる」と話した。

とんとん拍子に進むかとみられた統合議論に、西川の声明は波紋を広げた。4日のルノーの取締役会では結論に至らず、5日夕方に再び取締役会が開かれた。6時間にわたる議論の後、統合の受け入れについて採決をしたところ、日産のCOOでもある山内康裕と、日産が推薦する社外取締役の芹沢ゆうの二人が棄権した。これに合わせて、フランス政府の代表者が「もう少し待ってほしい。日産の賛成を取り付けたい」と主張し、結論は先送りとなった。

スナールがFCAに採決の結果を伝えると、同じ時刻に取締役会を開いていたFCAは即座に統合提案の撤回を決めた。FCAは6日の声明で「提案の合理性にはいまも自信を持っているが、統合を成功裏に進めるためのフランスでの政治的条件が存在しないと明らかになった」と言及。破談の原因はフランス政府の対応にあることを強くにじませた。

フランス政府は、統合会社への影響力を維持するため、有利な統合条件を引き出そうと躍起になっていた。欧州メディアによると、フランス政府の代表者を統合会社の取締役に送り込むことや、本社をオランダに置くこと、実質的な本社機能を担う事業拠点をパリに置くことなどを求めた。統合会社の会長にはエルカン、CEOにはスナールが内定していたが、スナールの後任人事についても影響力を持つことにこだわった。一定の譲歩を見せていたFCAも、度を過ぎる要求の数々についに机を蹴り上げた。

フランス政府のやり方をよく知る日産幹部は「ルノーはもともとが国営企業。政府がビジネスの話に横やりを入れてこじれることはしょっちゅうだ」。日本の政府関係者も「フランス政府の後出しじゃんけんの連発で、FCAが怒り狂ったということだ」と解説した。

日米欧の自動車メーカーが集う「世界連合」を作る構想は、提案からわずか10日余りであっけなく頓挫した。FCAの声明に続いて、ルノーが出した声明には、FCAと日産への謝意を示しつつ「落胆している」と記されていた。スナールの本音がにじんだ。

波乱の新体制

ルノーとFCAの「スピード破談」の一因を、フランス政府は日産側の取締役二人が統合への採決を棄権したことで「日産の明確な支持が得られていなかった」と釈明した。FCA

が心変わりした直接の原因はフランス政府の「むちゃぶり」に嫌気がさしたことだったが、西川が直前に出した「ルノーとの関係を見直す」という声明が、結果的に統合議論に一石を投じたのは確かなようだった。

「ルノーにとっては、FCAと日産のどちらが重要かと言えば間違いなく日産。日産の賛同がないまま統合に突っ走るのはリスクがある、とフランス政府は考えたはずだ」。日産の幹部はこう推測した。

日産に統合を邪魔されたと思ったからかどうかは定かでないが、ルノーは日産に対して再び大きな難題をふっかけてきた。日産は6月25日の定時株主総会で、指名委員会等設置会社に移行するための定款変更を議案としていた。ところが、スナールが西川に宛てた書簡で、「投票を棄権する」と伝えてきたのだ。書簡の日付は6月7日。FCAにそっぽを向かれた翌日である。その意趣返しか、日産に突然突きつけた通告も「棄権」だった。

この間、日産はガバナンス改善特別委員会の提言を尊重し、業務の執行と監督の機能を明確に分離するため、監督機能の中枢である取締役会メンバーの過半を独立した社外取締役にするための人選を進めていた。5月17日の取締役会を経て、定時株主総会に諮る新たなメンバーを決定。取締役11人のうち社外取締役が7人を占め、日産から西川とCOOに就いた山内、ルノーからスナールとCEOのボロレの二人ずつを出す布陣だった。

スナールは以前から「日産の新たなガバナンス体制を支持する」と表明しており、ルノーはこのときは大きな抵抗は見せなかった。ボロレが新たに取締役に入り、社外取締役の一人に、ルノーが推薦した日本ミシュランタイヤ会長で在日フランス商工会議所会頭を務めたこともあるベルナール・デルマスが入ったため、納得する姿勢を示していた。口出ししたのは、その後の人事構成についてである。

スナールは、指名委員会等設置会社の移行後に新設される「指名」「報酬」「監査」の3委員会の各メンバーに誰が入るかについて不満を示した。指名委員会は経営トップら役員の人事を提案できる。報酬委員会は役員報酬のあり方を決めることができ、監査委員会は主に経営の監視役となるなど、それぞれが強い権限を持つ。

ところが、日産が示した当初案では、スナールが指名委員会に入っているだけで、ボロレはどの委員会にも所属していなかった。ガバナンス改善特別委員会の提言には、3委員会のトップには社外取締役が就くと記載されていたため、スナールもさすがに委員長ポストを求めはしなかったが、ボロレがどの委員会にも入らないとなると、大株主としての影響力が格段に落ちると危惧したようだ。

日産にとって、スナールの突然の乱心はまったくの想定外だった。指名委員会等設置会社への移行に必要な定款変更議案は、出席株主の3分の2以上の賛成が必要な特別決議だ。棄権でも出席扱いになることから、43%の株主であるルノーが棄権した時点で、議案は否決される。ゴーン体制との決別を社内外に示すにはガバナンス改革が不可欠で、その改革の柱と位置づけていたのが、執行と監督を明確に分離する指名委員会等設置会社への移行。目玉の議案が否決されれば、西川体制の土台が揺らぎかねない。

5月の日産の取締役会では、指名委員会等設置会社への移行にはスナールも賛成していた。株主総会直前のスナールの「ちゃぶ台返し」に西川はいきり立った。10日に声明を発表。それほど長くはない声明だったが、「大変な驚き」「ガバナンス強化の動きに完全に逆行するもの」「誠に遺憾」と厳しい非難をちりばめた文面でスナールを牽制した。その日の夜、西川はもはや恒例となった自宅マンション前での取材で、「指名委員会等設置会社は絶対条件です。ここは譲れません」と強い口調で語り、ルノーの説得を続けていく考えを示した。

スナールの豹変には、もっぱら静観を決め込んできた日本政府も反応した。西川が声明を出した翌日の11日、経済産業相の世耕弘成は閣議後の定例会見で、「ルノーが棄権するのか賛成するのかは、重大な関心を持って注意していく」と発言した。これまで日産とルノーの関係は「民間企業同士の問題」で、当事者で決めるべきだとの姿勢を貫いてきたが、従来の発言より踏み込んだ。安倍政権は企業統治改革を成長戦略の一つに位置づけているため、日産の改革の頓挫は、日本企業のガバナンスが効いていないと世界の投資家から見られる恐れがあった。政府としても無視できない事態なのである。

世耕は会見で「企業統治改革は、アベノミクスの極めて重要な要素。ゴーン事件で、日本全体の企業統治の信頼が毀損した。日産が改革をしっかりやれるかが、日本全体の信認にも影響する」と続けた。

日産と日本政府が牽制球を投げても、指名委員会等設置会社への移行を「絶対条件」としている以上、分が悪いのは日産の方だった。「スナールもそこまで高めの球は投げていない。ボロレを入れればいいというなら、総会まで時間がない中で答えは一つしかない」。日産の幹部はあきらめたようにそう話した。すったもんだのあげく、日産はルノーに譲歩し、ボロレに監査委員のポストを与えることで折り合った。ルノーは20日、棄権する意向を撤回すると発表した。

25日の株主総会直前のドタバタ劇だったが、日産にとっては、資本関係で優位に立つルノーの「支配力」をまざまざと見せつけられる結果となった。21日朝、ある日産幹部はこう言って苦虫をかみつぶした。「(ルノーへの譲歩は)政治決着ということだ。私は猛反対した。やはり(ルノーとの)資本関係の見直しはやらないといけない。今回の件ではっきりした」

日産にとって120回目となる25日の定時株主総会は、横浜・みなとみらいの国立横浜国際会議場「パシフィコ横浜」で午前10時に始まった。出席した株主は2814人。所要時間は3時間22分と長丁場の総会となった。

西川は冒頭のあいさつで、ゴーンの逮捕について会社を代表して改めて謝罪した後、指名委員会等設置会社への移行について、「大きな節目を迎えました。大変大きな節目です」と重ねて強調した。だが、日産の新たな船出を祝うムードは乏しかった。直前でルノーの棄権騒動を見せつけられていた株主からは、しこりを残したままのルノーとの提携関係についての質問が相次いだ。

西川は「日産は日産であり続けることが大事で、一点のぶれもない。ルノーからの経営関与が強まることは絶対にさせません」と言い切った。役員席には経営統合をもちかけた張本人のスナールがいつもの穏やかな表情で座っていたが、西川はスナールの表情を気にすることなく、「経営統合が良いとは思っていません」とためらいなく答えた。

さらに、ルノーとの提携関係について西川は「業績の回復を最優先にして議論を先送りにしてきたが、かえって方向性の違いが臆測を呼んで（日産の）業績回復に影響を与える懸念がある」とした上で、「両社の将来像について検討の場を持つのは大事」と述べ、現状維持を良しとはしない考えを明確にした。

ゴーンがバランスをとってきた両社の関係が、「ゴーン後」にきしみ始めたことは誰の目にも明らかだった。日産が望むのはむろん、ルノーの出資比率を引き下げて日産への影響力を弱め、できるだけ対等な資本関係に変えることだ。だが、資本提携から20年の歳月を経て、両社の協力関係はすでに、「離婚」したくてもできないほど濃密なものになっていた。ゴーン体制の下で、部品などの共同購買が進んだだけでなく、共同開発した技術も少なくない。離婚に踏み切れば、両社の経営に及ぼすダメージは計り知れない。生き残りをかけた厳しい戦いが続く自動車産業において、3社連合の競争力が著しく低下することは避けられなかった。

西川が「検討の場を持つ」と言ったものの、日産への影響力をさらに強め、経営統合まで視野に入れるルノーやフランス政府との溝はそう簡単に埋められるものではなかった。出席した株主の多くもそれを理解していた。

株主総会では、棄権カードをちらつかせて、日産の譲歩を引き出したスナールに厳しい声も飛んだ。一時的なものだったとはいえ、棄権の意向を示したことは「パートナーへの背信行為だ」と詰め寄った株主に対し、会場から拍手がわいた。スナールは「平等を求めただけで、悪い意図はありませんでした」と英語で釈明したが、株主の間に渦巻いた不信感が和らいだ雰囲気はまったくなかった。

株主総会のもう一つの焦点は、西川の去就だった。指名委員会等設置会社への移行が西川にとって大きな区切りであることは、冒頭のあいさつからも見てとれた。西川は「指名委員会の下、後継体制の準備を喫緊の課題として、指名委のリーダーシップで進めてほしい」と、後進に道を譲ることもほのめかした。

西川はゴーンの逮捕後、記者会見のたびに、経営トップとしての責任を問われ続けてきたが、動じることなく社長を続けてきた。「責任には、取るべき責任と果たすべき責任がある」。当時はこの決まり文句で自らの責任論をかわした。日産の再建のために「果たすべき責任」があり、トップの座を投げ出すわけにはいかないという理屈だ。

後継体制の準備が喫緊の課題だと言う西川の言葉に、早晩辞めるつもりかと思った株主もいたかもしれないが、周囲の反応は冷ややかだった。西川をよく知る幹部は「いつものパターンで、辞める意思があることは示唆しても、時期は明言しない。指名委がすぐに後継を決めるとも思えないし、しばらくは居座るつもりかもしれません」と解説した。

西川の誤算

「西川に日産社長の資格はない」

日産の定時株主総会を控えた6月上旬に発売された「文藝春秋」（２０１９年７月号）の表紙に、そんな見出しが躍った。カルロス・ゴーンのかつての側近で、ゴーンとともに金融商品取引法違反（有価証券報告書の虚偽記載）の疑いで逮捕・起訴された日産元代表取締役のグレッグ・ケリーが独占インタビューに応じ、西川が株価に連動して役員報酬が決まる権利（ストック・アプリシエーション権＝ＳＡＲ）の行使日を、あらかじめ決められた日から１週間ずらして株価のより高い日に設定し直し、本来なら受け取れないはずの報酬約４７００万円を不当に受け取った、と告発したのだ。

ケリーの告発は、極めて入念に練られていた。ゴーンが日産の資金でブラジルに不動産を購入した経緯を引き合いに、「実は、西川さんにも不動産購入の話がありました」と証言。西川が報酬を水増ししようとした理由について直接の言及を避けながらも、「私にアプローチしてきて、『お金が必要なので、なるべく早く報酬を引き上げてほしい』と言ってきた」と、西川が「私腹」を肥やすために報酬の水増しに手を染めていたことを匂わせた。ずらされたSARの権利行使日の詳細な日付や水増し額などを明らかにしつつも、「変更を担当したのは秘書室」であり、「具体的にどのような手続きが行われたのかはわかりません」と自身の関与は否定した。

SARは株価に連動した報酬の一種だ。よく耳にするストックオプションは、あらかじめ決められた価格で自社株を買える権利で、権利を付与された役員や従業員は、自社の株価が値上がりしたときに権利を行使すれば、割安な価格で自社株を買うことができる。

一方、SARは、あらかじめ決められた価格で自社株を役員や従業員に付与したと仮定し、将来のある期間内で株価がその価格を上回った場合、差額を現金で受け取れる権利だ。いわば、仮想的なストックオプションともいえ、自社株ではなく現金で受け取れる点がストックオプションと異なる。権利を将来のどのタイミングで行使するかは、事前に決めておく。

日産は03年にこの制度を導入した。ケリーの告発は、いったん決めた権利行使日以降に株価がさらに上昇したため、後から行使日を1週間ずらしたというものだった。実際、西川のSARの行使日がずらされた1週間で、日産の株価は1割ほど上がっていた。

また、ケリーは、自らが関与したとされるゴーンの「報酬隠し」事件に絡み、ゴーンの退任後に巨額の報酬を「顧問料」などの形で払うことを約束する書類に西川が複数回サインしていたことも明かした。有価証券報告書の虚偽記載の疑いで逮捕・勾留されているときに「『なぜ私は西川さんと同じ場所にいないのだろうか』と思いました」と振り返りつつ、「西川氏が逮捕されないのなら、私も逮捕されないはずです」として、西川も「クロ」だとほのめかしたのだ。

「ゴーン氏は日産ＣＥＯとして収益を確保して強い体質の会社にすることを達成していました」と持ち上げる一方、西川がゴーンの後に社長兼ＣＥＯになった17年以降は「日産は危機に瀕していると言わざるをえません」とも指摘。日産の業績の立て直しについて「西川さんにそれができるだろうかと不安を感じます」とも言及し、西川の経営者としての「資質」にも疑問を投げかけた。

6月25日の定時株主総会が約2週間後に迫っていた。西川の社長兼ＣＥＯ続投は既定路線だったが、ガバナンス改革の「本丸」である指名委員会等設置会社への移行のための議案に、筆頭株主である仏ルノーの賛同が得られるかが焦点だった。ルノーは、議案へ棄権をちらつかせながら、移行後の人事をルノーに有利に運ぼうとしていた。ケリーの告発は、西川自身の「資質」の問題にとどまらず、西川が主導したガバナンス改革の「正当性」にも疑念を持たれかねない重大な内容だった。「言うのは勝手だが、逮捕された人の証言を信頼できるのか」「ゴーンの不正の話とは次元が違う」。日産幹部は火消しに追われた。

もともと、西川が「ポスト・ゴーン」の座に居座ることに疑問の声は根強かった。ゴーンに引き上げられ、ゴーンとともに長く日産の取締役会メンバーだった側近として、ゴーンの「暴走」を止められなかった責任を問う声は、逮捕当初からくすぶり続けた。

西川自身も、「西川降ろし」の空気が日増しに強まっていくのを感じていた。ゴーンが逮捕された18年11月19日夜の会見では、自身の責任論について「猛省すべきところもあるが、1日も早く会社を正常な状態にして先に進ませることがとにかく私の仕事だ」とかわした。しかし、翌19年1月の会見では「私を含め、過去の経営陣の責任は重い」と認め、「いま置かれている状況でやるべきことを果たし、その上で責任を取ることを考えていく」と、事態が一段落した時点での退任を匂わせ始めた。

19年6月の定時株主総会では、「取るべき責任、果たすべき責任で大きな節目を迎えた」と意味深に語り、続けて「ここから先は（西川自身の）後継対策も喫緊の課題だ」と話した。指名委員会等設置会社への移行によって設置される、社外取締役を中心とする指名委員会が西川の後継候補を決めた段階で、西川は辞任するものと周辺は受け止めた。

将来的にではあれ、組織のトップが自身の進退をほのめかせば、その時点で周囲の関心は「後継」に移る。現体制は「死に体」になるのが常だが、西川は将来的な退任を「担保」に差し出さなければ、本丸のガバナンス改革さえ進まないところまで追い込まれていた。ただ、西川がすぐ辞任すると考える日産幹部はほとんどいなかった。「けじめ」をつける姿勢をにおわせることで、強まる一方の「西川降ろし」の逆風をかわし、できる限りの「延命」を図る作戦だとみる向きが多かった。

ゴーンの「報酬隠し」には、SARで得た報酬も含まれていた。ケリーの証言が事実なら、西川もゴーンと同様に会社のカネで「私腹」を肥やそうと報酬不正に手を染めていたことになる。進退問題に直結するのは確実だ。ある幹部は「SARの話はたちが悪い。レースが終わった後に馬券を買うようなものだ。社内でも相当不満が出ている」と口にした。

9月に入ると、西川の身辺は急に慌ただしくなった。

ゴーンが逮捕される前からほぼ1年間にわたって、ゴーンの不正行為について調べてきた社内調査の結果が9月4日、監査委員会に報告された。調査結果には、SARをめぐる西川の不正行為も含まれていた。

朝日新聞は翌5日付の朝刊1面で、「日産社長ら報酬不正疑い　社内調査、取締役会に報告へ」との見出しで特報。ケリーの告発通り、西川の報酬不正が確認されたこと、調査に対して西川が「意図的なことはしていない」と弁明していること、水増し額を返還する意向を示していることなどを伝えた。

西川は5日早朝の出勤前、東京都内の自宅前に集まった報道陣に、事実関係をおおむね認めた。ただ、「私は当時、ケリーの事務局に（SARの）運用を任せていた。それが適切に行われていたと認識していた」とも釈明した。自らが報酬額の水増しを指示するといったことはしていないとして、逆にケリーに責任を押しつけるような言い回しだった。後ろ暗いところがないことを示すために、「私の方から（自身のSARについて）調べてくれと頼んでいた」と、調査を自ら願い出たことも強調した。水増しして受け取った報酬は、「しかるべき金額を会社に返納すべきものだし、私もそのつもりだ」と語った。

西川が事実関係をあっさり認めたことで、経営への影響がすぐに出始めた。日産は5日、近く発行予定だった社債2500億円について、金利などの条件決定を延期。ある日産幹部は「実務面で影響が出てくると、ちょっとまずい」と顔を曇らせた。

複数の日産幹部はこの時期までに、西川に面と向かって「辞めるべきだ」と再三進言した。「今すぐに辞めるべきだ。そうしないと日産が自浄作用のない会社だと世間に思われる」。そう迫る幹部に対し、西川はこう言ったという。「もう少しだけ。節目までやらせてくれ」。

西川自身は、この時点ですぐに辞める気はなかったようだ。ケリーの告発に端を発する自身の報酬不正問題は、「文藝春秋」の報道以降広がりを見せず、沈静化していると見ていた。

社内調査がまとまり、意図的な不正を否定して水増し額を返納すれば、幕引きを図れると踏んでいたのだ。しかし、事態は西川の思惑とは逆の方向に急速に動き、9日の取締役会を迎えた。

日産によると、社内調査で認定されたSARをめぐる不正の概要は次の通り。

・ゴーンは、13年及び17年にSARの権利行使日を約2週間前に偽装し、合計約1億4000万円が多く支払われた。
・ケリーは、SARを付与されていないのに、付与されたように偽装して経理処理をし、不正に約700万円を受け取った。
・ケリーらは、西川から役員報酬の増額を求められた際、その要請に応じる代わりに、すでに確定していたSAR行使による報酬について、権利行使日を1週間ずらす偽装をすることで、SAR行使による報酬を約4700万円不正に増額して西川に支払った。
・ケリーらは同様に、元取締役2人と元職・現職の執行役員4人にそれぞれ1回、同じような方法で不正な報酬を支払った。
・ただし、ゴーン、ケリー以外の役員は、不正なSARの行使について、自分の報酬が不正な手法で増額されたことを認識しておらず、ケリーらに対して指示や依頼をした事実はない。

つまり、社内調査では、SARによる報酬不正はケリーの主導により行われたと認定された。自身の関与を否定したケリーの言い分は認めず、不正の指示や依頼はなかったとして、意図的な不正を否定した西川の言い分を認めた形になった。

社内調査は、主にゴーンが開示義務を逃れて受け取ろうとしたり受け取ったりした報酬が計約200億円、それ以外に私的に流用したり、流用しようとしたりした会社の資金は約150億円で、不正の総額は約350億円にのぼると認定した。認定されたゴーンの不正は次の通りだ。

・09年度から17年度までの合計約90億7800万円の報酬について、退任後に受領するように装って隠蔽した。
・SARの報酬として開示すべきだった約22億7100万円を隠蔽した。
・役員退職慰労金の打ち切り支給額を、本来より約24億円多くもらえるよう偽装した。

・子会社（ジーア社）の投資資金約2700万ドルを、ブラジル（リオデジャネイロ）、レバノン（ベイルート）のゴーン個人のための住宅購入に流用した。
・03年から10年以上にわたり、実態がないのにコンサルティング報酬名目で実姉に合計75万ドル超の金銭を支払った。
・ビジネスジェットを私的に使用した。
・ゴーンの出身国の大学に会社資金200万ドル超を寄付した。
・08年、個人の為替スワップ契約の含み損約18億5000万円について、その契約を日産に付け替えた。

失脚の連鎖

2019年9月9日、非常に強い台風15号が関東地方に上陸した。各地で記録的な強風を記録し、千葉県市原市では、ゴルフ練習場の防球ネットを支える高さ10メートル以上の鉄製の支柱複数本が140メートルにわたって倒れ、住宅の上に覆い被さる被害が出た。日産自動車でも、小型車などを作る追浜工場（神奈川県横須賀市）、エンジン製造の横浜工場（横浜市）など複数の拠点が浸水し、9日午前の操業を一時とりやめた。高速道路など一定の条件下で手放し運転ができる日産自慢の自動運転技術を搭載した高級セダン「スカイライン」のメディア向け試乗会も中止に。試乗エリアだった横浜市の日産本社周辺の高速道路などが一部通行止めになったためだ。

その日午後3時。日産本社で取締役会が始まった。

西川の株価連動型報酬をめぐる不正に関する社内調査結果が報告されたのは、取締役会終盤にさしかかってからだった。レーサーの井原慶子や弁護士のジェニファー・ロジャーズら社外取締役が議論を主導した。

井原は、西川の求心力の低下や、株主や従業員から届く不安の声などに触れ、こう言った。「日産の信頼回復を考えると、ここはバトンタッチでもいいのでは」。「日産のため」と強調しつつ、西川に辞任を迫る提案だった。

日産は6月の定時株主総会の後、取締役会11人のうち7人を社外取締役が占める体制（当時）に移行していた。「日産への風当たりは厳しくなる一方だ」「危機的状況だ。今すぐ結論を出すべきだ」。ロジャーズら外国人の社外取締役も、異口同音に西川の早期辞任論を展開した。日産生え抜きの取締役からも、西川に次ぐナンバー2であるCOOの山内康裕が加勢した。「今ここで大きな決断をしなければ、日産は変われない」。議論の流れの中で、ボルテージが上がる取締役もいた。日産幹部は「ここまで厳しく言うのか、と驚いた」と振り返る。

日産の取締役に加わるルノーの首脳、スナールとボロレも西川の早期辞任論になびいた。日産に経営統合を求めているルノーは、「西川の弱みを握れば、交渉はルノー優位に進む。西川を擁護するのではないか」（日産幹部）との見方もあっただけに、二人が西川の早期辞任に賛同したことを意外と受け止めた出席者もいた。

一部の社外取締役からは「辞任は時期尚早」と反対論も出た。社外取締役で議長の木村康（ＪＸＴＧホールディングス元会長）は当初、西川に同情的な姿勢を示していたが、社外取締役の議論に押される形で「議論の整理に徹するようになった」（関係者）。

西川が辞任するとしても、指名委員会がしかるべき手続きにのっとって後任を選ぶまでは、経営トップが空白になる期間ができてしまう。権力の空白期間を作らない折衷案として、指名委員会が「ポスト西川」の選定作業を終えた後の穏便なバトンタッチも検討された。だが、早期辞任論の広がりを前にしては多勢に無勢だった。

その後、西川に席を外すよう求めて西川の報酬不正の問題を議論し、取締役会として西川に辞任を求めることで意見がほぼ一致した。ある幹部は「いろいろなシナリオの中でも、これが最善の（辞任の）タイミングだと収斂した」と話す。

再び部屋に招き入れられた西川に「引導」を渡す役割を担ったのは木村だった。西川は、それを聞いてしばらく黙り込み、「もうちょっと（社長兼ＣＥＯを）やらせてほしい」と求めたが、やがて要求をのんだ。

ただ、ＳＡＲによる報酬不正問題の責任を取る形での辞任には、最後まで抵抗した。その後公表されたニュースリリースには、西川が社長兼ＣＥＯ職を「辞任する意向を近時表明して」いたことを敢えて明記。それを受けた形で取締役会が16日付の辞任を「要請」し、西川がこれを受け入れたと表現されている。自発的な辞任のニュアンスがある表現に疑問を持つある取締役からは、「事実と異なるのではないか」との意見も出たという。

取締役会が終わった後、予定より約1時間遅れの午後9時ごろから、記者会見が始まった。出席したのは、取締役会議長（木村）、指名委員長（豊田正和）、監査委員長（永井素夫）、報酬委員長（井原）の社外取締役4人。木村がゴーンらの不正に関する社内調査の結果が取締役会に報告されたことなどを説明した。「もう1件、みなさんに報告がある」と切り出し、取締役会の辞任要請を受ける形で西川が16日付の辞任を受け入れたと発表した。

報道陣からは、西川がこのタイミングで辞任する理由を問う質問が相次いだ。木村は「（西川には）いずれ若い世代にバトンタッチしようという強い意向があったし、一つの節目で辞任したいということは日ごろからあったと思う。そういう意向であれば、今の状況からすると即座の辞任の方がいいということでお願いしてこうなった」。豊田も「ＳＡＲも含めた全体の流れの中で、一つの区切りがついたということで、辞任を申し入れた」などと、奥歯にものがはさまったような回答に終始した。

取締役会で西川が求めた通り、辞任と報酬不正問題の直接の関連を否定しようとするあまり、西川がなぜ辞任するのかの説明はぼやけ、「一つの節目」「一つの区切り」といった言い回しが連発された。「解任ではないのか」との真正面からの問いに対しても、木村は「(西川の)辞任の意向を受けて、現状からすると即刻の辞任が適切だろうと判断した」と、ほぼ同じ回答ではぐらかした。取締役会の「全員の一致」で求めた西川の早期辞任という説明を貫いた木村は「ガバナンスを効かせるのはど真ん中に考えている」とも言及。西川自らが旗振り役となって進めた指名委員会等設置会社の仕組みが着実に機能した結果の辞任だと胸を張ったが、取締役会での議論は事実上の解任劇にほかならなかった。

当の西川は、４人の記者会見に続いて、午後９時40分ごろから同じ部屋で一人で記者会見に臨んだ。

紺のスーツに白いボタンダウンシャツ姿の西川は、自らの報酬不正を含む社内調査が終わったことを「大きなステップ」だと表現。「業績回復に向けて進まなければいけないが、ある程度の道筋は付けられたのかなと思う」と話した。「日産が将来隆々たる企業になってほしい」と後任に希望を託す一方、自身の辞任のタイミングについては「辞める意思はずっと持っていたが、一番早い方の節目だった」と述べ、社長職への未練をのぞかせた。

ゴーンの「暴走」を止められなかったことについては「過去、(日産の)経営にたずさわった人間は多からず少なからず責任はあると思っている」としながらも、ゴーンやケリーに対して「会社をこういう状態にしたのが一番大きな責任だし、罪だと思う。本当に悔いていただきたいと思う。謝罪を一回も聞いたことがない」と恨み節も口にした。

日産に約20年間君臨したゴーンを「完全追放」した後、新体制が発足してわずか2カ月半。西川はあっけなく経営トップの座を追われ、日産は失脚が「連鎖」する異常事態に陥った。

繰り返しになるが、西川は決算発表の記者会見や6月の定時株主総会などで、ことあるごとに自らの「取るべき責任」に言及し、事態の収拾がついた時点で辞任して後進に経営トップの座を譲るとほのめかしてはいた。ただ、周辺では「実際はすぐに辞める気はない」との見方が支配的だった。「ルノーとの関係を見直すなど『花道』を求めていたのだろう」。ある幹部は、西川の心境をそう代弁した。

西川に近い幹部の中には、西川の念頭にあった交代時期は次の中期経営計画の策定作業が始まる22年度ごろで、「長くて3年先、できれば2年先」との見方もあった。辞任のタイミングをめぐる西川と社内外の意識のズレは、業績の低迷が鮮明になるにつれて広がる一方だった。さらに、西川がＳＡＲをめぐる自身の報酬不正を認めたことで、そのズレは埋めがたいものになっていった。

西川の辞任劇を主導したのは間違いなく、社内外で強まる逆風を敏感に感じ取った社外取締役らだった。6月の定時株主総会を経て、日産の社外取締役は3人から7人に増え、11人（当時）の取締役の過半を占めるようになっていた。ゴーンを追い出してトップに就いた後、自らの求心力を高める「旗印」としてガバナンス改革を進めた西川に「引導」を渡したのが社外取締役だったことは、皮肉というほかない。

「本当は、7人の社外取締役には、スナールらルノー出身の取締役への牽制役を期待していたが、なかなかうまくコントロールできない。指名委員会等設置会社の運営は本当に難しい」。ある日産幹部はそう本音をもらした。西川の後継選びでも、社外取締役やスナールは存在感を示すことになる。

生え抜きの焦燥

「後任（選び）は指名委員会で急いで進め、10月末までに選定する」。9月9日の取締役会後の記者会見で、取締役会議長の木村は、西川の辞任を明らかにした後、そう語った。

西川の辞任が決まれば、話は「ポスト西川」の人選に移る。辞任を表明してしまえば、西川は「レームダック（死に体）」だ。経営トップが不在の期間は、短ければ短いほどいい。

9日の取締役会では、社外取締役を中心に西川に強く辞任を求める意見が出る一方、日本人の社外取締役の一部は西川の早期辞任に慎重論を唱えた。「ポスト西川」の議論はまだ煮詰まっていなかった。指名委員長の豊田正和は「もう少し時間がほしい。後継は時間をかけて選びたい」と主張した。だが、議論は西川に「即座の辞任」（木村）を求める方向に収束し、豊田は後任選びの期限を「10月末まで」と区切らざるを得なかった。

指名委員会等設置会社に移行する前から、「ポスト西川」の人選は水面下で進んではいた。まずは候補になり得る100人程度がリストアップされた。西川は6月の定時株主総会で「後継対策も喫緊の課題だ」と述べ、後任の人選作業を進めるよう指名委員会に促した。これを受け、指名委での議論は7月下旬から加速した。

9月9日の取締役会と記者会見が終わった夜、指名委も開かれ、10人程度だった候補はさらに6人にまで絞られた。6人はほぼ日産社内や日産三菱・ルノー連合の関係者で、内田誠、関潤の両日産専務執行役員、三菱自動車COOのアシュワニ・グプタや、西川の辞任後に日産のCEOを暫定的に代行する山内康裕、副社長の中畔《なかぐろ》邦雄らが含まれていた。

これ以降、豊田ら指名委のメンバー６人は、絞られた候補者６人とそれぞれじかに面談し、本人の希望や適性などを見定めた。豊田は９月９日の記者会見で、経営トップに求められる条件として、①多くの意図を説得できる能力（リーダーシップ）、②世界の自動車産業に詳しい、③日産三菱・ルノーの提携のあり方に深い理解と関心を持っている、の三つを挙げた。

９月９日以降、「ポスト西川」の人選をめぐる報道が乱れ飛んだ。

日産の生え抜きの幹部の中には、西川に次ぐナンバー２のCOO職にあった山内を「ポスト西川」のCEOに昇格させたいという強い思いがあった。日産のCOO職は、志賀俊之が13年に退いた後は空席になっていて、山内が19年５月に就いたことで約５年半ぶりに復活した。山内は、西川と同じく部品購入などの購買部門出身で、共同調達などでルノー側にも顔が利いた。

９月９日の取締役会で西川の辞任に道筋を付けたのは山内だった、とメディアに意図的にリークする動きもあった。メディアを使って指名委の議論に影響を及ぼそうとする動きに、「さすがにちょっとゴリ押しではないか」と不快感を隠さない関係者もいた。

指名委員６人のうち、５人は社外取締役、残り一人はスナールで、社内の声を代弁してくれる日産のプロパーは誰もいない。しかし、指名委員からすれば、西川の下でCOOを務め、すでに60歳を過ぎている山内の昇格では新味は出しづらい。

自分が半生を捧げてきた会社の今後の運命を握るトップ人事が、自分たちの知らないところで決まっていく。山内を推す勢力は、そんな焦燥感を抱いていた。

彼らにしてみれば、西川が中心となって進めたガバナンス改革が裏目に出たと言うほかない。「日産の執行側が指名委に一人もいないのはおかしい」「指名委の中に、日産の将来を考えてくれる人はいるのか」。そんな嘆息ももれた。こうした焦燥感を抱く勢力を、指名委に近い関係者は「人事は組織の生命線。外部の人に組織の秩序を荒らされたくないんでしょう」と突き放した。

一方、米紙ウォールストリート・ジャーナル（電子版）は9月26日、「日産のCEO候補は3人に絞られた」として、関、グプタ、サントリーホールディングス社長の新浪剛史《にいなみたけし》が有力だと報じた。ルノー側の思惑がトップ人事に絡んでいることをうかがわせる報道だった。新浪は27日、「現時点で興味はない」とコメントした。

スピード決着

トップ人事は、想定外のスピード決着を見せた。舞台裏には、スナールら指名委員の極秘の動きがあった。

西川の辞任が決まった9月の取締役会からほぼ1カ月後の10月8日、再び取締役会が設定された。10月末の「期限」にはまだ時間があり、「この日にトップ人事がいきなり決まるとは思えない」との見方が大勢を占めていた。

多くの指名委員会のメンバーも、このタイミングで後任人事案がまとまるとは考えていなかった。あるメンバーは「早めに決めたいとはみんな思っていたが、このタイミングで決まるとは誰も思っていなかったはずだ」と明かす。仏政府やルノー側の意向次第では、後任人事が難航すると見る向きもあった。

だが、9月の取締役会にはテレビ会議で参加したスナールが、10月8日の数日前に極秘に来日していた。日産本社近くのホテルに陣取ったスナールは取締役会前日の7日、複数の指名委のメンバーと会談。この時点で、首脳人事はほぼ固まっていたのだ。スナールが来日前から、水面下で他の指名委のメンバーの意向を個別に確かめる動きをしていたとの証言もある。

指名委に近い関係者によると、スナールは日産社内や株主に配慮して、日本人をCEOに据えることには納得していた。では、日本人の候補者から、誰をCEOに据えるのか。

指名委の複数のメンバーは、かねて「将来の日産のトップ候補」と社内の下馬評も高かった関か内田のどちらでもいいというスタンスだった。ただ、関は今春から、業績低迷に苦しむ日産の再建策を担う新設ポスト「パフォーマンスリカバリー」担当に就いていた。「今は緊急時。リカバリー（回復）の半ばで責任者が代わるわけにはいかない。役割を分担した方がいい」。一部の委員から出た意見に配慮し、内田をCEOに起用することになったという。関には副COOとして引き続き再建策に取り組んでもらい、ルノー、日産、三菱自動車と渡り歩き、多様な経験があるグプタをナンバー2のCOOに据える布陣が固まった。ある指名委のメンバーは「この3人は、残りの3人よりも有力だった」と明かす。

この時点で、内田は53歳、関は58歳、グプタは49歳。西川体制からの「若返り」をアピールする狙いもあった。日産生え抜きの幹部らが推していた63歳の山内については、取締役会で「いまの日産トップには相当のエネルギーが必要。経営陣の若返りが大事だ」との意見が大勢を占め、退任が固まった。

8日午後の取締役会では、指名委員長の豊田が選定のプロセスや結果を報告。いくつか質問は出たが、紛糾することもなく、「ポスト西川」の人事はすんなり決まった。取締役の一人は「実際に議論してみると、自然とコンセンサスができた。正直びっくりした」と振り返った。

新体制を発表する記者会見は、取締役会が終わった後の10月8日午後8時30分ごろから、木村と豊田が出席して開かれた。

木村は会見で、３人による「集団指導体制」に移行すると強調した。トップへの「権力」の集中がゴーン事件を引き起こしたとの指摘や批判を念頭に、「今の日産には強いリーダーシップが必要という言い方もできるが、一方で強いリーダーシップと裏腹の議論もある。ある種の集団指導体制で切磋琢磨し、お互いに支え合いながらやることが透明性もあるし、公平な判断ができる」と話した。

豊田も同様に「３頭体制」という言葉を使い、「多様性のあるリーダーシップを発揮してもらうのが望ましい」と述べた。３人の共通点として、①国際経験が豊富②３社連合の重要性を理解している③経営判断のスピードを重視している――の三つを挙げた。

一方、山内を外したことについて、木村は「『新生日産』のイメージを強く出せる体制というのがあったので、この組み合わせになった」と述べ、経営陣の「若返り」を意識したことをほのめかした。

内田、グプタ、関の経歴は、「銀座の経産省」とも揶揄された日産のかつての幹部と比べると相当異色だ。

内田は1966年7月生まれ。幼少時代から海外暮らしが長く、91年に同志社大学神学部を卒業後、日商岩井（現双日）に入社。約12年勤務した後、2003年10月に日産自動車に転じた。内田の入社当時は、ルノーから乗り込んだゴーンが工場閉鎖などのリストラや下請けの再編といった荒療治で業績の「V字回復」を果たし、共同会長兼社長兼CEOとして日産の「独裁者」になりつつあった時期と重なる。豊田は後任選定の過程で内田と面談した際に印象に残ったこととして、「日産・ルノーアライアンスに憧れて日産に入った」と答えたことを明かした。

日産入社後は、西川や山内と同じく、部品調達を担う購買部門を長く歩んだ。コスト削減のためにルノーと部品を共同調達する部門や、ルノー傘下の韓国・ルノーサムスン自動車で米国向けSUV「ローグ」の韓国生産の立ち上げに従事。日産・ルノーのアライアンスへの理解も深い。18年からは、日産本体の専務執行役員と同時に、日産の世界戦略の中で重要な位置を占める中国の合弁会社「東風汽車」の総裁に就任した。東風の総裁は、将来の経営トップ候補と目される人物が務める重要ポストだ。

ただ、日産社内の「下馬評」は、内田より関の方が有力だった。内田より年上で、社歴も長い。関も内田の前任の東風総裁を務めている。内田が「転職組」であることを理由に、「日産プロパーでない」と見る向きもあった。関は1961年5月生まれ。こちらも日産では異色の防衛大卒で、86年に入社した。防衛大では機械工学を専攻。技術畑を歩み、エンジンなどパワートレインの生産技術部門を経て、2012年に執行役員に就いた。13年以降、東風汽車の副総裁、総裁を歴任。ゴーン逮捕後の19年5月から、急速に悪化した業績の回復策を練る「パフォーマンスリカバリー」担当の専務執行役員を務めていた。

グプタはインド北部出身。高校時代の夢は医者だったが、幼少時からクルマが好きだった。大学時代の愛車はジープで、オフロード・ラリーにも参加した。エンジニアの道に進み、1996年にホンダのインド法人で自動車業界でのキャリアをスタートさせた。ホンダ時代に一時日本で暮らした経験もあり、日本語は堪能だ。2006年にルノーに移り、インドの購買部門を担当。ルノー本体の購買部門での勤務を経て、11年に日産に転じた。日産の新興国向けブランド「ダットサン」部門や、商用車部門の幹部を経て、19年4月に三菱自動車のCOOに就いた。

三菱自動車での評判は上々。着任早々の全社員向けのあいさつで、日本語で意気込みを語り、社員の心をつかんだ。それまでは日産の「フェアレディZ」に乗っていたが、着任後に三菱自動車の主力のSUV「アウトランダーPHEV」を買って「愛社精神」を示すなど、日本人の心をつかむのはうまかった。ただ、「温和な性格」との周囲の評の一方、仕事には厳しく、合理化を徹底するため、幹部が出席する会議を半分程度に減らした逸話も残る。

自動車業界でホンダ、ルノー、日産、三菱自動車と渡り歩いてキャリアを積み上げたグプタの自負は強い。日産のCOOに就任が決まった後の10月9日、東京・田町の三菱自動車本社で報道陣に囲まれたグプタは、「私の強みはクロスカルチャー。どんな上司、どんな環境でもきちんとパフォーマンスを上げてきた」と自信をのぞかせた。

三菱自動車会長の益子修からの信頼も厚かった。囲み取材に同席した益子は「本当はもうちょっと手元に置いておきたかった。息子（のようなグプタ）に厳しい仕事に挑戦させるのがいいのかという気持ちはあるが、ここは厳しい旅に旅立たせようと思った」と語った。日産の新たな「集団指導体制」については、「3本の矢は1本の矢より強いという毛利家の家訓もある。3人が力を合わせることでより大きな力を出せる」とエールを送った。

後任人事をスピード決着へと導いたスナールは9日朝、横浜市内のホテルで朝日新聞などのインタビューに応じ、新体制は「ベストミックス（最適な組み合わせ）だ」と、「ポスト西川」の集団指導体制に納得感をにじませた。スナールは9日昼にはパリに向けて日本を発った。

それから2日後の11日、ルノーのCEOで日産の取締役でもあるティエリー・ボロレを電撃的に解任した。ボロレはゴーンのかつての右腕で、ゴーンの失脚後の19年1月にCEOになったばかりだった。仏紙によると、スナールは仏政府から「ゴーン色」を一掃するためのガバナンス改善を求められていたという。

スナールの思惑には謎めいたところが多い。「スナールが何か大きな戦略を描いているのか、それとも思いつきで行動しているのかわからない。それがわかるのはもう少し先なんじゃないか」と関係者。スナールが、日産の新体制の決定とルノーでのボロレの解任をひと続きのスケジュールとして進めた可能性も考えられる。

このころ、欧州の自動車業界でまたもビッグニュースが流れた。10月31日、欧米自動車大手フィアット・クライスラー・オートモービルズ（FCA）と、プジョーやシトロエンを傘下に持つフランスのグループPSAが経営統合すると発表。世界販売で、米ゼネラル・モーターズ（GM）を上回る世界4位（18年の世界販売は計約870万台）の自動車メーカーが誕生することになった。5月にFCAがルノーに経営統合を提案し、仏政府や日産の反対で破談に至ってからわずか5カ月余り。電撃的な再編だった。

ルノーとPSAは欧州市場でライバル関係にある。この統合が、ルノーと日産の資本関係の見直しに影響を及ぼすのか否か。それはまだわからない。

崩れた「ワンチーム」

ベルサイユ宮殿でのパーティー費用、リオのカーニバルやカンヌ映画祭の招待費用、カルティエの宝飾品の購入など……計4・8億円
ビジネスジェットの私的使用……計11億円
ベイルートやリオデジャネイロでの住宅購入や改装……24億円以上

ゴーンの会社資金の不正利用の一端だ。日産が2020年1月16日、東京証券取引所への報告書の中で明らかにした。「買い物も食事も会社のクレジットカードでしていた」。日産関係者はゴーンの公私混同ぶりをそう証言する。

ゴーン一人に権力が集中し、社内の誰も「暴走」を止めることができなかった。その反省から、「ポスト西川」を決める指名委員会が採用したのが集団指導体制だった。だが、新社長の内田をグプタと関が支える「トロイカ体制」は、わずか1カ月ほどで崩壊した。

崩壊の引き金を引いたのは、3人のうち最年長の関だった。新体制の発足からまだ3週間余りしかたっていない19年12月20日ごろ、関は日産を辞めてモーター大手の日本電産に移籍

することを決断し、日産の上層部に退職を申し出たのだ。

「3トップ」の新体制が発足した翌日の19年12月2日の記者会見。関は「現場と経営層との間にできた大きな隔たりを少しでも埋めたい」と抱負を述べていた。内田は「社員と経営層がワンチームになっていきたい」と話したが、「ワンチーム」の中核の一人になるはずだった関は早々に離脱した。

「敵前逃亡ですよ」。日産の社外取締役の一人は25日朝、そう言って嘆いた。

日本電産の創業者で会長の永守重信は19年春以降、関に日本電産への転身を働きかけてきた。最初は人材エージェントを介しての接触だったが、後に直接会うようになった。

永守は、一代でモーターの世界的な企業を作りあげた「カリスマ経営者」。そのカリスマ性への依存が日本電産の最大の弱点とされてきた。永守は70歳に近づいた13年以降、呉文精（ルネサスエレクトロニクス元社長）、片山幹雄（シャープ元社長）、吉本浩之（日産元幹部）らを外部から次々にスカウトし、自らの後継者としての資質を見極めてきた。このうち社長を譲られたのは吉本だけ。しかし、永守から吉本への権限委譲は進まず、2年弱で副社長に降格することになった。

永守は次の「後継者候補」に関をと狙いを定め、会うたびに日本電産への転身を熱心に口説いた。しかし、関はなかなか首を縦に振らなかった。永守は「将来の社長候補だ」とちらつかせてアプローチしたが、関は「日産のために働きたい」と固辞していた。

内田も関も、日産社内ではともに将来の社長候補だった。「ポスト西川」には、内田より5歳年長の関の方が適任との声もあった。社歴をみても、30年を超す関に対し、旧日商岩井から中途入社した内田はその半分程度だ。「ポスト西川」選びが本格化して以降、関も自らを有力な社長候補として意識するようになっていた。巨大自動車メーカーでトップになれる可能性がある以上、永守の誘いには乗りにくい。

それだけに、指名委員会での議論の結果、内田を支える副COO職にとどめられたことは、関の心理に微妙な変化をもたらした。会社の代表権は、社長兼CEOの内田とCOOのグプタが持つことになり、副COOの関には与えられなかった。内田は関より5歳年下で、グプタは9歳も下だが、関は明確に「ナンバー3」と位置づけられた。日産幹部は「年下の内田氏より下に置かれた人事に納得できなかったのでは」と話す。

関の転身の背景には、スナールとの確執もあったようだ。関係者によると、集団指導体制への移行を決めた指名委員会では当初、内田より関を社長兼CEOに推す意見がかなり強かった。だが、スナールは、関が防衛大卒という異色の経歴であることに難色を示したり、

「彼はアライアンスに否定的だ」などと指摘したりして、強硬に反対した。妥協策として、引き続き日産の業績回復を担わせる名目で関を副COO職に押しとどめ、内田を社長兼CEOに就ける方向で話が収斂したという。

ルノー会長のスナールに疎まれては、日産で仕事がしにくくなる、と関が思っても不思議ではない。スナールにしてみれば、内田の方が関より御しやすいとの思惑もあったのかもしれない。

ここぞとばかりに口説きにかかった永守に、関は陥落した。「（西川が辞任した後の）9月以降、日産の社長というポストが実際に見えるようになり、社長職に挑戦してみたくなった。もちろん日産を心から愛しているし、重責を担ってはいた。でも、もう58歳。社長職をやるとしたら最後の挑戦になる」。関は19年末の朝日新聞の取材に対し、突然の転身に至った心境をそう語った。

関は20年1月11日付で、33年間勤めた日産を正式に退社。翌日に日本電産入りし、4月に念願の社長職に就くことが正式に決まった。京都市内のホテルで2月に開かれたお披露目の記者会見。永守とともに姿を見せた関は、電撃移籍の決め手になった永守の口説き文句を紹介した。

「企業の持続性は、成長に対してしか存在しない。そういう信条だった私に『10兆円企業にするぞ』と言ってくれた。これにクラクラっときた」

隣の永守は「僕は関さんが日産の社長になるとみていた。だから『(日本電産への転身は)無理やな』と思っていた。ところが、違う人が日産の社長になることになって、『ここや』と猛攻撃をかけた。こんなチャンスはあまりない。こういうときは女性を口説くのと一緒。『(日本電産を)10兆円企業にしたい』『そのためにはあなたが必要だ』と。絶好の人材に来てもらった」。永守にしてみれば、「してやったり」といったところだろう。

関の退職に、日産の社内は動揺した。ある社員は「関さんの気持ちもわかるが、日産社員13万人超のことをもっと考えてほしかった」。仕事ぶりと成果に厳しい永守を知るあるOBは、「日産にいた方がよかったのに」と関の行く末を心配した。

「指名委の人選が拙速だった」と批判する声も出た。新体制が発足から1カ月もたたずに崩壊したのでは、指名委もメンツが立たない。「『いまさら何だ』って感じだ」「関さんって、そういう人だったんですね」。指名委員会のメンバーからは恨み節がもれた。

深まる苦境

関にはしごを外された格好の内田は2月13日、横浜の本社で社長就任後初の決算発表会見に臨んだ。「デビュー戦」はほろ苦いものとなった。

この日発表した2019年4～12月期決算は、売上高が前年同期比12・5％減の7兆5072億円、本業のもうけを示す営業利益が82・7％減の543億円。4～12月期の営業利益は四半期ベースの決算の公表を始めた04年度以降で最低で、リーマン・ショックがあった08年（925億円）を下回った。世界的な販売不振に見舞われ、業績悪化に歯止めがかからない。19年4～12月期の世界販売は、前年同期比8・1％減の約369万台。主要市場すべてで苦戦し、世界販売の4分の1を占める主力の米国販売は9・1％減の約98万台にとどまった。

19年10～12月の業績を見ると、苦境が深まっていることがわかる。この3カ月間の最終的なもうけを示す純損益は、260億円の赤字。前年同期は704億円の黒字だったが、08年以来11年ぶりの赤字に転落した。

19年度の業績予想の下方修正も発表した。営業利益は850億円にとどまり、前年比73・3％減の大幅減益となる見込み。これまたリーマン・ショックがあった08年度（1379億円の赤字）以降で最低となりそうだ。内田が社長に就く前月の19年11月にも業績予想を引き下げたが、それからわずか3カ月で再び下方修正に追い込まれた。期末配当は10年ぶりに無配とした。

内田は会見で「販売減と業績悪化は想定を超えている」「固定費を含めた費用削減を徹底的に進める。今までのやり方以上の形をとらないと収益回復は難しい」と述べ、19年中に始めた人員削減や生産能力の削減にとどまらず、追加のリストラ策を打ち出すと宣言した。ただ、業績回復の見通しについては「足元の状況を踏まえれば、まだ時間がかかる」と述べ、数年は低空飛行が続きそうだと認めざるを得なかった。

車種や時代にもよるが、自動車業界では一般的に5年から8年程度のサイクルで、最新機能を採り入れ、デザインを一新した新型車を開発する「フルモデルチェンジ」をする。こうして車の買い替えを促す。

ゴーンが開発費の削減を進めた影響で、日産はこのサイクルが競合他社より総じて長い。古くさくなった車の販売台数を確保しようとすれば、販売店に渡す値引きの原資「インセンティブ（販売奨励金）」を増やして、無理にでも売るしかない。過度な値引きに頼った結果、米国市場ではゴーンが会長だった17年ごろから市場の縮小を上回るペースで販売が悪化し、もうけが出にくくなっていた。

「フリート」と呼ばれるレンタカー会社など法人向けの大口販売も伸ばしてきたが、フリートは販売台数を稼げる一方、値引きも求められる。値引き販売が常態化すれば、「安い車」「定価で買うのが損なブランド」というイメージが定着し、中古車市場での評価も下がって、ブランド価値を落とす。自動車大手の幹部は「インセンティブやフリートはまるで麻薬。増やせば販売は簡単に増えるが、一度手をつければ抜け出せなくなる」と話す。

ゴーンを追い出した西川はインセンティブを抑える収益改善策に乗り出したが、価格が上がって客足が遠のく悪循環に陥った。ゴーンが強引に進めた拡販戦略の修正は道半ば。内田もまた、ゴーンの拡大路線のツケを払わされている。

決算会見から5日後の18日。横浜市のパシフィコ横浜で日産の臨時株主総会が開かれた。内田やグプタら4人を新たに取締役とする議案が了承され、内田率いる新体制が正式にスタートした。関が抜けた穴は、生産担当の副社長の坂本秀行を取締役に起用して埋めた。

内田は午前10時から2時間40分にわたり、議長席に立ったまま議事を裁いた。冒頭、期末の無配について「経営資源を事業構造改革と将来の投資に集中させる必要があると判断した。株主には大変申し訳ない」と謝罪したが、厳しい言葉を浴びせる株主が相次ぎ、ヤジも飛び交った。

「減配はやむを得ないが、役員も報酬返上など責任を取るべきだ」

「世界的な販売不振やゴーン事件によるイメージ悪化で株価が下がっている」

業績悪化の責任の明確化と業績回復への道筋を問う多くの質問に対し、内田は決算会見と同じく、「もう少しお時間をいただきたい。5月に具体案を公表したい」などと述べるにとどめた。「株価がこれだけ下がっているのに、遅すぎるのではないか」とかみつく株主もいた。

「トヨタと比べると、製品の品質以上に経営陣の品質に雲泥の差がある」

時にボルテージを上げて、経営陣への辛辣な批判をまくし立てる株主も。表向き冷静に対処し続けた内田がやや感情をあらわにしたシーンもあった。

「日産の業績はすべて私の責任だ。(業績回復が)目に見えなければ、すぐに私をクビにしてください。その覚悟を持って(社長職を)引き継いでいる」。少し震える声でそう口にした。

ゴーンを追い出し、ゴーンを痛烈に批判することで求心力を高めようとした西川も、この臨時株主総会をもって取締役を退いた。西川の後を継いだ内田の行く手も課題は山積みだ。急速に悪化した業績の回復に手間取る中、中国発の新型コロナウイルスの猛威にもさらされた。中国国内で乗用車を生産する4工場が春節明けに操業を一時停止。「震源地」の武漢市に近い湖北省の襄陽工場は操業停止が長引き、3月中旬以降、欧米やアジアでも工場の操業停止が相次いだ。

国境をまたぐサプライチェーン（部品供給網）が寸断され、九州や栃木の完成車工場が操業を一時停止するなど、国内の工場にも感染拡大の影響が及んだ。

ルノーとの安定した関係づくりも大きな懸案だが、ルノーの19年12月期決算は、純損益が10年ぶりの赤字に転落。三菱自動車を含めた3社連合の業績は総崩れの様相を呈した。ゴーン後の3社連合の行方も見通しづらくなっている。

20年5月27日。日産・ルノー・三菱自動車の首脳が、パリと東京、横浜をネット中継でつないで記者会見し、3社連合の新たな協力関係について説明した。

競争力と収益性を高めるため、各社がリーダー役を務める市場や技術、商品群などを決め、リーダー役が他社の競争力向上を支援する「リーダーとフォロワー」の枠組みを採用し、新車1台の開発費を最大で4割減らす効果が見込めるとアピールした。日産が中国・北米・日本、ルノーが欧州・ロシア・南米・北アフリカ、三菱自がASEAN地域・オセアニアと、それぞれが強みを持つ地域でリーダー役を務めるという方向性も打ち出した。しかし、生産拠点再編の具体策は示されず、株主や取引先、従業員ら多くのステークホルダー（利害関係者）は肩透かしを食らわされた。

日産は、ルノーや三菱自と世界規模で生産協力を進めて能力を縮小し、固定費削減を急ぐ必要がある。しかし、ルノー会長のスナールの説明は「すべてのブランドについて最も競争力の高い体制で生産する」と抽象論の域を出なかった。内田も「地域でラインアップを見直しながら、日産が集中すべきモデルを選択し、選択と集中を徹底していく。各社が決断を下し、アライアンスを活用する」と述べるにとどめた。

三菱自会長の益子修は会見で、「過去数年間、私たちは拡大路線を過剰に追求しすぎた。大規模に固定費が上昇し、厳しい状況に直面している。元の成長路線とビジョンに軌道修正するために、アライアンスの力を生かすのが大事だ。結果を出せるかどうかは、どれだけ早く各社がリーダー・フォロワーの仕組みをビジネスに普及させるかにかかっている」と指摘した。だが、生産計画の変更は各社の利害に直結し、各社にはそれぞれ株主がいる。世界的な生産計画の見直しは容易ではない。

3社の首脳会見から約2カ月の8月7日。約16年にわたって三菱自の経営を率いた益子が、健康上の理由で突然会長を辞任。そのわずか20日後に鬼籍に入った。益子は持ち前の高いコミュニケーション能力を生かして、ゴーンの逮捕後にぎくしゃくしたルノーと日産の間をとりもってきた。各社の利害を調整してきたゴーンの失脚後の3社連合にとって、「緩衝材」

を失った意味は大きい。

３社の首脳会見の翌日、日産は19年度決算を発表した。営業損益は４０５億円の赤字で、純損益は６７１２億円の赤字。純損益の赤字幅は、１９９９年度の６８４３億円に次ぐ水準だった。世界的な販売不振に加え、総額６０３０億円にのぼる構造改革費用や事業用資産の減損損失の計上が大きく響いた。この額は、瀕死の状態にあった日産にルノーから乗り込んだゴーンがまとめた「日産リバイバルプラン」による工場閉鎖や人員削減などで発生した特別損失（７０００億円超）に迫る。

20年6月、横浜市の本社で開かれた日産の定時株主総会は、コロナ禍で例年より規模を縮小して開かれた。時計の針が20年逆戻りしたような業績不振に、株主から厳しい質問が相次いだ。

株主の不満が強いのは、身の丈を上回る株主還元策の恩恵を得てきたことの裏返しでもある。日産株は、日本の上場企業の中でもトップクラスの高配当で知られる銘柄だった。リーマン・ショック後の09年度に無配に転落した後、10年度に復配すると、その後は年々配当を増やし、18年度の年間配当は1株57円。配当利回りはトヨタ自動車を上回る6％前後と非常に高い水準が続いた。高配当に魅力を感じてきた個人投資家が売りを控え、株価を下支えしてきた面もある。

高配当は日産株の43％を握るルノーの業績も下支えしてきたが、結果として研究開発投資に回す資金は削られ、新車投入の遅れによる商品力の低下を招いた。内田は「将来への投資を減速させないこと、財務基盤を強固にして企業価値の向上を実現することが最優先」と述べ。株主に無配への理解を求めた。

「足元で700万台を超える規模の門構え（生産能力）に対し、世界販売は年500万台を割る状況。この状態で利益を出していくことは到底困難」とも語り、「ゴーン流」の拡大路線との決別を改めて宣言。前月に発表した事業構造改革計画「日産ネクスト」で掲げた生産能力の絞り込み、固定費削減などを「一切の妥協なく断行していく」と訴えた。だが、モデルチェンジが遅れて古くなった商品ラインアップの是正や、過剰な値引きに頼ってきた販売正常化の取り組みは道半ばだ。掲げた目標の達成は容易ではなく、20年前のようなV字回復は望めない。

いらだつ株主からは「ゴーンが当時やった経営手法が求められている」との意見も飛び出した。「ゴーン流」経営との決別をうたう中で、株主から「ゴーン流」の手腕に対するないものねだりの声が出るとは何とも皮肉だ。

それから1年。世界はなおパンデミックの出口を見いだせずにいる。日産が21年5月11日に発表した20年度決算も、営業損益が１５０６億円の赤字、純損益も４４８６億円の赤字に沈んだ。拡大路線で傷ついたブランド力の再生に手間取り、世界的な半導体不足による減産も響いた。同日発表した21年度の業績予想も、営業利益は収支トントン、純損益は６００億円の赤字を見込む。純損益は３年連続の赤字となる見通しだ。営業利益率を21年度に２％、23年度に５％に引き上げる目標を掲げるが、実現への道のりは険しさを増している。

ライバルとの業績格差も鮮明になってきた。日系自動車大手7社の20年度決算は、全7社がそろって減収を強いられたものの、コロナ禍をものともせず、トヨタは2兆２４５２億円の黒字、ホンダも６５７４億円の黒字をたたき出した。純損益が赤字だったのは日産、三菱自、マツダの３社だけ。三菱自も３１２３億円の赤字を計上した。

日産の将来について、自動車業界を襲う脱炭素化の波を抜きに語ることはできない。主要国が相次いでカーボンニュートラル（温室効果ガス実質排出ゼロ）を標榜し、世界の自動車産業では電動化の流れが加速している。菅義偉首相も２０５０年のカーボンニュートラルを宣言したのに続き、30年度の温室効果ガスの削減目標（13年度比）を26％から46％に引き上げる野心的な目標を掲げた。日系メーカーも待ったなしの対応を迫られている。

21年4月にホンダの社長に就いた三部敏宏は、就任直後の記者会見で、2040年までに世界で売る車のすべてを電気自動車（EV）か燃料電池車（FCV）にするという壮大な目標をぶち上げた。ハイブリッド車（HV）も売らない。「脱ガソリン車」への全面移行を表明したのは、日系メーカーでホンダが初めてだった。

一方、HV技術で世界の自動車産業をリードしてきたトヨタは、EVや水素で走るFCVの販売を増やしつつ、HVも残す「全方位」の開発戦略を崩していない。「お家芸」のHVに対する規制が強化されれば、2020年の世界販売台数で首位に立ったトヨタでさえ、国際競争力の低下は免れない。社長の豊田章男は、業界団体の日本自動車工業会（自工会）会長の立場を巧みに利用し、急速に強まる「電動化＝EV化」の流れに警鐘を鳴らす発言を繰り返している。

日産は30年代早期に主要市場の日本、米国、中国、欧州で発売する新型車をすべて、EVか独自のHV技術「eパワー」の搭載車にする方針を掲げる。世界に広がるEV化の波は、世界初の量産EV「リーフ」を発売した日産にとっては追い風となるはずだが、その存在感は埋没気味だ。リーフの世界販売台数が50万台に到達するのに10年を要したのに対し、EV最大手の米テスラは20年の1年間で、世界で約50万台を売った。ゴーンが将来の成長の種として守り抜いたEV技術を生かして、日産がEV市場で「先行者利益」を享受しているとは言い難い。

業績回復が遅れるほど、競争を勝ち抜くのに必要な多額の研究開発投資の確保は難しさを増す。行く手の視界も不透明だ。

第4部
ゴーン逃亡

逃亡後、朝日新聞の
単独インタビューに応じるゴーン
（レバノン・ベイルート／2020年1月10日）

驚きの手口

2019年大みそかの朝。日課のジョギングをしていた日産の元COOの志賀俊之の携帯電話が鳴った。旧知の記者からだった。

「レバノンに逃げた? ホントか!」

志賀は思わず叫んだ。

叫んだのにはわけがある。逮捕後に、日産関係者と交わした会話の記憶が残っていたからだ。

ゴーンが逃げるならレバノンだ――。

だがその言葉が現実になるとは、にわかには信じられなかった。

三つの国籍を持つゴーン。外国メディアによると、中でもレバノン大使館関係者が頻繁に東京拘置所を訪れていたという。またレバノン政府は、日本政府にゴーンの身柄引き渡しを求めていた。

ゴーン逃亡の一報を同僚からの電話で知らされた検察幹部も、不安が的中したと感じた。

「あれだけ保釈に反対と言ったのに。それ見たことか」

東京地検特捜部は、ゴーンの保釈に一貫して強硬に反対してきた。当初から警戒していたのが、レバノンとの深いつながりだった。

東京地裁が保釈を決定した当時、特捜部は地裁に提出した意見書で、ゴーンがレバノン大使館に逃げ込む可能性があると指摘していた。またゴーンの資産を百数十億円と推定し、15億円の保釈保証金では逃亡の抑止にならないと考えていた。

だが世界的な経営者が、よもや逃亡するとは誰も想像しなかった。

休暇中だった法相の森雅子は、地元の福島県いわき市の自宅で逃亡のニュースを知り、電車で法務省の大臣室へ向かった。ゴーンが実際に国外にいるか、確認する必要があった。

あるベテラン刑事裁判官は「夢かと思った。勘弁してくれよと。正月なんて吹っ飛んだ」と絶句した。

地検は31日のうちに地裁に保釈取り消しを請求。1月2日にはゴーンが住んでいた東京都港区の住居を、出入国管理法違反の疑いで家宅捜索した。

すべては後の祭りだった。

2020年1月1日。元日の朝日新聞には、1面に大見出しが躍った。

「ゴーン被告、レバノンに逃亡　自家用機で関空から？」

この時点でわかっていたのは、関西空港からトルコ経由でプライベートジェットに乗ってレバノンに到着したのではないか、というくらい。各国のメディアは一斉に「大脱走（仏経済紙レゼコー）」などと驚きを持って伝えたが、詳細は謎に包まれたままだった。

レバノン国務省は「日本を離れた経緯については情報がない」と関与を否定。フランス外務省も「日本を出国したことを仏当局は知らされていなかった。（逃亡の方法は）まったくわからない」との声明を発表した。

出国を禁じられていたゴーンがどうやって逃亡したのか。

各国のメディアの注目は、その1点に集中した。

驚きの一報を放ったのは、米紙ウォールストリート・ジャーナルだった。

1月3日、同紙は「ゴーンは音響機器を入れる箱の中に隠れて出国した」と伝えたのだ。記事には、銀色の金属で縁取られた大きな黒い箱の写真が一緒に掲載された。

プライベートジェットで関西空港を発ち、12月30日にイスタンブールに到着。大雨の降る中、車で約90メートル移動してより小型のジェット機に乗り換え、レバノンにたどり着いた。機内にはゴーンら乗客のほかにパイロット二人、乗務員一人が乗っていた——。記事には、逃亡の詳細が描かれていた。実際、トルコでは逃亡に関わった疑いで、プライベートジェットのパイロットら5人が逮捕された。

「箱の中に隠れて逃亡した」。映画のような衝撃的なスクープは、日本をはじめ各国のメディアで引用して報道された。

さらに同紙は、米陸軍特殊部隊グリーンベレーの出身者二人が逃亡を手助けしていた疑いについても報じた。

その後の報道で、うち一人の男性の名前はマイケル・テイラーだと判明した。数カ月前、レバノン人を介してゴーン前会長と知り合ったという人物だ。

テイラーの弁護人が米国の裁判所に提出した書面によると、テイラーは高校を卒業後、グリーンベレーに入隊。1982年にレバノンに派遣され、レバノンのキリスト教コミュニティーと「生涯にわたる関係」になった。

テイラーは警備会社を米国に創設。イラクやアフガニスタンなどの危険地域での警備やコンサルティングを請け負い、米政府や複数の欧米のメディア、航空会社との契約を交わし、人質らの「救出活動」にも携わった。

しかし、2012年に人生が暗転した。国防総省の契約を取ろうと、米軍関係者に賄賂を贈ったなどとして起訴され、西部ユタ州の刑務所で14カ月間、拘束された。裁判所に提出した書面では「1年以上にわたって弁護人しか接見が認められず、妻子にも会えなかった。いつまで拘束が続くのかわからないという精神的苦痛を受けた」と訴えた。会社も傾き、ほぼ全財産を失ったという。

テイラーは起訴内容を争ったが、最終的に一部を認め、15年に禁錮24カ月の判決を言い渡された。米紙ウォールストリート・ジャーナルは、テイラーが自らの経験を踏まえ、ゴーンの境遇に「すごく共感できる」と友人に語ったと報じた。

逃亡の際の日本国内での足取りについても、徐々に判明した。

関係者への取材や米「バニティフェア」誌のテイラーへのインタビューから、こんなストーリーが浮かび上がってきた。

ゴーンは19年12月29日午後2時半ごろ、帽子とマスク姿で、保釈中の住居として定められた東京都港区の住宅から一人で外出。徒歩とタクシーで六本木のホテルに移動した。

その後はテイラー、そして同じく米国籍のジョージ・ザイエクの二人と合流。品川駅までタクシーに乗り、午後5時ごろ発の新幹線に乗り込んだ。大阪に到着後、午後8時台に、タクシーで関西空港そばのホテルに3人で入った。

テイラーとザイエクはその後、箱を一箱ずつ載せた台車2台をそれぞれ押して、ワンボックス型のタクシーに積んで乗車した。箱の中には、ゴーンが身を潜めていた。午後10時ごろには、関西空港に到着。テイラーとザイエクは正規の出国検査を受け、プライベートジェットに搭乗した。テイラーは空港スタッフに不審がられた場合に備え、「バイオリンコンサートに出席した」というその話とチケットまで用意していた。

テイラーとザイエクは、この日の午前に入国していたことも判明した。事前に関西空港そばのホテルの一室に箱二箱を運び込み、新幹線を使って六本木のホテルに向かっていた。

一連の計画は、周到に準備されていたものだった。テイラーは19年春、知人のレバノンの実業家から電話を受け、ゴーンの逃亡計画を知らされた。実業家を介してゴーンの妻キャロルと首都ベイルートで会い、ゴーンの日本での勾留について「捕虜のように扱われた」と聞かされた。自身も米国の刑務所に収容された経験があることから、「彼は被害者だと考え、共感した」といい、計画への参加を決めた。

テイラーは海上作戦、空港警備、ITなどに精通する工作員のチームを編成。日本から船でタイまで逃亡させる案も検討したが、ゴーンの年齢を考慮して飛行機に決めた。ゴーンが身を潜める音響機器用の箱は、チャーター機の扉の長さを測ったうえで特注し、底には呼吸用の穴を開けた。日本の空港は五つ調査し、この箱をスキャン検査できる大きさの機器がない「欠陥」を抱えた関西空港を選んだ。

計画はクリスマス前に決行しようとしたが、飛行機の都合がつかずに延期した。決行日が12月29日に決まると、ゴーンにひそかに渡していた携帯に電話した。「明日会いましょう」

特捜部の調べでは、テイラーの息子、ピーター・テイラーも19年7月以降に4回来日して、ゴーンと逃亡について相談。逃亡当日はゴーンの荷物をホテルに運搬した。

脱出経路に使われた関西空港には、スキャン検査以外にも「穴」があった可能性も見えてきた。

ゴーンが利用したとみられるのは、関西空港第2ターミナル。ここには、プライベートジェット専用ゲート「玉響《たまゆら》」がある。

「玉響」は18年6月に運用が始まった。24時間利用が可能で、ラウンジのほか、CIQ（税関・出入国管理・検疫）の設備もある。年間約800回発着するプライベートジェット利用者の半数ほどが使っているという。

使用料は1回20万円（税別）。第2ターミナルの一般客の出入り口とは別に専用扉があり、大型車などを横付けすることもできる。ある航空会社の関係者は「第2ターミナルは格安航空会社（LCC）専用で、深夜になると発着便がほとんどない。人目を避けるにはちょうどよかったのでは」と話した。

関係者によると、ゴーンを乗せたとみられるプライベートジェットには、人が入れるほどの大型ケースが積み込まれたが、保安検査や税関検査でX線検査はされなかった。

プライベートジェットなど自家用機の場合、一般の民間航空会社がしているようなX線を使った手荷物検査や身体検査といった保安検査を乗客が受ける必要はない。保安検査は、ナイフや爆発物などの持ち込みを防ぐことが目的で、ハイジャックやテロの危険性を取り除くことにあるからだ。

検査は航空法にもとづいて航空会社に実質的に義務づけられているが、乗客が「身内」に限られるプライベートジェットではハイジャックやテロの可能性が低いため、検査するかどうかは機長の判断に任される。

実際、専用ゲート「玉響」を複数回使ったことのある運航支援会社の関係者は、取材に対してこう証言した。機長が保安検査するかを決めるが、「9割方はしない」。その後の税関職員による荷物検査も、「中身を見せるよう求められたことはない。正直、一般の税関検査よりも甘く感じる」。

歓迎と批判

ゴーンの逃亡は、レバノンでも驚きを持って受け止められた。

2019年12月30日朝、首都ベイルート。プライベートジェットから降り立ったゴーンからフランスの旅券を示された空港の入管担当者は、慌てて上官に連絡を取った。

この時点でゴーンは国際手配されておらず、入国禁止者のリストにも名はない。正式な旅券や身分証を持つ人物の入国を拒む理由もない。

ゴーンは悠々と帰還を果たした。


その日のうちに、ゴーンは大統領のミシェル・アウンのもとを訪れた。さまざまな宗教が交ざり合うレバノンでは、首相はイスラム教スンニ派、国会議長はイスラム教シーア派、大統領はキリスト教マロン派から選出されると決まっている。ゴーンもマロン派信者とされる。各宗派の信者のつながりは強い。

ゴーンはアウンに、これまでの支援への感謝を述べたという。

レバノン政府は、12月下旬にベイルートを訪れた外務副大臣の鈴木馨祐《けいすけ》に対して、ゴーンの引き渡しを要請したばかりだった。

だが引き渡しは現実的ではないとみられていた。

突然現れたゴーンを前に、アウンは戸惑っていたようだと関係者は証言する。レバノン政府が逃亡を助けたように受け止められるのを避けるため、面会の事実は伏せられた。地元報道でも、政府の関与をめぐる情報が錯綜した。

ゴーンが入国したという情報は、レバノンの政財界にすぐ広まった。

ゴーンと親しいレバノンの有名テレビ司会者、リカルド・カラムは到着の報を受け、「ショックで、信じられない思いだった」と語る。「妻と抱き合い、飛び上がって喜んだよ」

カラムはすぐに、携帯でメッセージを送った。

「新年おめでとう。新たな出発へ」

返ってきたのは、笑顔の絵文字。返事を受け取ったカラムはツイッターに投稿した。

「手段はどうあれ、カルロス・ゴーンが大みそかに自由を得た。誰もが人権と真実を伝える機会を得られるべきだ」

友人としての意見だとして、カラムは言った。

「逮捕以来、ずっとカルロスの無実を信じてきた。それが正しいかどうかが問題ではない。

14カ月間、ずっと頭から離れることはなかった。レバノンの人たちは、彼を見捨てなかった。だからこそ、カルロスはここに戻り、いま心から安心しているはずだ」

日産を率いていた時代、ゴーンに会うたびにカラムは日本の素晴らしさを聞かされてきたという。

「でも、不正義が彼を日本から追い出した。基本的な人権が保障されず、裁判前なのに有罪視され、拘置所に入れられた。テロリストと同じように扱われたのだ。これは日本にとっては普通なのかもしれないが、我々にとっては衝撃だった」

ベイルート中心部にあるゴーンの自宅周辺には12月31日、20人ほどの報道関係者が次々と集まり、近隣住民が遠巻きにその様子を眺めていた。

家に人のいる気配はあるものの、呼び鈴を鳴らしても応答はない。ガレージの門を開けて一瞬姿を見せた男性に、「ゴーンさんは中にいるのですか」と尋ねたが、男性はアラビア語で怒鳴り声をあげて、再び中に入っていった。

産業がとぼしく、汚職などで財政危機に苦しむレバノンは、海外に住むレバノン人による送金によって、財政赤字の穴埋めなどをしてきた。国際的に活躍する人物の存在は、レバノン経済で重要な役割を担ってきた。ゴーンはこうした経済人の典型例として知られ、国内で天才的企業家として評価されてきた。最近までは将来の大統領候補などとたたえる声もあった。

ゴーン前会長の自宅近くの美容院に勤める男性は、「ゴーンはレバノンで罪に問われているわけではなく、私と同じ一人のレバノン市民。歓迎する」と話した。

ただ、ゴーンをめぐるレバノン国内の評価は歓迎一色ではなかった。

レバノンでは、19年10月中旬から政府の腐敗に反発するデモが頻発。ゴーンも、レバノン政治を腐敗させた既得権層とその腐敗の一部と見なされ始めていた。

デモに参加したことがある元学校職員ワッファ・アブシャクラは「エリートだけが汚職で富を増やしている。ゴーンもその一人だ。悪いことをしたなら、裁かれるのは当然で、私は歓迎できない」と語った。

ゴーンは一部の人たちから「英雄視」されていた一方、必ずしも全国民が知っているほどの知名度はなかったという。だが、今回の逃亡劇は国内でも大きく報じられ、知らぬ人はいないほどの存在になっていた。

市民の間では「次の内閣にゴーンが腐敗の専門家として入閣するかも」というジョークも語られ始めていた。

ゴーンは12月31日、広報担当者を通じて声明を出した。

「私は現在レバノンにいます。もうこれ以上、不正な日本の司法制度にとらわれることはなくなります。日本の司法制度は、国際法・条約下における自国の法的義務を著しく無視しており、有罪が前提で、差別が横行し、基本的人権が否定されています。私は正義から逃げたわけではありません。不正と政治的な迫害から逃れたのです。やっと、メディアのみなさんと自由にコミュニケーションを取ることができます。来週から始められることを、楽しみにしております」

日本の司法制度に対する、痛烈な批判だった。

世界中のメディアが、日本政府の反応に注目した。

だが、日本政府や法務・検察当局は沈黙を続けた。

首相の安倍晋三は12月28日から冬休みに入っていた。1月2日、4日と財界人や友人とともにゴルフをプレー。3日には、東京・六本木の映画館「TOHOシネマズ 六本木ヒルズ」で昭恵夫人と映画「決算！忠臣蔵」を鑑賞した。鑑賞後に報道陣に対応したが、口にしたのは「大変楽しく見させてもらいました」と映画の感想だけだった。

法相の森雅子がコメントを公表したのは、ゴーンの逃亡が発覚してから5日後の1月5日。

仕事始めを翌日に控えた日曜日だった。

だがその内容は型通りのものだった。

「何らかの不正な手段を用いて不法に出国したものと考えられ、このような事態に至ったことは誠に遺憾である。我が国の刑事司法制度は（中略）適正に運用されており、保釈中の被告人の逃亡が正当化される余地はない」

ほぼ同じタイミングで、東京地検次席検事の斎藤隆博もコメントを日英二言語で公表した。法務省と歩調を合わせた「反撃」だった。

コメント公表まで、なぜ5日間もかかったのか。

法務・検察当局の内部では、水面下で議論が続いていた。

「逃亡犯につき合う必要はない」

「誤った認識が拡散されるのは見過ごせない。反論すべきだ」

事件に関する主張はあくまで法廷で行う――。それが法務・検察の「常識」である。特に東京地検特捜部はこれまで、刑事訴訟法の規定を理由に、公判開始前の捜査内容の説明は最小限としてきた。

ゴーンの逮捕以来、国内外のメディアから「人質司法」の批判が巻き起こったにもかかわらず、積極的なアピールをしてこなかったのはこのためだ。

だがゴーンの公判を開くのは事実上難しくなった。反論の場はもはや法廷の「外」にしかない。

首相官邸からも「正しい情報を発信すべきだ」との助言を受け、森は「私が説明する」と決断。方針が決まったという。

ゴーンの記者会見は、現地時間1月8日午後3時（日本時間同10時）に設定された。

東京地検特捜部は、会見前日の7日、ゴーンの妻キャロル・ナハスの逮捕状取得を発表した。

ゴーンに対する、明らかな意趣返しと受け止められても仕方ない対応だった。

だが報道対応した特捜部副部長の市川宏は「国外逃亡は仕方ないという論調があり、強く是正する必要がある」と語気を強めた。

いつもは「捜査中につき差し控える」と、木で鼻をくくった対応が当たり前の特捜部。逮捕状取得の段階で発表し、詳しく事情を説明するのは前代未聞だった。

「独演会」開幕

レバノンへの到着から10日目、ゴーンが長い沈黙を破るときがやってきた。

２０２０年1月8日、ベイルートで記者会見が開かれた。

会場には、世界12カ国から60社以上の報道陣が詰めかけた。会場外には、記者会見に入れないメディアもあふれていた。異様な緊張感に包まれるなか、ゴーンは妻キャロルをともなって会場に現れた。

午後3時の予定より10分ほど早めに到着したゴーンは、壇上に立ったまま会見の開始時刻を待った。

ゴーンはこれから、何を語るのだろうか。記者たちはじっと、その時を待った。

時間がきた。コホンと軽くせき払いをして、ゴーンは語り始めた。

「みなさま、私のために時間を割いてくださり、ありがとうございます。多くの方々が遠くからいらしたことと思います」

会場の一部から、まばらな拍手が上がった。

「ご想像の通り、今日は私にとって非常に重要な1日です。私が家族、友人、コミュニティーから容赦なく引き離されて以来、４００日以上にわたって待ち望んできた1日です」

18年11月19日の逮捕以来、味わってきた勾留生活や検察の取り調べを振り返り、ゴーンは言った。

「私がどうやって日本を脱出したのかについて、みなさんが興味を持っているのは理解できるが、私はそれを話すためにここにいるのではありません。『なぜ日本を脱出したのか』について話すためにここにいるのです。あの悪夢が始まってから初めて、私は自分を弁護し、自由に話し、質問に答えることができるのです」

ゴーンは経営者らしく、話題を四つのテーマに整理して進めていった。

①なぜこのような事態が起きたのか
②この14カ月間に何があったのか
③起訴された四つの事件について
④日産、ルノー、三菱自動車のアライアンスについて

以下、第1～3部で述べたこととも一部重なるが、事件の経緯を補足説明しながら、ゴーンの主張を紹介していく。

「日本で死ぬか、出て行くか」

なぜこのような事態が起きたのか。

「大きく、二つの理由がある」とゴーンは言った。

1点目は、日産の経営悪化だという。

２０１６年、日産は三菱自動車を事実上傘下におさめる資本業務提携の契約を結んだ。ゴーンが三菱自動車の会長を兼務することにともない、日産の社長には西川廣人が就任。ゴーンは会長として、日産、三菱自動車、ルノーの3社を合わせたグループ全体の統括に専念することになった。

ゴーンは西川に対して「これからは、あなたの番だ」と言ったという。

「私は２００億ドルの現金を彼に残した。日産は利益体質で、成長していて、１９９９年の時点では地に落ちていたブランドも、世界のトップ60になっていた」

しかし、２０１７年から日産の業績は下降線をたどっていった。「その責任を負うべきは、ＣＥＯである西川だった。彼のチームが解決策を考えなければならなかった」とゴーンは言った。

2点目として挙げたのが、日産に対するルノーの影響力の拡大だ。

フランスでは14年、2年以上の長期株主に通常の2倍の議決権を与えるフロランジュ法が成立した。その結果、ルノーの株式を15％持つ日産に比べ、同じく15％を持つフランス政府の議決権だけが拡大することになった。

「日産の経営陣のみならず、日本政府の中にも大きな苦々しさを残すことになった。これが問題の始まりだった。不公平感から、ルノーとのアライアンスのみならず、私自身への不信へとつながっていった」

ゴーンは当時から、日産とルノーの統合には否定的な考えを示していた。だが、「何人かの日本人の友人たちは、日産に対するルノーの影響力を排除するには、私を追い出すしかないと考えた」とゴーンは振り返った。

熱を帯びてきた口調とともに、話はより具体的になっていく。

「では、それはいったい誰だったのか。誰が策略に関わっていたのか。名前を挙げていこうと思う。もちろん西川は策略に関与していた。ハリ・ナダ（専務執行役員）と大沼（敏明元秘書室長）も明らかだ。でも、もっとほかにもいる」

川口均（前副社長）、今津英敏（元監査役）、豊田正和（社外取締役）。ゴーンは次々と当時の幹部らの名前を挙げていった。

ゴーンは、「策略」に関わっていた日本政府内の人物についても名前を挙げられると豪語した。だが、実際にその名前を明かすことはしなかった。

「私は何人かの名前を挙げることができるが、自分はいまレバノンにいる。私はレバノンを尊重している。私が語ることでレバノン国民やレバノン政府の利益を損ないたくない」とその理由を釈明した。

ゴーンが逮捕されたのは、18年11月19日のことだった。

「私は何も疑っていなかった。（検察が自身を逮捕しようとしていたことに）気がつきも、疑いもしなかったのかと米国の同僚に言われ、私はこう言った。『真珠湾で何があったか知っているか』と」

「これは秘密に仕組まれた逮捕だった」とゴーンは両手を大きく広げてみせた。

「飛行機から降り、車で連れて行かれ、『ビザに問題がある』と言われた。小部屋に連行されると、そこに検察官がいて、話があると言われた。そこでようやく逮捕されたのだと理解した。日産の弁護士に電話したいと言ったができなかった。なぜなら検察と日産の間で仕組まれていたからだ。私はそのことを知るよしもなかった」

逮捕後は、東京・小菅にある東京拘置所に入れられた。

ゴーンは約130日間に及んだ勾留生活での経験を振り返った。

「窓のない小さな監房だった。平日の30分しか外に出ることを許されない。シャワーは週に2回。もっと要求したが、ノーと言われた」

「ひどいときには1日8時間弁護士なしでの尋問があった。英語もフランス語も通じず、話せる誰かを連れてこなければいけなかった。なのに、その人は週に1度しか来られなかった」

拘置所での扱いに加えて、ゴーンが問題として強調したのは検察による取り調べのあり方だった。

検察官は当初から、「あなたは有罪だ。白状しなさい」と迫ってきたという。

「彼らは真実を見つけようとしているのではない、とすぐに気づいた。彼らが尋ねてくることは、検察の主張をより強固にするためのものでしかなかった」

ゴーンは19年3月6日、逮捕から108日目で保釈された。青い帽子に眼鏡とマスク、作業着姿に変装して東京拘置所から現れたことで話題になった、あの日のことだ。

4月3日には自身のツイッターアカウントを開設し、「真実をお話しする準備をしています。4月11日木曜日に記者会見をします」と発信した。

だが翌4月4日の朝、ゴーンは東京地検特捜部に再逮捕された。

「記者会見を開く前に、私は拘置所へと連れ戻された。私が話すことを止めるためだった」

「私は、(再逮捕は)検察からの明確なメッセージだったととらえていた。『メディアに話すなら、話せばいい。でも、我々はまた新たな容疑で逮捕できるからな』ということ。話せば、小菅に逆戻りというわけだ」

妻キャロルに会えないことも、ゴーンのいら立ちを深めていた。

4月25日に最終的に保釈された際、東京地裁は保釈条件として、キャロルとの接触を原則禁止とした。ゴーン弁護団は、7度にわたりキャロルとの接触禁止を解くよう求めた。そのたび、証拠隠滅の恐れを理由に、求めは退けられたという。

「私は姉妹とも会えた。子どもとも会えた。従兄弟とも友人とも会えた。もし証拠隠滅をしようと思えば、いくらでもできた。なのに、なぜキャロルだけ?」

弁護団は裁判官に、「裁判所の管理下で、時々会うことを許してもらえないだろうか」と頼んだという。

「すると、裁判官は言った。『なぜ会いたいのですか』『何を話したいのですか』と。私はもはや人間扱いされていないと感じた。結婚した男女が一緒に話したいと思う気持ちがわからないのか。なぜその理由なんて説明しないといけないのか」

そして、逃亡の決定打となったのは長引く裁判手続きだった。

日本の司法制度では、裁判が始まる前に証拠や争点を整理する「公判前整理手続き」という、いわば事前の打ち合わせを重ねることになっている。特に今回のような複雑な事件では、裁判が始まるまでに、何度も打ち合わせが続く。

手続きの中で、検察による書類の提出が遅れるなどの出来事があるたび、ゴーンの中で「検察はできる限り、裁判を遅らせようとしているのではないか」との疑念が膨らんでいったという。

あるとき、ゴーンは弁護士に尋ねたという。

「いったい、これはどれくらい時間がかかるのですか」

その答えに、ゴーンは衝撃を受けたと振り返る。

「残念だけれど、5年はかかるかもしれない」

会見場の最前列には、人権の専門家だという男性が座っていた。ゴーンはその人物を紹介しながら、話を続けた。

「迅速な裁判というのは、最も基本的な人権の一つだと言われている。私が経験したのは、そこからかけ離れていた」

判決まで5年も日本で過ごさなければならない。しかも、日本では有罪率は99・4%にのぼる。「すべてのことが、私が公平に扱われないということを示していた。あと4～5年は普通の生活を送れないのだと。自ずと、導かれる結論はこうだった。『日本で死ぬか、出て行くか』」

両手の拳を握りしめ、語り口には恨み節も交じり始める。

「私は、17年間も働いてきた国に人質に取られたような気分になった。私は職業人生をかけ、それを誇りに感じていた。私は、誰にもできなかったことをした。地に落ちていた会社を立て直し、17年間にわたって私は日本で模範的な経営者だと考えられてきた。私について書かれた経営に関する本は20冊以上も出版された」

そして、ゴーンは強く指を鳴らした。

「それがこんな風に、一瞬で変わってしまった。数人の検察官と、日産の経営陣が『この男は薄情で、強欲な、独裁者だ』と言い始めた」

最初の逮捕容疑は、いわゆる「報酬隠し」だった。

10〜17年度の8年間で約91億円にのぼる報酬を、有価証券報告書に記載していなかったという金融商品取引法違反の容疑だ。

「これは驚きだった。まだ支払われてもいない報酬について問題にされていた」とゴーンは言う。隠した報酬は退任後に支払う仕組みだったが、将来支払われることが確定していたのであれば、世の中にオープンにしなければいけない、というのが検察の言い分だった。

「これは取締役会にさえ通っていない話だった。つまり、確定なんてしていない。私は確定も、決定も、支払いもされていない報酬を理由に逮捕された。これが逮捕の理由だった」

ゴーンはもう一度、繰り返した。「これが、逮捕の理由だったんだ」

「多くの国で、これは逮捕の理由にはならない。もちろん罪にもならない」

そう話すと、ゴーンは東京大学社会科学研究所の教授、田中亘《わたる》の名前を挙げて、主張の正当性を訴えた。

「3週間前、私の弁護団が田中教授に助言を求めた。証拠書類を見せて、『教授、どうですか?』と尋ねると、彼は『これを理由に日本がゴーンさんを逮捕したことは残念だ』と言ったのだ」

ゴーンは複数の特別背任罪でも起訴されていた。私的な投資で約18・5億円もの損が出たのに、生じた損失を日産に付け替えた——というのが、その一つだった。

ゴーンは私的な金融商品への投資の結果、08年秋のリーマン・ショックの前後に多額の評価損を出していた。担保が足りなくなったため、ゴーンは契約者を自身から日産に変更し、急場をしのごうとしたとされる。

そのためには当然、取締役会への説明が必要になる。しかし、私的な投資という背景を隠したまま、ゴーンは取締役会に「外国人執行役員の報酬に関するもの」という一般化された議案を出し、承認を得たと検察側はみていた。

これに対し、会見でゴーンはスクリーンに1枚の書面を映し出してみせた。

「これが取締役会の決議だ。取締役の全員が投票している」

書面の一部は、赤い枠で囲って強調されている。

「西川のサインもある。全員がこれに署名したのだ。私はこれで利益を得た。ただ、日産には何の損害も与えない。何の費用もかかっていないのだ」

この事件には続きがある。

私的な投資を日産に付け替えるのは、「利益相反にあたる」と銀行に判断され、ゴーンは再び担保金を用意する必要に迫られた。そこで助けを求めたのが、サウジアラビアとオマーンにいる二人の友人たちだった。二人の協力で約50億円の担保を用意できたゴーンは、私的な投資を再び自らの名義に変更し、難局を乗り切ったという。

検察は、その後の資金の流れに注目した。窮地を救ってくれた二人の友人に対し、「見返り」として日産の資金が流用されていたとみたのだ。いわば、ゴーンによる「会社の私物化」の疑いだ。

友人の一人目は、サウジアラビアの実業家ハリド・ジュファリ。

日産は09年、ＣＥＯの権限で使える予算「ＣＥＯリザーブ（予備費）」を創設した。これを原資に、ゴーンはジュファリに１４７０万ドル（約12億８４００万円）を不正送金したとされている。「サウジルート」と呼ばれる特別背任事件だ。

ゴーンの反論はこうだ。

「検察は『ジュファリは何も仕事をしていないのに、１４７０万ドルを日産から受け取った』と言う。でも、ジュファリは何もしていなかったわけではない」

そう言うと、ゴーンはまた１枚の書面をスクリーンに映し出した。

「ここに契約書がある。ジュファリと、日産の多くの幹部によってサインされたものだ」

ゴーンはさらに続ける。

「注目してほしいのは、CEOリザーブだ。CEOリザーブは秘密のお金で、ゴーンが金庫を開けたら現金がたくさんあって、それを友人たちに配っていた。ゴーンはやりたい放題だ――。そんな記事がたくさん出ている。でも本当は、CEOリザーブは日産の予算の1項目に過ぎない。そんな現金なんてないのだ」

ゴーンは、CEOリザーブは自分勝手に使えるようなお金ではないということを強調した。中東地域の担当幹部が資金を要求し、その理由と契約書を示し、多くの幹部がその必要性をチェックする。CEOリザーブからのあらゆる支出は、この手続きを経る。法務部もあれば、会計監査役もいる。

「そして、最後は私がCEOとして合意する。だからCEOリザーブなのだ」

検察が注目した二人目の友人は、オマーンのスヘイル・バウワン。

バウワンは、「SBA」という販売代理店のオーナーとして、日産の車をオマーンで売っていた。このSBAにも、多額のCEOリザーブが日産から支払われていた。

その中でも、バウワンに流れた資金の一部が、ゴーンに還流しているとみられる点に検察は着目した。中東日産からSBAに1000万ドル（約11億1000万円）が送金され、うち半額にあたる500万ドル（約5億5500万円）が、ゴーンが実質保有するレバノンの投資会社に戻ってきていたという見立てだ。

「オマーンルート」と呼ばれ、最後に特別背任罪で起訴された四つ目の事件だ。

ゴーンの反論は続く。

「中東というのは、重要な地域だった。なぜなら、トヨタの存在があったからだ。トヨタは中東で大きな利益を上げていたのに対し、日産は後れを取っていた」

ゴーンは中東への販売拡大を進めた。選んだ戦略は、地元の販売会社と手を組み、インセンティブ（販売奨励金）を払って販売を促進してもらうことだった。

「検察は『ゴーンさん、あなたはオマーンのバウワンと親密な関係にあった。とても高額なインセンティブを支払っている』と言ってきた。検察はそこばかり注目するが、我々は同じ手法をオマーンだけでなく、ドバイでもレバノンでもカタールでもやっている。しかも、支払っている金額をよくみると、競合他社と同じか、むしろ安いくらいだ」

自身への資金の還流についても、ゴーンは強く否定した。

「日産からSBAに支払われたお金は、そこで止まっている。ピリオドだ。その先には行っていない。その証拠は揃っていて、特別背任にはなり得ない。もし、もし疑わしい支払いがあったというのならば、それは検察官のリークによって日経新聞か産経新聞の1面にすでに載っているはずだ」

捜査への反論は、日産やルノーへの批判へと展開していく。

「米ブルームバーグ通信で読んだのだが、日産はこの事件の調査のために2億ドル以上を費やしたという。2億ドルだ。ジュファリへの支払いは1470万ドル。バウワンは500万ドル。いったい、2億ドルを費やすことにどんな合理性があるというのだ」

ゴーンは手元のメモに目をやることもなく、次々と数字をまくしたてた。

「私の逮捕以降、日産の市場価値は100億ドル以上も減少した。その期間、1日あたり4000万ドル以上を失ったということだ。ルノーも市場価値は50億ユーロ以上落ちた。1日あたり2000万ユーロだ」

「自動車業界が12％の成長をみせているなか、この期間に市場価値を落とした企業がある。ルノー、日産、三菱自動車だけだ。何のために企業はあるのか。価値を生むためだ。取締役会は、株主を守らなければならない。ブランドの将来はどうなるのか」

会見はすでに開始から1時間を超えていた。

「質疑応答に入る前に、もう1点だけ話させてください」

ゴーンの説明は、ようやく最後のポイントである、3社連合（日産・ルノー・三菱自動車）の将来についての議論にたどり着こうとしていた。

「結果としてどうなったのか。最終的に、誰が勝者なのか」

そう問いかけると、ゴーンは3社連合の現状について話し始めた。

17年、3社連合は世界最大の自動車グループだった。さらに、欧米の大手フィアット・クライスラー・オートモービルズ（FCA）との経営統合も検討し、成長へ向けて戦略的に動いていたとゴーンは振り返る。

「ただ現状をみると、正直もうアライアンスは存在していない。合意による決定によって進めているように見えるかもしれないが、それではうまくいかない。シナジー（相乗効果）の重要性を説明し、そこへ向けて人々を動かさないといけないのだ。放っておいても、何も起こらない」

「そして何より、フィアット・クライスラーとの統合を成し遂げられなかった。業界で支配的な存在になれる大きなチャンスだったのに。ゴーンのせいだとでも言うのだろう。でも本当に、これは信じがたいことだ」

自らが進めてきたアライアンスの現状を嘆くように何度も首を横に振りながら、ゴーンは言った。

「彼らはゴーンのページをめくることには成功した。そして、何の成長も利益もなくなった。戦略性もなければ、技術革新もない。アライアンスは消え去った。いま見えているのは、どこにも進むことができない、見せかけのアライアンスだけだ」

「ご静聴ありがとうございます。休憩の前に、本当にあと一つだけ。特に日本の人たちに向けて話をさせてほしい」

会見の終盤、ゴーンの熱弁は日本の人たちに向けられていった。

「日本メディアは、私を『薄情で強欲な独裁者』だと言う。日本が嫌いで、金目当てでやってきたのだと。でもそれは違う。私は日本が好きだ。日本の人たちが好きだ」

ゴーンは保釈されたのち、街中で多くの日本人に「頑張ってください」と声をかけられたと、日本人への好印象を語る。

そして、話題は東日本大震災のときの出来事に及んだ。

「津波が日本を襲ったとき、私はフランスにいた。そして、最初に日本に戻ってきた外国人になった。みんなが日本から去っていくなか、私が最初に戻ってきたのだ」

「そして、私は福島のいわき工場へと行った。従業員たちに『一緒に工場を建て直そう』と伝えに行ったのだ」

ゴーンは問いかけた。「私は日本を愛している。なのに、なぜ日本はそれに対して悪意で報いるのか。私にはそれが理解できない。なぜなら、日本の人々は、本当はそんな人たちではないと知っているから」

ゴーンは「強欲」と「独裁者」という二つのイメージについて否定するエピソードを語っていった。

09年、ゴーンは米自動車大手ゼネラル・モーターズ（GM）からオファーを受けたのだという。「オバマ大統領とも相談した結果、あなたにGMのCEOになってほしい」提示されたのは現状の2倍の報酬だったという。だが、ゴーンは「船長は船が難局にあるとき、船を去るものではない」と依頼を断ったという。

「これは、強欲な人間が言う答えではないはずだ。正直、いま思えばオファーを受けておくべきだった。でも、私は自分の信念に従ったのだ」

そして、「独裁者」というイメージについて。

「人々は18年目にして、初めて私が独裁者だということに気づいたとでも言うのだろうか。17年間、私はCEOを務め、多くの学者が私のもとへやってきた。ハーバード、スタンフォード、早稲田、慶應、みんなやってきた。彼らは分析を重ねたのに、誰も当時は私が独裁者だということに気づかなかったのか。すべては巧妙に捏造され、人々に広められたイメージなのだ」

「このへんでいったん、休憩に入るかい」

熱弁が始まって68分。会見の「前半戦」が終了した。ティッシュで額を拭い、あたりを見回したゴーン。その表情には、ほとんど疲れは見えなかった。

「公平な裁判を」

7分あまりの休憩をはさみ、会見は質疑応答へと移った。

「ちょっとご静粛に。ドアを閉めてもらえますか」

マイクを手にすると、ゴーンは壇上から降り、記者席の方に歩み寄ってきた。

「地域ごとにいこうではないか。ここはレバノン人だな。フランス人はどこだ。日本人は?」

記者たちは立ち上がり、必死に手を挙げてアピールする。

「できる限りの質問には答えたい。一人で5問も聞かずに、1問、あるいは2問くらいにしておいてほしい。ここはいまレバノン。まずはレバノン人からどうぞ」

会場はすっかり、ゴーンのペースに巻き込まれていった。

手口は答えないとわかってはいても、逃亡劇についての質問が相次いだ。

――リスクを冒して日本を逃亡できたときの気持ちは?

「(逮捕された)2018年11月19日、私は死んでしまったように感じた。私が愛する人々に再び会えるかわからず、人生が縮んでしまったようだった。よくわからないシステムの中にはまりこんでしまって、あたかも自分が死んでしまったようだった」

「もしあなたがこういう状況に置かれたら、苦痛から自分を守るために麻酔にかけられたようになるだろう。そうやって生き延びるしかない。私がようやく(こうした状況から)出られたとわかったとき、あたかも自分が生き返ったように感じた」

――自由になるため、箱の中に入り、飛行機に乗り込んだときの気持ちは？

「明らかに私は不安だった。心配だった。でも希望も抱いていた。13カ月間も悪夢の中にいたようなものだ。検察官の顔を見たときに悪夢が始まり、妻の顔を見たときに悪夢が終わった」

そして最も質問が集中したのは、逃亡後の身の振り方についてだった。

――今後のプランは何ですか。逃亡者として残りの人生を送ることを、どう思っているのですか？

「私はこれまで、多くの『ミッション・インポッシブル』に向き合ってきた。１９９９年に日本へ行ったときだって、誰もが不可能だと言っていた。いまの状況でも、汚名を返上するのにできることはたくさんある。ずっとここに留まろうとは思っていない。どのような場で、どうやって証拠を示していくのか、近いうちにお伝えできるだろう」

――でも、日本における狭い独房から、レバノンという広い監房に移ってきただけのようにも見えるのですが？

「私はレバノンで牢屋にいるとは思わない。それに、こっちの方が以前の牢屋よりはずっといい。友人も家族もいる。電話もインターネットも使える。正直、レバノンにいて不幸は感じないし、ここに長く留まる用意もある。ただ、この現状を甘んじて受け入れるというわけではない。私は汚名を返上するため、闘いにいく」

――あなたが起訴された事件について、レバノンで裁判を受けるつもりは？

「公平な裁判を受けられるのであれば、どこの法廷にも出廷する。でも、日本で弁護士に『私は公平な裁判を受けられるのか』と尋ねたら、彼らは困惑して『そうできるよう、全力を尽くす』と答えるしかなかったのだ」

――火のないところに煙は立たない。あなたは今後、ずっとそう言われ続けるかもしれない。どう思っていますか？

「多くの人が『火のないところには煙は立たない』と言うだろう。でも、それはフェアだろうか。私があなたについてウソの話を言い触らせば、それがどんなにデタラメであっても、一部の人たちはあなたを非難するだろう。これは、攻める側に有利になっている。それがいま、まさに起きていることだ。私はその標的にされやすかった。有名だし、外国人だからだ。

きっとあなたは正しい。多くの人が『あいつは有罪だから逃げたんだ』と言うだろう」

「でも、私が逃げたのは有罪だからではない。公平な裁判を受けられる可能性がゼロだったからだ。そして、公平な裁判を受けられる場所は、明らかに日本ではなかった。日本の外に出るしかなかったのだ」

「いまはレバノンにいるが、ブラジルにもフランスにも行ける。どの国も、自国民の身柄を引き渡すことはない。このうちのどこかの国で、公平な裁判を受けることはできると思っている」


逃亡の手口については口を閉ざしたが、逃亡の理由については詳細に語った。


――日本からの逃亡は、いつから考え始めたのですか？

「裁判官は（19年）11月の時点では、二つ目の事件について20年9月に裁判を始めると言った。私は、ついにトンネルの出口が見えたと喜んだのだ。でも、12月25日のクリスマスの日、裁判官から『残念だが、検察官は二つの事件の公判を同時にやることはできないと言っている』と伝えられた。では、いつになったら二つ目の事件の裁判が始まるのか。『21年より前には難しい』と。延期、延期、また延期……。結局、いつも検察官の言いなりになる」

「そして、もう一つの理由が、妻に会いたかったからだ。裁判官は、私が妻に会いたがっていることに驚いていた。多くの人には、妻に会えないことは罰にならないかもしれないが、私にとっては罰だったのだ。そして、私が妻と会って普通の生活に戻れるという見込みがまったくないことがわかったとき、私はそこを去るしかないと思った」

日本メディアからの二つの質問にも答えた。

――あなたは日本で尊敬されたCEOだが、日本の法律を破ったことについてはどう思っていますか？

「まず、私はいまでも、少なくとも一部の日本人にとっては、尊敬されるビジネスマンであり続けていると思っている。しかし、起訴されたらそれに対して弁護をしなければならない。そこで公正さがなく、弁護する術を奪われたらどうしたらいいのか」

「もちろん、私が日本から出たことで、日本の法律を破ったことには問題がある。でも、検察官が10の法律を破っていて、誰もそれを気にしないことには問題があると思わないのか。日本には、検察官はリークをしてはいけないという法律がある。でも、彼らはリークをしている。みんなそう言っている。なのに、誰もそれを問題にしない。なぜ検察官はよくて、私が法を破ることだけが問題視されるのか」

「もしあなただけが法律を守っていて、ほかには誰も守っていない状況になったら、それは不正なシステムだと言うだろう。正直、こんな制度は日本にふさわしくないと思っている。私は日本が好きで、17年間を過ごしたことに後悔はない。私はただ、なぜ私が日本でテロリストのような扱いを受けなければならないのかが疑問なのだ。私が何をしたというのか。それが理解できない」

――この場に出席を許された日本の報道陣が非常に少ないのに驚きました。日本メディアに怒っているのですか？

「私は別に、日本メディアを差別しているわけではない。ただ、正直に言うと、もしあなた方が選ばれたのだとすれば、それはあなた方だけが客観的に報道しようとしているからで、他のメディアは検察からの情報で報道をしているということだ。検察のプロパガンダに乗せられるような人たちをこの場に招いても、私には何のメリットもない。私は事実を分析し、事実に即して話ができる人と対話をしたい」

「この場には、BBCやCNNなどの大手メディアがいる。彼らは私に対して甘くはないが、客観的だ。しかし、日本メディアの多くはこの14カ月間、日産と検察が言うことを報じ続け、そこには何の分析も批判もなかった。それに、この部屋はもういっぱいだ。すべての日本メディアを入れるわけにもいかなかった」

1時間が過ぎても、質問を求める挙手は絶えなかった。朝日新聞から出席した二人も手を挙げ続けたが、最後まで指名されることはなかった。

午後5時25分、後にゴーンの「独演会」とも評された会見は終わった。開始から2時間25分がたっていた。

「メルシー。メルシーボークー。サンキュー」

再び無数のフラッシュが焚かれるなか、ゴーンは会場を去っていった。

冷ややかなメディア

レバノンでの記者会見は海外でも注目を集め、各国メディアが相次いで報じた。欧米ではゴーンの主張を冷ややかに受け止める論調が目立った。

仏紙フィガロは、2時間以上にわたった記者会見に「新事実や驚きはなかった」と伝えた。「ゴーンにとっての真実」を伝え被害者であることをアピールする「ショー」だったと断じ、

「裁判を受けてこそ名誉は回復できる」と、裁判を受けるべきだとの見解を示した。

仏紙リベラシオンも、会見は日産や日本の司法に対する批判が中心だったとして「法律違反というよりは（仕組まれた）政治事件のように語った」と指摘。ゴーンが会見で怒りをぶちまけた様子を「激高したショーだった」と伝えた。

英BBCはウェブサイトで、「大げさなパフォーマンスだった。ゴーンはもはや自動車業界のスターではないが、容疑が真実であろうとなかろうと、人の心をつかむやり方はまだ心得ていた」と皮肉交じりに報じた。

米紙ニューヨーク・タイムズは、ゴーンが「悪びれることも、ひるむこともなく、自身にかけられた嫌疑が巨大な陰謀の一部だったと訴えた」と伝え、フランス当局などがゴーンを捜査しているとして、「グローバリズムの強力なシンボルは重圧にさらされている」と指摘した。

一方、レバノンの英字紙デイリー・スターは、「ゴーン、日本の司法制度を激しく非難レバノンは『私を支持』」との見出しで、検察による長時間の取り調べなどへのゴーンの批判を紹介。「私はレバノン人であることを誇りに思う。困難なときに私を支持してくれる国があるとすればレバノンだ」「(経済が低迷する)レバノンのために私の専門知識を喜んで使う」といった発言も取り上げた。

レバノン国営通信は「ゴーンは、複数の日産幹部による陰謀によって倒されたと説明した」と報道。「正義を求めて日本を出国した」などとするゴーンの主張を伝えた。

法務大臣の反撃

会見で無実を主張し、逃亡を正当化したゴーンに対し、日産幹部や政府関係者からは、冷ややかな受け止め方が目立った。

ゴーンは日産の新旧幹部らの実名を挙げて非難したが、明確な証拠を示せたとは言いがたかったからだ。

幹部の一人は「あまり目新しい内容はなかった。おおむねいままで出ている内容だ」。ある日産関係者は「周囲が悪く、自分は悪くないとの主張で、自身の不正についても一切触れなかった」と語った。

名指しで批判された、日産前社長の西川は取材に対し、「ちょっと拍子抜けしましたね」と語った。「あの程度の話なら日本ですればいい。結局、日本の裁判で有罪になるのが怖いから逃げたのだろう」

西川は、ルノーとの経営統合問題と、役員報酬の虚偽記載や会社資金の私的流用といった前会長の不正は「まったく次元の違う話だ」と述べ、ゴーンの主張を批判。「何を根拠にクーデターだと言っているのか。話を聞いてもピンとこない」と反論した。

ゴーンは会見で、日本政府関係者の実名も挙げて、事件はゴーンを排除する「クーデター」だと主張するとの見方が出ていた。だが前会長は、レバノン政府の立場が悪くなることは避けたいとの理由で、日本政府関係者を名指しすることは避けた。

ある政府関係者は「日本政府の関与を示す証拠なんて本当は持っていないのだろう」と突き放した。

一方、ゴーンの会見に対して最も強く反応したのが、日本の法務当局だった。

法相の森雅子は、ゴーンの会見が終了した直後の9日未明と、翌朝に重ねて会見を開いた。

「今回の出国は犯罪行為に該当し得るものであり、彼はICPO（国際刑事警察機構）から国際手配されていることを忘れてはならない」

逃亡を非難した上で、ゴーンによる日本の司法制度への批判について特に時間をかけて反論した。

日本の司法制度は、海外よりも逮捕までの手続きが厳格になっていることを説明。司法制度は、各国の歴史や文化によって異なるものだとして、「ある一面のみを切り取って批判をするということに、私は違和感がございますし、適切ではないと考えております」と述べた。

ただ森の会見で海外メディアにより注目されたのは、彼女の「失言」だった。

森はゴーンに対して「潔白だというならば、司法の場で正々堂々と無罪を証明するべきと思います」と言った。

本来、刑事裁判では被告人には「無罪推定」が働く。有罪が確定するまでは犯罪者としては扱われない。「有罪を証明」するのは検察であって、被告人には「無罪を証明」する義務はないという仕組みだ。

今回の事件では、無罪推定が保証されるはずのゴーンを、検察が当初から「犯人扱い」していたとして、批判されている最中だった。そこにきて、大臣である森がゴーンに対して「無罪を証明するべき」と言ってしまった。

発言には批判が巻き起こり、森は訂正に追い込まれた。9日朝、森は自身のツイッターにこう投稿した。

「無罪の『主張』と言うところを『証明』と言い違えてしまいました。謹んで訂正致します。

（中略）無罪推定の原則は当然重要な原則であり日本の司法もこの原則を遵守しております」

また当初、「司法制度は、各国の歴史や文化によって異なる」「我が国の刑事司法制度は、個人の基本的人権を保障しつつ、事案の真相を解明するとともに、適正な刑事裁判を実現する上で、適切な制度となっている」と繰り返していた森の発言には、その後、「どの国も、どの制度もいつでも完璧ということはなく、改革をしていく努力は怠ってはならない」という但し書きが付け加えられるようになった。

「歴史や文化によって異なる」として自らの司法制度を絶対視するような姿勢では、独裁国家が非人道的な体制を敷いていても批判できなくなるのではないか、という批判がネットなどでは起きていた。

弁護団の当惑

「ゴーンの保釈は間違いだったのではないか」

逃亡の発覚後、日本ではそんな議論が巻き起こった。

ネット上では「弁護団が逃亡の手助けをしたのでは」といった臆測までもが出回っていた。

だが弁護団も戸惑いを隠せなかった。

弁護人の弘中惇一郎はゴーンの逃亡が発覚した直後の2019年12月31日午後、事務所前に詰めかけた報道陣に「寝耳に水で、当惑している。想定外で想像もできない話だ」と語った。

弁護団は12月27日、東京都内の警護会社がゴーンにつきまとっているとして、容疑者不詳のまま軽犯罪法違反容疑で警視庁に告訴していた。逃亡はそのわずか2日後だった。

日産側は19年3月にゴーンが保釈された直後から、行動の監視を警護会社に依頼していた。その影響力や発信力を警戒し、「誰と会っているかは組織防衛上、知っておきたかった」と日産関係者は言う。狙いは、日産社員やメディア関係者との接触だったという。

ゴーン保釈に向けた戦略を主導し、警護会社の告訴も手がけたのが、弁護人を務めていた高野隆だ。

高野は逃亡後の1月4日、自らのブログに「この密出国を『暴挙』『裏切り』『犯罪』と言って全否定することはできない」と記した。なぜこうした見方を示したのか。

「刑事弁護のレジェンド」と呼ばれる高野が弁護団に加わったのは19年2月中旬だ。ゴーンは当時3度逮捕され、勾留が約3カ月続いていた。

「拘置所の彼は非常に疲れていて、私の自己紹介も上の空で聞いていた。その様子を見て、『必ずあなたを外に出す』と宣言した」

高野は保釈に向けて、パソコンの使用は弁護士事務所内に限定、携帯電話はネット接続を禁止、家の玄関に監視カメラ設置――などの条件を裁判官に示し、3月に保釈が認められた。

「ここまで弁護士が依頼人に関わり、プライバシーを放棄させないと保釈されないというのは文明国ではあり得ない」と高野は言う。保釈時に、ゴーンを作業員姿に変装させたのも、プライバシーを守りたいと考えた高野の発案だった。

しかし1カ月後、ゴーンは自らの記者会見を予告した翌日に別の容疑で逮捕され、再び勾留された。その後の保釈では、事件関係者だとして妻との接触制限が条件に入った。

「二人はショックを受けていた。面会できたのは11月で、パソコン越しに弁護士の立ち会いのもと1時間だけ。次に認められたのはクリスマスイブの1時間。『耐えられない』と言っていた」

ほかにもさまざまな「理不尽」がゴーンを追い詰めたと感じているという。

「ゴーンさんに『最終決着に5年はかかる』と伝えると、ひどく失望していた。結局、保釈も公判も、裁判官は検察が敷いた線路の上を走っているだけじゃないかと映っただろう」

ただ、高野も逃亡を肯定しているわけではない。「華為技術（ファーウェイ）の幹部はカナダで逮捕された10日後、GPSをつける条件で保釈されている。保釈が広がるなら、GPSで監視する発想はあっていい」

弁護人の監督責任について、どう考えるのか。

高野は「依頼人の自由を確保し、無実だという人が無罪を主張できるよう努力するのが弁護士の仕事だ」とした上で、こう答えた。「あの時点の保釈の判断は間違っていない。彼に逃亡を決意させたのは、その後のさまざまな体験だろう」

東京地検は20年1月、弁護人だった弘中の事務所を家宅捜索。逃亡を手助けしたとされる米国籍の男3人の逮捕状も取った。逃亡の5カ月前から、ゴーンがそのうちの一人と事務所で4回会っていたことも明かした。

弘中は、「保釈条件で面会の際の弁護人立ち会いは要求されていない」と述べ、自らの関与を否定した。無罪に向けて尽力していた弁護団をも、ゴーンは欺いていた可能性が高いということになる。

20年1月16日付で高野と弘中は弁護人を辞任した。

単独インタビュー

記者会見で巻き起こった日本からの反論も踏まえ、ゴーンに再び疑問をぶつけたい。レバノンの取材班にその機会が訪れたのは、記者会見から2日後の1月10日のことだった。ゴーン側との交渉が成功し、単独インタビューが実現することになった。日本メディアでは初めてのことだった。

午後7時、ゴーンが妻キャロルとともに取材場所に現れた。

「さあ始めよう」というゴーンの一声で取材は始まった。

取材時間は30分。

「私たちは8日の会見に出席し、『日本の司法制度に正義はない』という主張を聞いた。会見の内容はすでに報じられており、ここで繰り返す必要はありません」

そう伝えることから取材を始めた。貴重な取材時間を無駄にしたくなかった。

「あなたが日本を愛していることも承知しています」と付け加えると、ゴーンは「それは本当だ」と言って、笑みを浮かべた。

——あなたは8日の会見で、「汚名を晴らしたい」と訴えた。しかし、日本の多くの人々は、あなたが逃亡によって自らの信頼を損ねたと感じている。逃亡は避けられない決断だったのですか？

「私が日本を去る前のPR会社の調査では、日本人の80％が、私を有罪だと考えていた。これが、私が日本を出る前の状況だ。逮捕から14カ月間、私は、日産や検察の情報を得たメディアから攻撃を受けてきた。私は拘置所で発言できなかった。拘置所から出た後、（記者会見を開いて）話そうとしたら、再び拘置所に戻された。この14カ月間、日本の人々は新聞を読み、『ゴーンは有罪だ』と思うようになった」

2019年10月、日本のPR会社がウェブ上で、各年代の男女1000人に対する調査をまとめていた。それによると、86・2％が「ゴーンは有罪だと思う」と回答していた。一方で、「ゴーン逮捕の裏に何らかの陰謀があったと思うか」という問いに対しては、66％が「あった」とも回答していた。

ゴーンの回答は続く。

「日産は『ゴーンは強欲で、独裁者で、薄情だ。彼は日本を好きじゃない』と言い始めた。私は17年間、いい経営者で、日産を再生させた。私は日本を愛し、世界中で日本を売り込んできた。日本の人々は17年間、『彼はいいやつだ』と言ってきた。なのに突然、検察や西川（前社長）や豊田（社外取締役）が『彼はよくないやつだ』と言い出した。メディアも『有罪だ、有罪だ』と書き立てたため、80％の人々が『何かがあるに違いない』となったのだ」

「私はすべてを日本に捧げてきた。私は日産を愛し、再生させた。私だけでなく、一緒に働いた人々のおかげで、今日、日産は大会社になった。しかし、私が成し遂げたんだ。『逃げたのは、彼が有罪だからだ』という人もいるが、それは違う。14カ月間、私は日本の人々に対し、自分自身を弁護したかったんだ」

――日本から逃げれば、あなたの評判が落ちるということはわかっていたのですか？

「もちろんだ。しかし、私の評判はすでに落ちていた。80％の人々が、私のことを有罪だと思っていた」

後ろめたいことがないのなら正々堂々と裁判を受けるべきだった。ゴーンに対し、そんな意見が日本では多いように感じていた。会見では突っ込み切れなかったこの点を、インタビューでは掘り下げる狙いがあった。

――日本の法廷で主張すれば、人々があなたを支持するとは思わなかったのですか？

「検事は、私がしていないことを自白させたがった。それが検察がしたかったことだ」

――裁判が始まるのを待てば、すべてを訴えられたのではないですか？

「おもしろい。もう一つ理由がある。14カ月たっても、裁判が始まる見通しがなかった。普通だと思うか？　なぜ公判期日さえ決まらないのか。（起訴された複数の事件のうち）最初の事件の公判までに1年間かかる。そこから高裁で6カ月かかり、最高裁でも3カ月から6カ月かかる。それから二つ目の事件が始まる。汚名をそそぐのに4年から5年かかるというのだ。この間、私はコミュニティーから隔離されてしまう。これはやりすぎだ」

日本の司法制度に問題がある。これは、ゴーンが一貫して強調してきた逃亡の理由である。強引な取り調べ、高い有罪率、裁判の長期化……。これらは、ゴーン事件のずっと前から、日本で問題視されてきた点と重なる。ある意味、ゴーンの指摘には一理ある。

だからと言って、逃げることが許されるのか——。取材班の中でも、何度も議論を繰り返したのがこの点についてだった。さらに質問を重ねた。

——公平な裁判を受けられないと思い至ったのはいつなのですか？

「そう思ったのは、日本を去る直前のことだ。もう希望はない、と感じた。違法な出国だった。しかし、日本の検察も法律を破っている。たとえば、検察は（捜査情報を）リークしていはいけない。私たちは検事たちに、『リークしているのか』と尋ねた。彼らは『していない』と言う。でも、検察がリークしていることは知っているだろう。それは違法なことだ。私が日本を去るのは許されない一方で、検事はリークをして法律を破る。それはおかしい。さらに、検事は中立であるべきなのに、そうではない。検察は日産と通じている。検察は私の逮捕の前後に日産と協力した。誰も問題にしないが、こういう問題がたくさんある」

——検察が法律を破ったから、あなたも違法な出国を正当化できるというわけですか？

「正当化はしていない。検察が法律を破っているのに、誰も気にしていないということだ。検事が法に違反しているのに、誰も気にしない司法制度とは何なんだ。そんな制度をどう信じろというのか。自分に置き換えて考えてほしい。法律違反を目にし、弁護士もそのことを話しているのに、何も問題にならない。公平な司法システムだと信じられると思うか」

ゴーンは会見で、日本を脱出する直前の12月に逃亡を決意したと説明していた。一方で、メディアでは数カ月前からひそかに準備を進めていたとも報じられていた。

——日本からの逃亡準備には時間がかかったはず。どのくらい前から逃亡を考え始めたのですか？

「色々なことが積み重なった結果だ。裁判官に、妻との接見禁止を解いてほしいと頼んだが、認められず、今後も続きそうだった。そうしたことが積み重なって、公平な裁判は期待できないと思った」

——当初は裁判で勝ちたかったということなのですか？

「もちろん。それが最善の選択だった。誰かが私に公平な裁判が受けられることを保障してくれたのであれば、私は汚名をそそぐために日本で裁判を受けたかった。しかし、その保障がなかった」

日本での裁判が「公平でない」と主張する一方で、ゴーンは「公平な裁判になら出廷するつもりがある」と繰り返していた。だが日本を出たいま、裁判の続きを海外で実施するというのは現実的ではない。ゴーンの口から、具体策を聞きたかった。

――あなたは、レバノンやフランス、ブラジルなど公平な裁判が受けられる国で無実だと明らかにしたいと主張しています。しかし、法律的に考えると、日本以外の国が裁判であなたを罪に問えるのですか？

「私は法律の専門家ではないので、可能なのかどうかわからない。しかし、弁護権が保障された国の法廷には喜んで出廷する。日本で依頼した弘中（惇一郎）弁護士たちはいい法律家だ。彼らは国を愛し、同時に日本の司法とも闘っている。私が『公平な裁判を日本で受けられるのか』と尋ねると、彼らは沈黙した。弁護士たちは『あなたが公平な裁判を受けられるようにあらゆることをする。あなたは無罪になる』と言っていた」

――それでも、弁護士たちの言葉を信じられなかったのですか？

「99・4％の有罪率に加え、私の事件にまつわるさまざまな問題がある。弁護士たちは勝てるとは信じていなかったと思う」

レバノンに脱出したいま、具体的にどう自らの汚名を晴らすつもりなのか。ゴーンにはまだ、その具体策はないようだった。「喜んで出廷する」という言葉はどこまで本当なのか、疑問も残る回答だった。

――日本の司法制度にも問題はあると思うが、多くの人々はあなたが日本の法廷で無実を訴えるべきだったと思っています。その方が、違法に出国してレバノンから発言するよりも説得力があったのでは？

「それは理解できる。しかし、家族や友人、コミュニティーから隔離され、日本で長期間の裁判を闘わなければならないなんて、あんまりだ。無罪推定のはずなのに、なぜ私は有罪の人物のように扱われるのか」

「日本の法相がなんと言ったか知っているか。『（日本の）司法の場で無罪を証明すべきだ』と発言したんだ。ただの職員とは違い、法相は司法行政のトップだぞ」

――法相は言い間違いだったと訂正しました。

「だったら、私が『日本を去ったのは誤りだった。申し訳ない』と言ったら、許してくれるのか。これはゲームじゃない。人生の問題なんだ」

日本で法相が口走った「失言」をゴーンは聞き逃していなかった。早速、それを自らの主張に組み込み、メディアに発信する。抜け目がない。

「私の日本の弁護士は常に裁判官に言っていた。『ゴーン氏は妻に会うことができず、息子と話すこともできない。お願いします、お願いします、お願いします』と。でも何も起こらなかった」

「いくつかの小さな例を挙げよう。裁判所では、通訳の言っている内容が理解できなかった。能力が高くない通訳だったからだ。よい通訳とそうではない通訳がいるのだ。だから、裁判官に不満を伝え、通訳の変更をお願いしたが駄目だった。同時通訳も求めた。時間を短縮できるし、より効果的だからだ。答えはNOだった。『日本ではやったことがない』と言われた。どこの企業でも同時通訳を行うのに、法廷では『同時通訳？（できなくても）仕方がない』ということになる。どうなっているんだ！　日本は近代的な国だ。近代的な技術や多くのビジョンを持っている。それなのに、世界中で実施されているようなものが、（日本では）実施されていないのはなぜなのか？」

日本の司法制度への批判は尽きない。だが、その中でゴーンの人間的な一面がうかがえる場面もあった。

――日本から逃亡することに葛藤はなかったのですか？

「葛藤はあった。しかし、（最高裁で決着するまで）裁判で10年ほども耐えろというのか。私は65歳だ。裁判が終わるのを待つことはできない。私は迅速な裁判を望んだが、誰も気にかけてくれなかった」

ゴーンは65歳。裁判が終わるころには70代――。異国の地で被告として、そんなに長く待てるか。論理的な司法批判の合間に、そんな「身勝手」にも思える本音が垣間見えたようにも思えた。

「もう一つのストーリー」

インタビューは後半に入っていく。

まずは、記者会見を受けた日本の検察からの批判をゴーンにぶつけてみた。

——検察は、8日の会見を受けて出した声明で、「（ゴーンは）自身の犯した事象を度外視して、一方的に我が国の刑事司法制度を非難した」「到底受け入れられない」などと批判しているが、どう考えますか？

「率直に言って、私は検察のコメントを気にしていない。信頼を失っているからだ。14カ月間、検察は唯一の発言者だった。私はその間、話すことができなかった。私が逮捕されて以来、検事はいつも発言者だった」

「私はいま初めて、話すことができる。彼らは、私のことを『一方的だ』と言う。ただ、検察は14カ月間、検察だけが発言したのに、（会見で）2時間しか話していない私を『一方的だ』と言うのか。冗談じゃない！」

逮捕後、ゴーンが公の場でメッセージを発したのは、2019年1月の法廷と、4月に公表したビデオメッセージくらい。記者会見は、逃亡後に開いたのが初めてだった。

一方で、日本では報道を通じて検察が見立てるゴーンの容疑の詳細が報じられることが多かったのは事実だった。

「検事は、(日本の有罪率が)99・4%であることを語るときも、『私たちはとても誇りに思う。これは、きちんと仕事をしていることを意味している』と言うんだ。仕事をうまくやっているだって? 99・4%を勝ちとっていると? 被告や弁護人は小さな虫のようなものだ。勝つのはわずか0・6%なのだから。検察が99・4%も勝つのは、司法制度が大きな利点を彼らに授け、被告には利点がないからだ」

99%超という高い有罪率をどう見るかについては、立場によって意見が分かれる。検察は、逮捕・起訴をする段階で慎重に検討し、確実に有罪を立証できる事件だけを起訴しているから、有罪率が高くなるのは当然だという立場だ。

一方で、検察官が起訴権を独占し、「起訴=有罪」という社会通念が定着してしまっていることへの根強い批判もある。

——検察は、有罪になる見込みが高い事件だけを起訴しているのだと説明していますが?

「そうだ。その通りだ! つまり、最初から(起訴されれば)有罪だということだ。検事は、『私は話をまとめるのがうまい。あなたが有罪であることを立証するために何でもする。

99・4％（の有罪率）を誇りに思う』という考えだ。それが問題なのだ。検事は真実を見つけるのが本来の仕事のはずだ。そして、検事は、その人が無罪であることを発見したときにたたえられるべきだ。日本ではそうなってはいない。検事は容疑者を前にして、『いま、私は何としてでも、私が正しいことを証明しなければならない』と言う」

検察の話題になると、明らかにゴーンの答えに熱がこもる。身を乗り出し、両手を広げ、声が一段と大きくなる。

さらに、検察の反論をぶつけてみる。

——検察による130日間の勾留について、あなたは強く批判していますね。

「その通りだ」

——検察は、あなたが逃亡する危険性があると考えて勾留したわけです。そして、保釈をしたらあなたは実際に逃亡した。やはり勾留する理由があったのではないですか？

「そうなったのは、彼らがこの司法制度の中で、私をうんざりさせたからだ。彼らにこそ、私が出国したことについての責任がある。彼らは、裁判の公平性についての私の信頼を失わせたのだ」

司法制度が公平なら、逃亡なんてしなかった――。確かに、これはゴーンの回答の中で、ずっと一貫している理屈だ。あらゆる質問に対し、間を置くことなく答えを返してくるゴーンに、思わず感心してしまいそうになる。

「彼らは、受け入れられない方法で私を扱い、私は見通しもわからないままに、家族や友人、コミュニティーから遠く離れた状況に置かれた。検察はいまや、私が（日本から）出国したことを喜んでいるはずだ。なぜなら、『ゴーンは出国する危険性がある』と（検察が）言っていたことが正当化されたのだから。検察は私が逃亡したことへの責任を負っている。検察は、私が公平な裁判を受けるという希望を失わせた。非常に悪質な制度だ。真実が成し遂げられたときではなく、自分が正しければ検察は幸せなのだ。そんな制度は非常に悪質だ」

1月8日の会見では、事件は自らを追い落とす「クーデター」だったと強調し、日産の新旧幹部を名指しで批判した。一方で、日本政府の関与については詳細を語らず、「肩すかし」だととらえる反応も多かった。

――日産の問題について。記者会見で、あなたは陰謀に関わったとして、複数の日産の幹部の名前を挙げたが、詳細は語りませんでした。彼らが果たした役割について説明を。

「それはできない。詳細を説明する場合、(日本)政府に関しても話さないといけなくなる。内部で関連していることについて話す必要が出てくる」

――日本政府が絡んでいるということですか?

「そうだ。だからこそ、私はそれに触れたくはない。ストーリー全体を語ることはできない。しかし、こうした人々は明らかに、私の意見だが、非常に汚れた役割を果たした。豊田、西川、ハリ・ナダ(専務執行役員)、川口(前副社長)、今津(元監査役)。もっと名前を言うことはできるし、多くの人々が関与した。そして、それはあまりきれいな話ではない。西川は昨日、『また裏切られた思いだ』と言った。なんてことだ! 裏切りに関して言えば、むしろ彼こそが教授クラスだ」

会見と同様、ゴーンは日産幹部らを名指しして強く批判した。一方、幹部らが事件の裏でどう動いていたのかについて、具体的な話をすることは拒んだ。

――幹部らの名前を挙げるからには、彼らが非難されるべき証拠を示すべきだと思いませんか?

「彼らは私について マスコミに話し、多くのことを非難した。西川は、私や私の子どもたちが日本を好きではなく、不名誉だなどと言っていた。彼らがとてもおしゃべりなのに、なぜ私が抑制されるべきなのか? 私は彼らと同じことをしているだけだ。いまからは、彼らが声明を出せば私はそれに答える。もう沈黙はしない。私はすべてのことに答えていく」

「彼らは会社における責任を負っている。日産で働いている何十万人もの人々に対して大きな責任を負っている。彼らは(日産の)ブランド、会社、株主を尊重しなかった。彼らは面目を失うのを嫌がっているので、私との対決だけを気にしている。これは恥だ」

「いま、彼らは会社や株主への責任を負っている。日産の株主は、私が逮捕されたときに1005円だった株価が630円(前後)になっているのをどう思っているのか。会社の業績が落ちれば、株価は下落し続けるだろう。これは彼らの責任だ」

――近い将来、法廷などで日産内部で起きたことの詳細に触れる機会があると思いますか?

「もちろんだ。裁判所になるだろう。私の名誉を守らなければならない。より多くの名前や情報を言うつもりだ。私は出国したので、関係者に連絡して彼らに真実を言うようにも依頼できる。しかし、いまのところ、誰もが恐れている。検察は大きな力を享受してきた。全員が怖がっている。検察に反対する者は誰もいない。いまは、検察の前に私が立っており、人々が真実を話すよう勇気づけたい」

インタビューは終盤に差しかかっていた。

時計をにらみつつ、起訴された事件についての質問に移っていく。

――あなたは、自身に対する起訴に根拠がないことを強調しましたが、会見でスクリーン上に示した証拠は十分ではありませんでした。

「それはそうだ。（十分ではないと）同意する。詳細な文書については、まもなく提供できるようにしていく。文書をどのように提供するか方法を検討している。報道陣を集めた会見での私の意図は、法的文書に関する講義をすることではなかった。マスコミも誰もそのことを私に質問せず、何かほかのことについて質問した。それで、私も深くは掘り下げなかった。しかし、私の意図は非常にオープンであることだ。複雑な文書を除いて、マスコミが文書を参照できるようにしていく。これらの文書は、私が日本にいたら共有することはできない。しかし、私はあなた方にそれらを見てほしい。裏切り行為があったのだ」

事件の詳細についての質問を重ねた。

――検察は「報酬隠し」事件で、あなたが毎年、将来受け取る報酬額を確定させ、その支払いに合意する文書に署名していたと主張していますが？

「私が自分自身のために文書にサインした場合、権限のあるCEOであるカルロス・ゴーンが、従業員であるミスター・ゴーンに約束したということだ。『ゴーンさんへ。私は、あなたが今後5年間、（年に）10億円を受け取ることになるということを、喜んでお伝えします』と言っているようなものだ」

――それは拘束力がなかった？

「ない。どうすれば拘束されるようになるのか？」

――では、なぜ拘束力のない文書を作成したのですか？

「私はメモを残していた。それは一種の文書で、いつか何かを正当化したり交渉したりする必要がある場合のためのものだった。法律学を専門とする教授たちに聞くと、取締役会の幹部たちがこれらの文書を見て、署名していない限り、文書が無効であると言う。もしこれが即時支払いだったら、問題視されても仕方がない。でも、これは将来分の支払いなんだ」

検察は、ゴーンが報酬を将来受け取ることは署名入りの文書で確定しており、その事実を有価証券報告書に書かなかったのは「報酬隠し」だと主張する。一方で、ゴーンはそもそも、その文書自体が「拘束力のないメモ」だったと言い放った。本当にそうだったのか。

――続いて、投資契約をめぐる特別背任事件について。あなたは取締役会の決議があったから問題ないと主張しているのですね？

「そうだ。取締役会の決議があった。そして、会社に損失はなかった」

――検察は、投資の契約者をあなたから日産に変更する意図があったことを、取締役会に隠していたのではないかと主張しています。

「そうだ」

──これは大事なところだが、取締役会の幹部に隠したのですか？

「そうだ。でも、それが犯罪か？　会社に費用は発生しない」

──検察は、たとえ日産に結果的に損害を与えていなくても、犯罪にあたると言っています。

「オーケー、オーケー」

検察の言い分はもうたくさんだ。そうとでも言いたげに、苦笑いをしながら両手を上げると、ゴーンは椅子から立ち上がった。

インタビュー終了の予定時刻を5分、過ぎていた。時間切れだ。

握手をして、部屋の出口へと向かう。歩きながら、ゴーンは最後に言った。

「大事なのは、もう一つのストーリーがあるということだ。日本の検察官や日産が言うことを、盲目的に信じることはしないでほしい。またこの対話を続けよう」

取材時間は35分。ゴーンの言い分を詳しく聞き出すことはできた。だが、それが正しいのかどうかを判断するには至らなかった。

ゴーンは今後、弁護士と相談の上で「証拠書類」を何らかの形でメディアに閲覧できるようにすることを検討するという。そこにゴーンの主張を裏付けるものが本当にあるかどうかは、わからない。

このインタビューから1年あまり経った2021年3月、特捜部はゴーンの逃亡を助けた元グリーンベレー隊員のマイケル・テイラーと息子ピーターを犯人隠避の罪で逮捕、起訴した。日米間の犯罪人引き渡し条約に基づいて米捜査当局が米国内で逮捕し、日本に引き渡した形だった。一方、レバノンは国内法で自国民を他国に引き渡さないと定めており、国際手配されているゴーンが再び日本に戻る見通しはまったく立っていない。

あとがき

本書のタイトルである「ゴーンショック」という言葉が初めてメディアに登場したのは、2000年ごろだと記憶している。

その前年にルノーから日産自動車に乗り込んだカルロス・ゴーンがまとめた経営再建策「日産リバイバルプラン」は、村山工場（東京）など5工場の閉鎖、2万1000人の人員削減に加え、コストの6割を占める部品などの調達先をほぼ半分に絞り込み、大量発注する代わりに値下げを求める大胆な方針を掲げた。取引先との冷徹な交渉は「ゴーンショック」と呼ばれ、日本の産業界を大きく揺さぶった。鉄鋼大手の川崎製鉄とNKKが02年に経営統合してJFEホールディングスが誕生する引き金にもなった。

それから十余年。同じ「ゴーンショック」と題した長期連載を新聞紙上で手がけることになろうとは思いもしなかった。

世界的な経営者として名をはせていたゴーンが、日産を「私物化」する数々の不正を働いたとして、東京地検特捜部に逮捕された。社会部が放った、この世界的なスクープで報道合戦が幕を開けた翌日。社会、経済両部の取材班は緊急連載のスタートを決め、翌々日の朝刊には連載の初回が紙面を飾った。

こうして始まった連載「ゴーンショック」はその後シリーズ化し、20年2月までに9部を数えた。「日産会長逮捕」「日産前会長起訴」「変転の19年」「揺らぐ日仏連合」「繰り返す統治不全」「素顔のビシャラ」「失脚の連鎖」「逮捕から1年」「逃亡」で、掲載本数はのべ30本近くにのぼる。

一連のシリーズでは、東京地検特捜部や日産社内の動きを克明に追うとともに、日産のルーツや「独裁者」を生む企業体質、ルノーと日産の駆け引き、ゴーンの生い立ちや人物像などにも光を当て、事件の構図や背景に多面的に迫ることをめざした。連載のデスクワークは社会部の石田博士、経済部の木村裕明が担当し、中東現地取材や「逃亡」のシリーズを中心に国際報道部の協力も得た。

本書はこの連載をはじめ、ゴーンの逮捕からレバノンへの逃亡、その後の記者会見や単独インタビューに至るまでの1年余に、朝日新聞の1面、総合面、経済面、社会面や、朝日新聞デジタルに掲載した多数の記事をベースにしている。紙面では紹介しきれなかった内容や追加取材の成果もふんだんに盛り込み、ほぼ書き下ろしに近い形となっている。

ゴーンの日産最高執行責任者（ＣＯＯ）就任から逮捕までの19年は、そのまま平成日本経済のグローバル化と格差拡大の潮流と重なる。

２０００年度決算を黒字に転換できなければ、日産を去る——。コミットメント（必達目標）を掲げて、瀕死の状態にあった日産に「緊急手術」を施したゴーンは、公約通りにＶ字回復を成し遂げ、「改革者」として日本で一躍、時代の寵児となった。同時期の01年には、「聖域なき構造改革」を掲げた小泉純一郎内閣が誕生。しがらみにとらわれない姿勢が熱狂的な支持を得た。

ゴーンは04年春に外国人経営者として初の藍綬褒章を受章し、受章者の代表として天皇陛下にあいさつした。東京モーターショーに姿を見せれば、来場者のサイン攻めに遭った。栄華の頂点にあったゴーンにとって、逮捕につながる転落の発端は、08年のリーマン・ショックだった。銀行のデリバティブ取引で18億円以上の評価損が発生。これを日産に付け替え、助力を得た友人たちに日産資金を不正送金したとされる。また最初の逮捕容疑となった10〜14年度の役員報酬の過少記載は、リーマン・ショック後に世界中で強まった経営者の報酬開示の流れから、自らの報酬を隠す目的だったとされる。

急転直下の逮捕後も、勾留延長請求が却下された後の再逮捕、作業着姿に変装しての保釈、保釈後の４度目の逮捕と、捜査は異例ずくめの展開をたどった。

「ゴーン後」の日産の経営も誤算続きだ。スナール率いるルノーとの攻防は、ＦＣＡも巻き込んで二転三転。首尾よくゴーンを追放した西川も自らの不正でトップの座を追われ、後を継いだ内田が率いる新体制も出足から内憂外患が続く。先行きは不透明感を増している。

そして、極めつきがレバノンへの逃亡劇。「逮捕、起訴で傷つけられた名誉を裁判で回復したい。出廷しないことはあり得ない」。そう言っていたゴーンは日本から姿を消し、ゴーンの公判が開かれる見通しはなくなった。誰がこの筋書きを予想し得たであろうか。

この事件が日本の企業や社会に投げかけた問いは多岐にわたる。だが、答えが宙に浮いたままの問いは多い。

日産のガバナンス改善特別委員会は19年3月にまとめた報告書で、ゴーンの不正を「典型的な経営者不正」だと指摘した。経営者が私的な利益を追求している点で、「会社のため」を正当化の根拠にしていた粉飾決算や不正会計といった過去の上場会社での経営者の不正とは根本的に異なるというわけだ。

なぜ、日本企業では類を見ない不正を日産は許したのか、その経営責任はどこにあるのか、どうすればこうした不正を許さないコーポレートガバナンス（企業統治）を確立できるのか——。ゴーンの公判を通じて多くのヒントが得られる可能性はあったが、その機会は失われた。

「人質司法」と国際的な批判にさらされた日本の司法制度に改善すべき点はないか、保釈のあり方をどう考えるか、という大きな宿題も残ったままだ。

そして何より、ゴーンが言う「もう一つのストーリー」が本当にあるのかどうか。それはまだわからない。

「ゴーンショック」は今も続いている。主役不在ではあるが、日産とケリーの公判も始まるだろう。ゴーンとの「対話」の機会が再び訪れることを信じ、私たちの取材も続く。

本書の執筆や一連の取材には、社会部の佐々木隆広、久木良太、小林孝也、根津弥、酒本友紀子、三浦淳、阿部峻介、岡本玄、北澤拓也、浦野直樹、久保田一道、経済部の木村聡史、久保智、友田雄大、大鹿靖明、笠井哲也、千葉卓朗、森田岳穂、徳島慎也、高橋克典、国際報道部の高野遼、高野裕介、疋田多揚、渡辺丘（所属はいずれも取材当時）らが加わった。

突然の逮捕から、世界中のメディアがニュースを連打し合う取材合戦の中で、常に大所高所から冷静に取材班を見守ってくれた田中光・前社会部長や野村周・前社会部長代理、連載の取材体制を強化し、取材班を鼓舞していただいた丸石伸一・前経済部長、本書の出版を快諾していただいた寺光太郎・経済部長に感謝を申し上げたい。

新聞紙上で連載した「ゴーンショック」に最初から目を通し、出版を働きかけてくださった幻冬舎の小木田順子さんの熱意がなければ、本書が世に出ることはなかった。取材班を励まし、原稿に適切な助言をいただいた小木田さんにも、この場を借りて厚く御礼を申し上げたい。

コロナ禍の猛威に世界がおびえる2020年4月　東京で

木村裕明（経済部専門記者・前経済部次長）
石田博士（社会部次長）

問われる刑事司法——文庫版のためのあとがき

2020年春に『ゴーンショック』の単行本を刊行してから1年余が経った。カルロス・ゴーンが海外逃亡を続ける中、2020年秋に始まった元側近のグレッグ・ケリーの裁判は今も続いている。裁判では検察が入手した膨大な日産の社内文書が示されたほか、司法取引に応じた元秘書室長をはじめ、これまで公の場で事件について語ることがなかった日産幹部が次々と出廷した。しかし、傍聴席はまばらで、主役不在のむなしさを感じざるを得ない。

証人尋問などを通して10年近くにわたる日産内部のやり取りが明かされ、ルノーとの経営統合をめぐる話と、ゴーンの「不正」を暴く内部調査が同時並行で進んでいた内幕が断片的には見えた。しかし、ケリーの弁護団はゴーンの弁護団と違い、「統合を阻止するために『不正』を見つけてゴーンを追放しようとした」「特捜部が日産と共謀した違法捜査だ」といった主張は声高には展開していない。このため、事件が本当にゴーンの言うような「クーデター」だったのかといった背景事情については、正面から問われることなく裁判が進んでいる。

ゴーン事件は役員報酬の虚偽記載を罪として問う初めての事件であり、新たな判例を作る裁判として、法的な議論が展開すること自体にも意義はある。また、ケリーはあくまでゴーンの指示に従った「共犯」と位置づけられており、ケリーが有罪か無罪かを判断するうえでは、ゴーンの行為が罪に当たるのかどうかも、実質的に判決の中で吟味されることになるだろう。とはいえ、クーデター説を唱える当の本人が不在とあっては、やはり裁判には物足りなさが残る。

一方で、ゴーン事件の影響はいろいろな面で現れている。

日本で勾留されていたゴーンは、否認のまま、裁判の争点整理も始まっていない段階で保釈された。欧米から強い批判が集まった「人質司法」の一定の改善を印象づけた出来事だった。しかし、ゴーン逃亡などを受け、裁判所の保釈許可率は上昇傾向から一転して下落した。法曹関係者は「裁判所が保釈の失敗を恐れ、人質司法に先祖返りしている」とも指摘する。

2020年6月には、新たな保釈制度を検討する法制審議会（法相の諮問機関）の初会合が開かれた。保釈中の被告にGPS機器を装着して所在地を把握したり、刑務所や留置施設から逃げた場合に限られている「逃走罪」を保釈中の被告にも適用したりすることが検討されている。推定無罪の原則の中、被告の人権に配慮した制度設計を望みたい。

日本の刑事司法制度が海外から大きな注目を集めたのも、この事件の特徴だった。国連人権理事会の「恣意《しい》的拘禁作業部会」は2020年11月、ゴーンの日本での勾留について、「4度にわたる逮捕と勾留は根本的に不当だ」などとする意見書を公表した。作業部会は一連の勾留によって、ゴーンは自由を取り戻すことや弁護士との自由なコミュニケーションなど、公正な裁判を受ける権利を享受することが妨げられたと指摘。「国際法の下では法的根拠のないもので、手続きの乱用だった」とし、日本政府がゴーンに賠償すべきだと踏み込んだ。これに対し、東京地検の山元裕史次席検事は定例会見で、ゴーンが弁護士とほぼ毎日接見していたことなどを挙げ、「法に定められた適正手続きを履行している」と正当性を強調した。日本政府も2021年5月、4度の逮捕・勾留は「それぞれ異なる犯罪事実に関し、我が国の法律に基づいた厳格な司法審査を経てなされた」と主張し、「明らかな事実誤認に基づく記載が多数認められ」るとの見解を作業部会に伝えた。

こうした国際的な批判の背景にあるのは、検察が事件について説明しなさすぎることに対する不信感だろう。司法取引を適用したことさえ、ケリーの裁判が始まる前の段階で公にすることはなかった。「訴訟に関する書類」を公判前に公開することを禁じた刑事訴訟法47条に基づくかたくなな姿勢だが、同条は「公益上の必要」がある場合はその限りではないとも明記している。国際社会に対して「事実誤認」を訴えるのであれば、捜査の状況や検察が考える「事実」について、一定程度オープンにすることも必要ではないだろうか。

捜査手法の面では、ゴーン事件は司法取引が日本で定着するかどうかの試金石となる。2021年の6月で制度導入から丸3年を迎えるが、適用は3件にとどまっている。「(司法取引で得られた供述は)信用性の判断に際して相当慎重な姿勢で臨む必要があり、争点の判断材料として極力用いない」。2021年3月、ゴーン事件の次に司法取引が適用された業務上横領事件について、東京地裁判決はこう明言した。結論は有罪だったが、虚偽の供述で第三者を陥れる危険性がある司法取引に対し、慎重に検討する態度を明確に示した。3件の中では圧倒的な著名事件であるゴーン事件に対する裁判所の評価は、司法取引が捜査当局にとって伝家の宝刀になるのか、使い勝手の悪い代物になるのかの大きな分岐点になるだろう。

2021年3月には、ゴーンを箱の中に隠してレバノンに逃亡させた米軍特殊部隊「グリーンベレー」の元隊員らが米国から日本に引き渡され、逮捕された。ゴーンに関わった人たちが次々に日本で裁かれていく中、当の本人は「有罪率が99%を超える国で公平な裁判は受けられない」と今も自身の逃亡を正当化したままだ。検察や日産の主張とは異なる「もう一つのストーリー」が本当にあるというなら、堂々と法廷に立って主張してほしい。何年後になったとしても、いつか東京地裁でゴーンが能弁に語る姿を見られる日が来ることを切に願っている。

根津弥（仙台総局・前社会部）

自動車産業の大転換点――文庫版のためのあとがき

ルノーと日産自動車、三菱自動車の三社連合を統べたカルロス・ゴーンの放逐は、ちょうど自動車産業が大きな転換点にさしかかったときに起きた象徴的な出来事だった。彼を捕らえた東京地検特捜部の検事たちは、そんな大きな時代変革を意識することはなかっただろうが、後世の人が振り返ってみれば、「自動車の世紀」と呼ばれた20世紀型資本主義の時代が大きく転換するタイミングで、ゴーンは逮捕、起訴され、そして逃亡した。検事たちは期せずして歴史の現場に立ち会ったのだ。

時代の転換点は、ミクロに見れば、ルノーと日産の関係の見直しということになるだろう。ルノーは米アメリカン・モーターズを買収した米国進出に失敗し、次いでスウェーデンのボルボと統合して欧州の地盤を強化しようとしたが未遂に終わり、窮余の策が東洋との連携――日産への出資だった。ときあたかも独ダイムラーが米クライスラーと合併し、世界的な自動車業界の再編が吹き荒れた1990年代終盤、弱者連合と揶揄されたルノー・日産は、大方の予想を裏切って自動車業界の一つの核となった。力で支配しようとしたダイムラーに対してクライスラーは不満を募らせ、やがて両社は別離し、リーマン・ショック後、クライスラーは経営破綻し、イタリアのフィアットに救済された。

ダイムラークライスラーと比べて、ルノー・日産連合は、互いの主体性を尊重し、緩やかな同盟にとどまったことが功を奏し、20年の長きにわたって友好な関係を維持してきた。それは、今となってみれば、そうした方がうまくいくという卓越した経営センスというよりもむしろ、あちこちから高額報酬を手にすることができるというゴーンの個人的な実利に由来したことかもしれなかった。しかし彼は、他に類例がない繊細な同盟の総帥という、余人に代えがたい職位に長くとどまることで、自身の希少性を高めることができた。なんと言っても米ビッグ3が凋落するなか、日産を立て直し、三菱を飲み込み、ルノー・日産・三菱を、独フォルクスワーゲン、トヨタ自動車に次ぐ世界3位の自動車メーカーグループたらしめたのである。

互いの主体性を維持した緩やかで曖昧な関係を、一方向から明確な形に集約しようとしたとき、繊細な関係は一気にほころんだ。仏マクロン大統領の目指した不可逆的な関係とは、共同持ち株会社を欧州に新設し、日産をその完全子会社として傘下に収めるということだった。そのとき日産は、司令塔の持ち株会社の指揮に従う製造子会社となるだろう。日産の生産している車種をルノーの欧州工場に移管するとともに、電気自動車開発など日産の先端技術をルノー側が吸収するかもしれない。ルノーは生産力、先端技術開発力の点で日産より劣っているからだ。ルノーの株式時価総額は日産の半分程度の1兆3000億円しかなく、ルノーが保有している日産株43％余の価値（約1兆円）とほぼ同額だった（21年4月末の株価で算出）。つまりルノーの企業価値とは、保有している日産の株の値打ちに他ならない。ルノー単独にほとんど価値はない、と株式市場はみなしていた。

だからこそマクロンは、ルノーに日産を吸収させたかったが、日産側にはメリットはなく、とても容認できるものではなかった。仏政府の圧力をかわす防波堤のはずのゴーンが向こう側についたとき、経営統合に反対する日産の日本人幹部は彼の不正を告発した。会社を食い物にするゴーンの貪欲ぶりが暴露されると、マクロンの描いた植民地主義的な日産支配の計画は画餅に終わった。マクロンが想定したような経営統合は、もう困難だろう。

日産はゴーン時代に新興国市場で生産台数を増やし、米国市場でも販売台数増を狙って値引き販売に走る「拡大路線」を取った。いたずらに規模を求めた結果、ゴーン放逐後はその反動で整理に苦しみ、2020年度まで2期連続で巨額赤字に陥ることになった。そのあおりを受けたのが、連結対象の日産の利益を取り込んできたルノーだった。ルノーの20年通期決算の純損益は80億ユーロの赤字に陥り、日本円に換算すると1兆円を超える赤字となった。

規模の拡大がもはや素敵なこととは言えなくなってきた。ダイムラーのユルゲン・シュレンプが狼煙《のろし》を上げ、20年来続いてきた自動車産業の「メガ再編」の時代が変わろうとしている。ゴーンはルノー・日産・三菱にフィアット・クライスラー・オートモービルズ（FCA）を加える交渉を始めようとした矢先、囚われの身となり、メガ再編を主導する機会を失った。相手を失ったFCAは結局、ルノーの仏国内のライバルであるグループPSA（プジョー・シトロエン）と統合することになった。しかし、FCAとPSAの大連合は、フィアット、クライスラー、プジョー、シトロエンという出自の異なるメーカーの寄せ集め感が否めず、烏合の衆のようだった。果たして大きいことが良いことなのかはわからない。かつてのようにメガ再編を熱狂する声が上がらないのは、自動車産業のパラダイムが変わろうとしていることを多くの人が知っているからだ。やみくもに規模を大きくする時代は終わったのだ。

それは、もう一つの時代の転換——従来の自動車産業の基盤を揺るがす構造転換が、急速に進んでいるからである。みなの関心事は規模拡大ではなく新技術のほうである。

エンジンでガソリンを燃やして動力とする仕組みがいま、急速に古い技術とみなされるようになっている。排気ガスが地球温暖化の原因となるため、世界的に排ガスの排出量を抑え込む機運が高まっている。ホンダは21年4月、そうした時代的要請にこたえて２０４０年までに世界で売る全自動車を電気自動車か燃料電池車にすると宣言した。一般的なガソリン車だけでなく、ガソリンと電気を使い、環境への負荷が小さいハイブリッド車すらやめるという。米ゼネラル・モーターズも35年までにガソリン車を全廃する目標を立て、フォルクスワーゲンは30年までに欧州販売の60％を電気自動車にする計画でいる。排ガスをまき散らしている中国さえ、35年までには今のガソリン車を全廃し、全体の半分を電気自動車や燃料電池車などの新エネ車、残る半分をハイブリッド車にする方針を掲げている。

こうした世界の強豪の趨勢にホンダも足並みをそろえた。だが、温室効果ガス撲滅という大義は、視点を変えると、トヨタが開発し、トヨタやホンダなど日本勢が先行するハイブリッド車を駆逐しようという欧米主導の包囲網の側面もある。だからトヨタの豊田章男社長は現下のガソリン車排除を「日本の強みを失う」と反発する。

自動車業界のルール変更は、イーロン・マスク率いる新興勢力のテスラが電気自動車市場を先行して開拓したことが後押ししている。数多くの部品のすり合わせ技術で成り立つ複雑なエンジンとは異なり、電気自動車はモーターと電池で組み立てられる簡易な構造にある。モーターと電池さえ確保すれば、後発メーカーでも容易に参入できる。それはＣＰＵとＯＳを調達すればパソコンができるのと似ている。かつてのメーンフレームコンピューターは参入が困難でＩＢＭの牙城だったが、パソコンの時代に移ると、付加価値の源泉はＣＰＵとＯ

Sに代わり、インテルとマイクロソフトが新たな覇者になった。それと似たことが起きるだろう。アップルが自動運転可能な電気自動車アップルカーを引っ提げて参入してくるかもしれない。そのとき、それまで「系列」と称して部品メーカーを従えた垂直統合的な日本の自動車メーカーは、エレクトロニクス機器業界で経験した水平分業モデルにさらされる。今までのような日本の強みは発揮できなくなる。

大きな構造転換にさらされるなか、ホンダは大きく舵を切ろうとしている。トヨタは趨勢に抵抗しつつ、燃料電池車という次のカードを持つ。しかし、ゴーン排除後の日産は、目先の止血作業に翻弄されて進路が定まらない。せっかく量産型電気自動車リーフの販売で世界に先駆けたというのに、存在感を高められない。ゴーンに続き西川廣人が辞任し、新たに3人指導のトロイカ体制を標榜したものの、その一角の関潤が瞬く間に日本電産に移籍し、日産は経営の中心が安定しない。

これまでは日産は危機に陥ると、救世主が登場してきた。益田哲夫、塩路一郎、そしてゴーン。歴史が繰り返すとしたら、次はどんな傑物が日産を救うのだろうか。

大鹿靖明（経済部）

参考文献

『日産自動車三十年史 昭和八年-昭和三十八年』(1965年)
『日産自動車社史 1964~1973』(1975年)
『日産自動車社史 1974~1983』(1985年)
『21世紀の道 日産自動車50年史』(1983年)
森山寛『もっと楽しく これまでの日産これからの日産』(2006年、講談社出版サービスセンター)
川勝宣昭『日産自動車極秘ファイル2300枚』(2018年、プレジデント社)
鮎川義介ら『私の履歴書 経済人9』(1980年、日本経済新聞社)
宇田川勝『日産の創業者 鮎川義介』(2017年、吉川弘文館)
山崎一芳『風雲児鮎川義介』(1937年、東海出版社)
小島直記『鮎川義介伝』(1967年、日本経営出版会)
原彬久『岸信介』(1995年、岩波新書)
石原俊ら『私の履歴書 経済人31』(2004年、日本経済新聞社)
川又克二ら『私の履歴書 昭和の経営者群像1』(1992年、日本経済新聞社)

村上寛治『労働記者の戦後史』（1998年、労働教育センター）
熊谷徳一、嵯峨一郎『日産争議1953』（1983年、五月社）
日産自動車労働組合『日産争議白書』（1954年、日産自動車労働組合）
益田哲夫『明日の人たち　日産労働者のたたかい』（1954年、五月書房）
全日本自動車産業労働組合日産自動車分会『自己批判書（案）』（1953年）
飯島光孝『朝、はるかに』（1993年、門土社総合出版）
上井喜彦『労働組合の職場規制』（1994年、東京大学出版会）
吉田誠『査定規制と労使関係の変容』（2007年、香川大学経済学会）
塩路一郎『日産自動車の盛衰　自動車労連会長の証言』（2012年、緑風出版）
デイビッド・ハルバースタム『覇者の驕り』（1987年、日本放送出版協会）
青木慧『日産共栄圏の危機』（1980年、汐文社）
ビル・ヴラシック&ブラッドリー・A・スターツ『ダイムラー・クライスラー』（2001年、早川書房）
ルイ・シュバイツァー『ルイ・シュバイツァー自叙伝　新たなる使命』（2014年、小学館クリエイティブ）
カルロス・ゴーン『ルネッサンス　再生への挑戦』（2001年、ダイヤモンド社）
カルロス・ゴーン『カルロス・ゴーン　国境、組織、すべての枠を超える生き方［私の履歴書］』（2018年、日本経済新聞出版社）

井上久男『日産vs.ゴーン』(2019年、文春新書)
リタ・ゴーン『ゴーン家の家訓』(2006年、集英社)
カルロス・ゴーン『ゴーン道場』(2008年、朝日新書)
ピエール・ブルデュー『国家貴族I』(2012年、藤原書店)
カルロス・ゴーン、フィリップ・リエス『カルロス・ゴーン 経営を語る』(2005年、日経ビジネス人文庫)
黒木英充『シリア・レバノンを知るための64章』(2013年、明石書店)

執筆者一覧

プロローグ　高野　遼

第1部　特捜の戦い
佐々木隆広／根津　弥／三浦　淳／酒本友紀子／石田博士

第2部　独裁の系譜
大鹿靖明／笠井哲也／千葉卓朗

第3部　統治不全
木村聡史／久保　智／大鹿靖明／木村裕明

第4部　ゴーン逃亡
高野　遼／石田博士

解説

中沢孝夫

個人にそれぞれ個性が宿るように、法人にもまた固有性が備わる。というより、内部に固有性を育てられない企業は継続して存在しにくい。製造業でいうなら、製品開発力と組織能力が問われる。新しい製品の開発はもとより、旧製品の改良進化を含め、工程改善や素材の開発など、そこには無数の技術や技能が関わる。もちろん会社全体が、一体でなければならない。営業と開発部門がいがみあうなどというのは、あってはならないことだ。

本書『ゴーンショック』において、ルノーと日産の連携を破綻させたのは、ルノーの大株主であるフランス政府（マクロン大統領）である。マクロンは「フロランジュ法」という国内法により、両社の「不可逆的な統合」（後戻りができない）を主張し、金の卵を生む鶏の腹を引き裂いてしまった。当然のことながら危機感を持った日産は、ルノー資本の買い増しを可能とする、という対抗措置を施した。

ルノーにはルノーの技術・技能の体系があり、日産にもまたその歴史経路に基づいた、技術・技能の固有性がある。つまり創業以来のコアとなるものだ。むろん外からの技術導入は可能だ。お互いの企業から学び、習得できるものは沢山ある。しかしある技術の体系を持ってしまった場合、その全てを捨てて入れ替えることは、固有性の否定になる。

つまり、水と油の融合が難しいように、固有性に支えられた企業というものが一体化するには、沢山のハードルがある。しかしフランスの計画経済の主権者ともいえるマクロンをはじめとする行政官僚はそのことを理解せず、1+1は2になるとしか考えていなかった。

ではカルロス・ゴーンはどうだったのだろうか。

ゴーンの最大の強みは、日産の30年、40年と澱《おり》のように溜まった、「固有」の部門別の「歴史」のしがらみと無縁だったことだ。当然のことながら情けも容赦もない。あったのは合理性だけである。

またフランスの最高の技術者養成校を卒業してミシュランに入社し、ブラジル、アメリカの関連工場の現場をつぶさに見てきたカルロス・ゴーンは、現場というものをよく知っていた。日産のリバイバルプランを指揮したゴーンは、まず現場からヒアリングを始め、労働組合のビヘイビアを含め問題の所在をよく理解した。日産の状況は多くの事柄で、同様に古い組織であったミシュランやルノーとデジャブだった。

日産の場合は、部門毎の縦割り組織が牢固として育ち、共通部門に送り込まれる者は一級の人間ではなく二級の人間で、しかも部門毎の利害の代表者だった。設計や開発部門、生産技術、調達（購買）、営業……と各部門がそれぞれの利害を優先しており、典型的な大企業病を患っていた。本書が指摘する「他責の文化」である。必要だったのは徹底した人事の刷新（抜擢）であった。

1999年に8500億円のルノーからの出資を含む資金支援により（その多くはフランス政府の保証という裏付けがあった）、ゴーンの辣腕でV字回復を遂げ、危機を脱した日産は、借金に追われる暮らしから、もともと備えていた技術的な面での自力を回復し始めた。

筆者の日産に関する調査によっても、過去のしがらみから自由であったゴーンが打った手は、日産村山工場（旧プリンス）や京都の日産車体の土地の売却をはじめとする不動産の売却、1000社を超える持ち株の売却、日産の人事の一環としてのサプライヤー（購買の対象）の整理。そのサプライヤーのコストカットなど、実に合理的なものだった。否定したのは蓄積されていた社内の情実だけである。

例えば、日産のティア1（一次協力メーカー）には日産から「天下り」し、ティア2（二次協力メーカー）にはティア1から「天下る」という流れがあったが、そのときに日産から「手土産」として持たされたのが、仕事量（売上げ）の確保だった。そこに購買（調達）の合理性はない。あるのはティア2への度を超えた搾取だ。それゆえ技術の優れたティア2ほどトヨタとの取引を広げ、トヨタに傾斜した。トヨタのコストダウン要求には合理性があったからだ。コストダウンできない場合は、トヨタは積極的に工程改善の指導に入った。

30年ほど前に経験した、実に小さな話をする。日産の少量納入のティア1に対して、日産の調達担当者は椅子に座ったまま、アゴで座るべき椅子を指示していたが、トヨタはエレベーターホールまで迎えにいき、きちんと対等に話し、終わったときにはエレベーターホールまで見送った。経営や技術力以前の、社会的なコミュニケーションの常識の問題だった。

また「根回し」という言葉があり、それは「事前に了解をとっておくこと」と理解されているが、実際は「長期多角的取引」と言った方が正確だ。例えば「今年はこの人事で譲るが、来年のあの取引に関しては譲ってくれ」といったように、一見、直接的な関係はない事柄が「取引」されるのが実際なのだ。

しがらみとはそういうことだ。深い大企業病を患った組織はそこから逃れることができない。ゴーンは一切それを断ち切った。

少し話が前後するが、マクロンのルノーと日産の不可逆的な統合という計画経済の失敗は、実は日本の経済産業省も何度もくり返している。例えば、かつて企業の近代化政策というのがあった。1960年代の話だ。

日本は大企業という近代化された部門と中小企業という前近代的な部門に分かれているので、中小企業を合併させて近代化させようというプランがあった。従業員30人の金型屋があったら、10社合併させれば300人規模になり、大企業に対しても競争力がつく、という発想だった。

通商産業省（当時）は、工場団地をつくり補助金を用意したが大失敗。当然である。個々の企業家（起業家）にとって、合併にあたって、誰の技術をどのように優先し、誰の開発に投資をし、どの製品を取引先に優先するか、秘匿している技術をどのように開示するか、会社毎の優劣や強弱をどうカウントするのか、そして代表者を誰にするのか……これらは合併の成否を左右する極めて難しい問題で、ゆえに、合併など簡単にできることではない。しかし通産省は、企業というものの本質、経営の品質は規模の大小で決定されない、という基礎的なことがわからなかった。そしてこの政策は現代でもまた復活している。つまり同じ失敗がくり返されやすいのだ。

さて、順風満帆と思えたカルロス・ゴーンの経営に綻びが見え始めたきっかけは、日本の報酬総額1億円の開示規定の設定と、リーマン・ショックの襲来だった。本書で特に圧巻なのはこの部分である。日産、ルノーの経営以上に、ゴーンに日々の変化がやってきた。日産の社内調査が始まった。

銀行のデリバティブ取引で18億円以上の評価損に見舞われたゴーンが、それを日産に付け替えたことから始まった各種のカネの自己への還流の手口や、報酬隠しの方法など、本書にはその後の「ゴーンの犯罪」が克明に描かれている。

そこにいたる日産のガバナンス（企業統治）も問題が大きい。日産の経営陣は、検察との司法取引というゴーンの犯罪の暴露によって、経営権を取り戻そうとした。しかし、その方法こそが、日産の負の歴史でもある。

鮎川義介が創業した日産は、戦後の労働組合運動の全盛期に、労組委員長の益田哲夫が会社のリーダーになり生産を牛耳ったが、それを直接排除したのは管理職への暴力を理由とした警官隊の利用だった。その後、労組で頭角を現したのが塩路一郎である。塩路は当時の日本興業銀行出身の川又克二が興銀から追われそうになったとき、サポートして貸しをつくった。

1966年、プリンスと合併した日産は、設計方式の違いなど統合の成果はなかなか表れなかったが、職場支配は塩路によって進んだ。経済状況は高度成長の中にあって、海が全ての船を浮かべるように日産の業績は順調だった。だがその影で進んだのが塩路一郎の会社全体の支配である。単に現場の職制や管理職の人事だけではない。それは役員人事にまで及んだ。

そうした中で、もはや日産の天皇となっていた塩路の行状を、職制の一部が自主的にマスコミにリークし始めた。それは会社のガバナンスの一環ではなかった。追放行動の事態が大きく動き始めた後、会社全体が動き始めた。決定打とも言えたのが、高杉良の記録小説『労働貴族』である。それは職制たちのリークを中心とした告発だった。愛人を従え、ヨットをのり回し、銀座の夜を遊び過ごす「天皇」の姿が赤裸々に描かれた。

今回のゴーン劇場もまさしくデジャブである。検察への報告（たれ込み、司法取引）は、ゴーン支配の否定が、益田支配、塩路支配からの脱却と同様に、他力であったことを物語っている。

ゴーン支配は終焉したが、そのことは日産のガバナンスが確立されたということではない。企業経営の品質の出来不出来は今後の課題である。

ではゴーンは勝利者であったのか。むろん、そんなことはない。リーマン・ショック以降のゴーンのビヘイビアは、本書で克明に記されている通りである。さしあたってゴーンの故郷であるレバノンに不法に逃げかえり、国境の壁の中でかくまわれているが、レバノンという国は、いくつもの宗派によって分割統治されている一種の破綻国家である。ワインを飲んで、美食にふけることくらいは可能でも、これまで世界をまたにかけて来た男にとって、幽閉の身に近い。ルノーの資金を流用した疑惑などで、フランス当局の捜査も進んでいる。疑惑の一端は日本の捜査で明らかになっており、「推定無罪」が覆るかもしれない。

ではは日産やルノーは勝利したのだろうか。そんなことはない。ゴーンを追放したこととそれは別である。企業の勝利とは、製品開発力と組織力による利益力の継続である。日産のゴーン追放後の不振は大きい。プリンスと合併した頃はトヨタと五分五分だったが、いまはホンダからも水をあけられている。

経営の品質管理はどの企業にとっても難題であることを本書は物語っているが、文庫化に際し、沢山の新資料により加筆された本書が「企業経営」に問いかける事柄は大きい。

２０２１年６月

――福井県立大学名誉教授

本書は二〇二〇年五月小社より刊行された
作品に加筆修正したものです。

幻冬舎文庫

●最新刊
めだか、太平洋を往け
重松　清

教師を引退した夜、息子夫婦を亡くしたアンミツ先生。遺された孫・翔也との生活に戸惑うなか、かつての教え子たちへ手紙を送る。返事をくれた二人を翔也と共に訪ねると——。温かな感動長篇。

●最新刊
私がオバさんになったよ
ジェーン・スー

わが道を歩く8人と語り合った生きる手がかり。考えることをやめない、変わることをおそれない、間違えたときにふてくされない。オバさんも悪くないね。このあとの人生が楽しみになる対談集。

●最新刊
恋はいつもなにげなく始まってなにげなく終わる。
林　伸次

燃え上がった関係が次第に冷め、恋の秋がやってきたと嘆く女性。一年間だけと決めた不倫の恋。女優の卵を好きになった高校時代の届かない恋。バーカウンターで語られる、切ない恋物語。

●最新刊
20 CONTACTS 消えない星々との短い接触
原田マハ

ポール・セザンヌ、フィンセント・ゴッホ、手塚治虫、東山魁夷、宮沢賢治——。アートを通じ世界とコンタクトした物故作家20名に、著者がいちアートファンとして妄想突撃インタビューを敢行。

●最新刊
靖国神社の緑の隊長
半藤一利

過酷な戦場で、こんなにも真摯に生きた日本人がいた——自ら取材した将校・兵士の中から厳選した「どうしても次の世代に語り継ぎたい」8人の物語。平和を願い続けた歴史探偵、生前最後の著作。

幻冬舎文庫

●好評既刊
超現代語訳 幕末物語
笑えて泣けてするする頭に入る
房野史典

猛烈なスピードで変化し、混乱を極めた幕末。ヒーロー多すぎ、悲劇続きすぎ、〝想定外〟ありすぎ……な時代を、「圧倒的に面白い」「わかりやすい」と評判の超現代語訳で、ドラマチックに読ませる！

●好評既刊
祝福の子供
まさきとしか

母親失格――。虐待を疑われ最愛の娘と離れて暮らす柳宝子。二十年前に死んだ父親の遺体が発見され父の謎を追うが、それが愛する家族の決死の嘘を暴くことに。〝元子供たち〟の感動ミステリ。

●好評既刊
あなただけの、咲き方で
八千草　薫

時代ごとに理想の女性を演じ続けた、日本を代表する名女優・八千草薫。可憐な中にも芯の強さが滲み出る彼女が大切にしていた生きる指針とは――。自分らしさと向き合った、美しい歳の重ね方。

●好評既刊
鳥居の向こうは、知らない世界でした。5
～私たちの、はてしない物語～
友麻　碧

異界「千国」で第三王子の妃となり薬師としても働く千歳に娘が生まれた。娘が十五歳になったある日、関係が悪化する大国から縁談が舞い込み……。繋がっていく母娘の異世界幻想譚、ついに完結！

●好評既刊
大きなさよなら
どくだみちゃんとふしばな5
吉本ばなな

「あっという間にそのときは来る。だから、月を眺めたり、友達と笑いながらごはんを食べたりしてゆっくり歩こう」。大切な友と愛犬、愛猫を看取り、悲しみの中で著者が見つけた人生の光とは。

ゴーンショック

日産《にっさん》カルロス・ゴーン事件《じけん》の真相《しんそう》

朝日新聞取材班《あさひしんぶんしゅざいはん》

令和3年8月5日　初版発行

発行人――石原正康
編集人――高部真人
発行所――株式会社幻冬舎
〒151-0051東京都渋谷区千駄ヶ谷4-9-7
電話　03(5411)6222(営業)
　　　03(5411)6211(編集)
　　振替00120-8-767643
印刷・製本―株式会社　光邦
装丁者――高橋雅之

幻冬舎文庫

ISBN978-4-344-43107-2　C0195　　あ-78-1

幻冬舎ホームページアドレス　https://www.gentosha.co.jp/
この本に関するご意見・ご感想をメールでお寄せいただく場合は、
comment@gentosha.co.jpまで。